高校思政课实践教学成果系列丛书
北京市重点建设马克思主义学院（中央财经大学）成果
北京高校中国特色社会主义理论研究协同创新中心（中央财经大学）成果
中央财经大学马克思主义学院教学研究年度项目成果

《行走的课堂——首都生态文明建设情况的调查》编委会

顾　　问：胡树祥　朱凌云　韩小谦

主　　编：冯秀军

副 主 编：谢玉进　郭红梅

参编人员：郭红梅　李　新　蔡亚志　赵付科　邢　雷　哈战荣
王　静　张忠胜　詹来宇　卢迎春　张文学　张漪婷

行走的课堂

——首都生态文明建设情况的调查

中央财经大学

“毛泽东思想和中国特色社会主义理论体系概论”教研室／编

Xingzou de Ketang

中央民族大学出版社
China Minzu University Press

图书在版编目(CIP)数据

首都生态文明建设情况的调查/中央财经大学"毛泽东思想和中国特色社会主义理论体系概论"教研室编.—北京:中央民族大学出版社,2022.1(2023.10重印)

(行走的课堂)

ISBN 978-7-5660-2023-9

Ⅰ.①首… Ⅱ.①中… Ⅲ.①生态环境建设—调查报告—北京 Ⅳ.①X321.21

中国版本图书馆CIP数据核字(2022)第001325号

行走的课堂:首都生态文明建设情况的调查

编　　者　中央财经大学"毛泽东思想和中国特色社会主义理论体系概论"教研室
责任编辑　戴佩丽
封面设计　舒刚卫
出版发行　中央民族大学出版社
　　　　　北京市海淀区中关村南大街27号　邮编:100081
　　　　　电话:(010)68472815(发行部)　传真:(010)68932751(发行部)
　　　　　　　(010)68932218(总编室)　　　(010)68932447(办公室)
经 销 者　全国各地新华书店
印 刷 厂　北京鑫宇图源印刷科技有限公司
开　　本　880mm×1230mm　1/32　印张:14
字　　数　363千字
版　　次　2022年1月第1版　2023年10月第2次印刷
书　　号　ISBN 978-7-5660-2023-9
定　　价　84.00元

本书为教育部高校示范马克思主义学院和优秀教学科研团队建设重点项目（19JDSZK038）研究成果

前　言

社会实践是大学生思想政治理论课的重要组成部分，坚持理论与实际相结合，注重发挥实践环节的育人功能，创新推动学生实践教学，是加强和改进高校思想政治工作的重要环节，是引导大学生健康成长的重要途径。2017 年 9 月 23 日，习近平同志在写给南开大学 8 名新入伍大学生的回信中写道：“希望你们扎根中国大地了解国情民情，在创新创业中增长智慧才干，在艰苦奋斗中锤炼意志品质，在亿万人民为实现中国梦而进行的伟大奋斗中实现人生价值，用青春书写无愧于时代、无愧于历史的华彩篇章。”社会实践不但是课堂教学的场域转换、内容延伸、知识拓展与形式补充，也是学生走进现实、观察生活、深入思考、加深对书本与课堂内容理解的重要途径，更是锻炼学生自主学习、提升他们解决现实问题、增强社会责任感等能力和意识的有效手段。

随着中国特色社会主义进入新时代，生态文明建设日益成为人民美好生活内涵的重要内容之一。为深入学习贯彻习近平生态文明思想，结合《毛泽东思想和中国特色社会主义理论体系概论》课程的内容，本次社会实践围绕“首都生态文明建设”情况进行广泛的调查研究，旨在引导和组织学生将抽象的政治理论与生动的社会生活相结合，能够切身实地地到首都这片他们学习和生活的土地上去看、去听、去思习近平生态文明思想在京华大地的生动实践，从而深入把握习近平生态文明思想，在实践中增强“四个自信”。同学们在教师的指导下，自行设计实践的具体主题，组建自己的实践团队，策划具体实践方案，再到方案的分工实施，最后回到学校撰写总结报告并进行课堂展示与反思，整个过程所有学生参与其中。通过调查与实践，学生们将思想政治理论课理论与实践紧密结合，进行了卓有成效的探索，提高了对理论知识的认识，增强了独立思考、独立解决问题的能力，锻炼了学生的社会交往能力，加强了团队意识，使学生在实践中受到教育。

在实践中，同学们深入北京各个区域，采取了研读文献、问卷调查、实地观察、走访调查等多种社会调查方法，从不同视角对首都居民生态文明意识、大气污染治理、水污染防治、垃圾分类、传统工业区转型升级等各方面情况进行了调查与研究，切身实地感受到首都生态文明建设的成果。更难能可贵的是，学生在社会实践中能够结合自己的专业对首都生态文明的发展提出有针对性的对策和建议，比如保险专业的学生针对东方化工厂的改造经验，提出将环境污染责任保险应用到治理过程中，将工厂污染治理焦点从治理技术推进至社会制度层面，实现“先污染后治理”的“后端治理”深入到“控制、预防污染”的“前端治理”上，真正做到了将论文写在祖国大地上。

本书收录的学生社会实践报告，因为疫情的时空限制，报告的数据或许不够完善，从理论的深度到文章的写作，尚有许多不成熟之处，稚嫩的文字也只体现了学生的点滴思考，但走入社会体验民情与国情的过程，必会为学生们认识社会打开了一扇窗口，最终让学生收获来自书本之外的真知。

在学生社会实践和报告写作及本书的编辑过程中，中央财经大学马克思主义学院“毛泽东思想和中国特色社会主义理论体系概论”教研室全体老师对学生的社会实践全程跟进，时时指导；学生撰写调研报告时，老师们悉心指导，让学生以规范的形式、精准、简练的语言展示出自己的调研成果。本书编辑过程中，老师们精心选编，多次修改，付出了辛勤的劳动。这本实践报告集，既是《毛泽东思想和中国特色社会主义理论体系概论》课老师与学生教与学的部分成果展示，也是我们学校师生与兄弟院校师生交流、共享的一个平台。希望我们以这本实践报告集为桥梁，在沟通与交流中不断提升《毛泽东思想和中国特色社会主义理论体系概论》的教学实效，为中国特色社会主义现代化强国建设培养更多、更优的人才。

由于学生及编者水平有限，书中缺憾只能留下了。

敬请读者批评指正。

编　者

2021 年 9 月 21 日

目　录

燕草如碧丝，秦桑低绿枝

团队：星星之火队

成员：王可心　王思萌　薛雨滢　王姿懿　康　超

张华智　赵东昊　刘泽炜　熊一鉴　卢虹羽

一、实践方案

（一）生态文明概念及起源

生态文明是人类文明的一种形态，它以尊重和维护自然为前提，以人与人、人与自然、人与社会和谐共生为宗旨，以建立可持续的生产方式和消费方式为内涵，以引导人们走上持续、和谐的发展道路为着眼点，它的核心要素是公正、高效、和谐和人文发展。

自党的十八大以来，北京市委、市政府不断完善生态文明建设和生态环境保护的制度体系，推动加强京津冀及周边地区生态环境保护协作，实现了污染物排放量大幅下降、生态环境质量持续改善、环境安全有效保障，绿色发展水平逐步提高，美丽北京建设迈出了坚实的步伐。

（二）实践目的和意义

生态文明建设是中国特色社会主义建设的重要组成部分，关系人民福祉，关乎民族未来。北京作为首都，在生态文明建设方面是全国的风向标，应当起到模范作用。同时，北京的发展过程中也有一些生态文明建设的问题亟待解决。作为北京新时代的大学生，我们有责任、有义务关心北京生态文明的建设情况，也有能力为首都的生态文明建设做我们力所能及的事。

（三）活动方案

在实地调研部分，为了解北京不同城区在不同方面的生态文明建设情况，我们对沙河地区、大兴区和丰台区进行调研。

在群体调研部分，为调查北京市民对生态文明建设的了解程度、了解途径，对北京生活环境的满意程度，北京的垃圾分类实施情况、绿化和空气状况，北京生态环境的改善程度等，我们在线上发布问卷并对调查结果做了分析。

在个体调研部分，为了解大学生对于生态文明建设的认识、所在高校生态文明建设情况以及改进的建议和措施，我们随机选取了七位大学生进行采访，对采访内容进行整理，并做出分析。

此次实践让我们对首都生态文明建设有了新的认识。推进绿色发展、着力解决突出环境问题、加大生态系统保护力度、改善生态环境监管体制，根据北京不同城区的生态文明建设具体情况实施相应的措施，因地制宜，切实加快生态文明体制改革。生态文明的核心是坚持人与自然和谐共生，建设社会主义生态文明就是要实现人与自然和谐共处。在我们如今的新时代中，建设生态文明是涉及多方面的革命性变革，要以更大的力度推进、以更有效的措施落实。

二、实践过程

（一）实地调研

1. 昌平区沙河镇实地调查

我们在沙河区主要对生态文明建设中的环境保护方面进行调查，调查了沙河区绿化带的建设以及维护，道路旁的环境状况等，并进行了以下的反思和总结：

（1）随地乱丢垃圾现象仍然严重

从沙河地铁站出站，沿着百沙路和南丰路进行实地调查，我们发现随地乱扔垃圾的现象比较严重。以百沙路为例，从地铁站沿百沙路向西走，路面垃圾由烟头逐渐增加至塑料袋、纸巾等，其中距地铁站越远这种现象越为严重。

（2）道路垃圾堆积现象明显

除去道路上随意被丢弃的垃圾以外，还存在着刻意的垃圾堆砌的现象，在不少垃圾桶旁边出现了垃圾堆砌在垃圾筒外面而垃圾桶内却无多少垃圾的现象，除此之外，店门旁边的胡同，部分停车场地的深坑，以及电线杆都是垃圾堆砌的主要地区。

（3）生态环境保护不等于植树种草

令我们触动最深的就是道路以及居民区绿化带的调查，首先共性问题就是所有的绿化带看上去都是很少有人打理的状态，表现在：①灰尘堆积。其中在道路中央的绿化带这种感觉尤为明显，这些绿化带大部分叶片上已经积灰发黄，其中有部分植物的枝叶已经生长到了道路两旁（虽然枝叶长出的长度不多，但很明显没有人进行专门打理），对于道路中央地带的绿化区还存在扬尘的问题，一方面是植物自身拦截的尘沙堆积，另一方面是土壤的沙化以及植物掉落的枝叶，当车辆往来时会带起大量的沙尘和落叶。居住区和店铺外围的绿化带也存在着灰尘堆积的现象，绿叶发黄，红叶发黑发绿，有的植物肉眼看上去有明显的灰尘；②绿化带内部塑料垃圾严重。这主要针对居住区以及公园的绿化带内部，大部分都是外围由低矮的树丛圈起来，而内部则是花草之类，在这些绿化带内部，存在着大量的包括塑料、袜子在内的垃圾，且明显很久没有人清理。

（4）小结

沙河地区的生态文明总体情况可以接受，但其中确实存在着大量的问题。比如，绿化带缺乏到位的管理和清扫、大部分植物成为灰尘的来源、积尘不除的现象严重、人们对于生态文明建设并不重视等等。在这些问题中，我们觉得目前最需要解决的是对绿化带的管理和清扫。

2. 北京市大兴区实地调查

我们在大兴区主要对生态文明建设中的统筹城乡园林绿化发展，实施镇村园林绿化规划建绿方面进行了相关调查，并进行了以下的反思和总结：

（1）镇村建设

走进大兴区礼贤镇龙头村，修葺一新的便民服务中心、村史馆、大景观绿色休憩空间让人耳目一新。宽阔平整的道路、整洁干净的房屋、大面积连成片的绿地，给我们留下了深刻的印象。

通过对当地村民对了解，很难相信，就在四年前，这里还是一片私搭乱建严重、垃圾乱堆、蚊蝇横飞的“脏乱差”村落，年轻人多外出打工，老人孩子留守家门。而如今村街整齐、绿树鲜花、清一色的红顶房，远望去俨然是都市里的洋房小区。

（2）花园式社区

与当地居委会沟通后，我们了解到为增强居民绿化美化社区的责任感，使居民自觉成为社区建设的参与者、推动者、宣传者，居委会联合物业公司，组织党员、志愿者、居民多次开展挂牌认养树木、编织幸福花、儿童绘画等活动，极大地提高了居民爱花护绿热情和环境保护意识。

（3）小广告问题

走访调查多地后，我们发现小广告问题还是层出不穷，居民楼墙壁、人行道，甚至是单元楼内，很多地方都贴着小广告。处理墙壁广告问题，既需要通过生态文明素质教育都全方面落实，又需要我们身体力行去清理。让我们很感动的是在走访过程中我们看到很多志愿者大爷大妈共同清理卫生死角、清除小广告。这说明社区内有很多人已经共同认识到这个问题，解决指日可待。

（4）小结

大兴区统筹城乡园林绿化发展，实施镇村园林绿化规划建绿方面整体做得很好，开展村镇片林、村头公园建设，逐步形成“一镇一园林、一村一特色”的绿色生态镇村体系，让百姓真真切切地感受到“绿色福利”，实实在在地过上“向往的生活”。社区志愿者和居委会的共同努力下，小广告问题也在逐步解决中。

3. 北京市丰台区实地调查

（1）响应民之所呼

2018 年 3 月，东高地街道对益丰群租大院进行了拆除，腾退后的土地如今变成了四季常绿、三季有花、一步一景的东高地公园。“东高地街道范围内有 5 万多居民，以前周边 5 公里内没有成规模的公园绿地。”东高地街道相关负责人说：现在，公园附近几个社区的居民最多只需步行 15 分钟就能到达公园。周边交通便利，最远可辐射至和义街道、南苑乡等周边地区。“公园里篮球、网球、乒乓球应有尽有，健康步道、儿童活动场所一应俱全，老百姓都很喜欢。”

（2）湿地公园建设

南苑森林湿地公园的规划范围北至南四环、西至京开高速、东至德贤路、南至南苑东路，东西长 7. 2 公里、南北长 3. 4 公里，总面积约 17. 5 平方公里，丰台辖区内有 15. 6 平方公里。我们采访了南苑森林湿地公园先行启动区 B 地块现场项目负责人，了解到先行启动区共 5000 亩，截至 2020 年底，园林建设及南苑公园改造提升工程已经完工。南苑森林湿地公园 B 地块总面积 370 亩，其中高达 36 米的主山占 200 亩。主山山顶还规划有标志性建筑“飞雁台”，建成后将成为登高望远的绝佳赏景地。

（3）小结

“十四五”时期，丰台区是推动南部地区发展的“主战场”之一。规划建设中的南苑森林湿地公园也在持续建设中。全部建成后，南苑森林湿地公园将成为首都中心城区最大的绿色开放空间。在减量集约发展的大背景下，丰台区政府将继续加强城市生态文明建设，全力提升城市环境品质、加快塑造城市景观特色风貌、建设和谐宜居城区，进一步增强群众的获得感、幸福感、安全感。

（二）群体调研

为了解在北京生活的同学们对于北京市生态文明建设的了解程度，以及他们对于北京市生态文明建设成果的回馈效果，我们发布了问卷调查，最终获得 56 个有效问卷，样本中大部分为大学生。对于问卷中的问题，我们做出以下结果反馈和反思：

问题 1：您了解生态文明建设的相关概念吗？

其中 33 人表示对于生态文明建设的概念了解，占总样本的 58.93；而 23 人表示并不了解其概念，占到样本的 41.07%。从其中的比例可以看出来，其实大学生对于生态文明建设的概念并不明晰。这个结果反映了一定的现实：在生活中，我们并没有被灌输生态文明建设的一个概念，我们知道生态文明是什么，但是对于怎么建设，已经建设了什么并不了解，政府也许落实了一些制度，但是对于民众来说，是模糊的，这可能会导致生态文明建设落实效果比预期偏低。

问题 2：您是通过哪些方式了解生态文明建设的？

通过设置评分的方式，我们发现通过网络宣传去了解生态文明建设的综合得分是最高的、甚至是遥遥领先的。现在网络的普及程度很高、传播速度很快，政府或者社区可以通过公众号、视频媒体号普及生态文明建设的相关概念。这样一方面可以激励民众去投入到建设中去，一方面可以宣传已取得的成果，鼓励大家再接再厉。

问题 3：您在北京所住区域是否推行垃圾分类政策？

这个问题我们设置了三个选项，其中 20 人认为所住区域已经推行并且实际执行了垃圾分类，占总样本的 35.71%；35 人认为所住区域已经推行但并未实际执行垃圾分类，占总样本的 58.93%；3

人认为所住区域并未推行垃圾分类政策，占总样本的5.36%。可以看出来，在北京，垃圾分类政策的实施并没有达到实际的效果，很大部分是浮于表面的。和垃圾分类已经步入正轨的上海相比，北京只设立了分类垃圾桶，但没有给大家更好地普及垃圾分类知识，也没有人进行看管，这样并没有很好地落实垃圾分类，仍然会造成很大的浪费，在这点上，北京的生态文明建设仍需要提升。

问题4：您认为北京的空气情况适合居民日常出行吗?

这个问题设置评分方式，满分为10分，其平均分数为4.7分，该分数较低，其主要原因来源于问卷调查前后时段内经历了几次空气情况较差，确实严重影响了居民出行，因此，多数人对北京天气情况抱有不好的印象，认为其对居民日常出行有负面影响。

问题5：您认为北京的生态文明建设情况较五年前是否有所提升?

这个问题设置评分方式，满分为10分，其平均分数为7.05，分数较高，根据调查发现，多数人认为北京目前的生态文明建设主要体现在绿化，垃圾分类等方面的提升，包括近些年的空气质量相较于前几年而言确实有显著的提升和优化，也反映出北京生态文明建设正在向好发展。

问题6：您认为应该采取什么手段来建设首都生态文明情况?

这道题我们设置了教育、经济、法律、其他四个选项以供选择(多选)，我们分析得出，更多的人认为教育和法律是最有力的两种手段：一方面，加强对生态文明的强调和教育，让居民在思想深处对生态文明建设有敬畏感、参与感，进而有责任感，教育是软手段，也是普及度最广的手段，只有动员全体居民，共同建设生态文明，才是一个城市，乃至一个国家生态文明的发展之道；另一方面，法律手段也应该在这个建设过程中起到约束、警示、惩罚的作用，对于乱扔乱放，恶意破坏等违法乱纪行为进行一定的惩罚，能起到在现阶段强制约束居民的肆意行为的作用，这是硬手段，也是在生态文明建设意识并未完全形成以及不完全普及的情况下能够做到的有效的保障措施。同时，经济手段的作用也不可忽视，如绿化水平的提升就需要更强大的经济能力来支持，经济，更多作为背后的力量来支持生态文明建设的稳步发展。

问卷结果见下图：

第2题： 您的年龄是： [单选题]

选项	小计	比例
15岁以下	0	0%
15-25	54	96.43%
25-35	1	1.79%
35-45	0	0%
45及以上	1	1.79%
本题有效填写人次	56	

饼状 圆环 柱状 条形 隐藏零

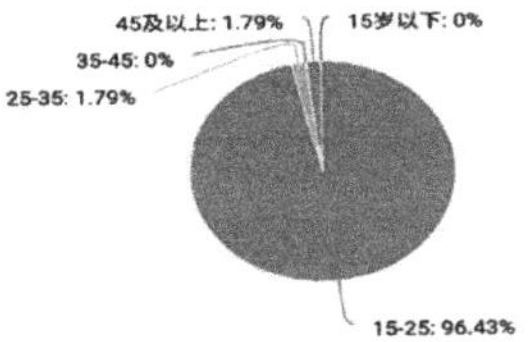

第3题： 您的学历是 [单选题]

选项	小计	比例
初中及以下	0	0%
高中	5	8.9
本科及硕博	50	89.2
已工作	1	1.7
本题有效填写人次	56	

饼状 圆环 柱状 条形 隐

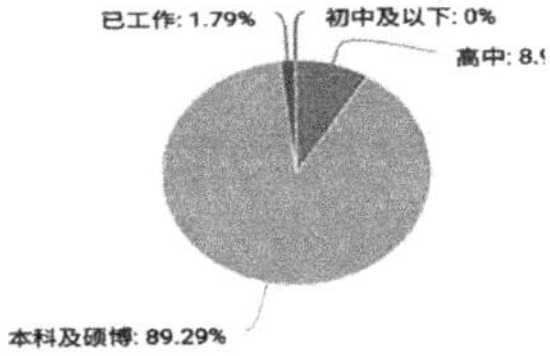

第6题：
您了解生态文明建设的相关概念吗？ [单选题]

选项	小计	比例
了解	33	58.93%
不了解	23	41.07%
本题有效填写人次	56	

饼状 圆环 柱状 条形

您认为应该采取什么手段来建设首都生态文明情况？ [多选题]

选项	小计	比例
教育	46	82.14%
经济	41	73.21%
法律	48	85.71%
其他 [详细]	2	3.57%
本题有效填写人次	56	

饼状 圆环 柱状 条形

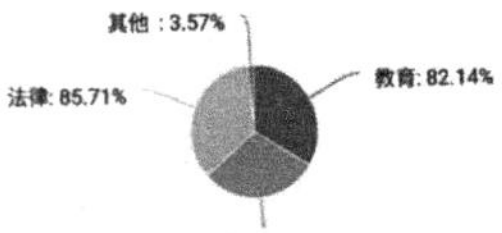

统计结果

数值　小计排序

第4题：您是北京人吗 [单选题]

选项	小计	比例
是	9	16.07%
否	47	83.93%
本题有效填写人次	56	

饼状　圆环　柱状　条形

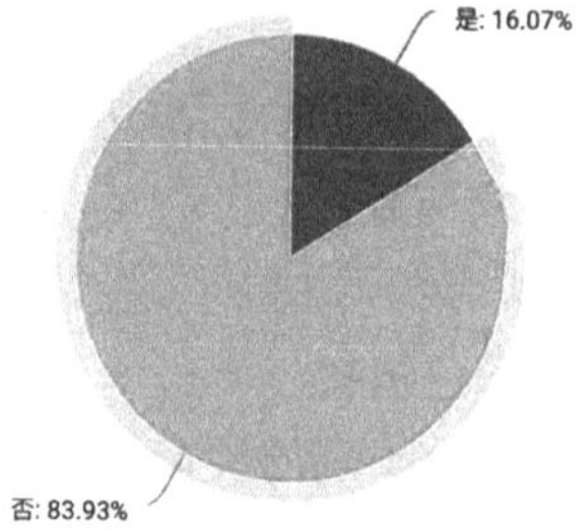

统计结果

数值　小计排序

第5题：您前往北京的频率是 [单选题]

选项	小计	比例
偶尔	12	21.43%
经常	16	28.57%
常住	28	50%
本题有效填写人次	56	

饼状　圆环　柱状　条形

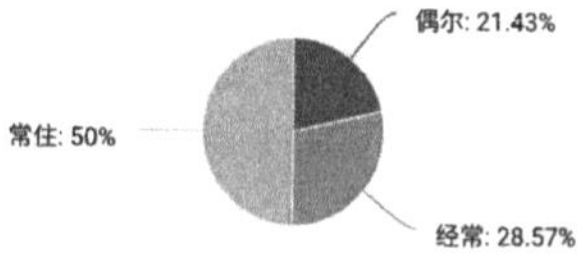

（三）个体调研

通过问卷调查，我们初步了解到人们对于首都生态文明建设情况的态度观点，为进一步分析北京市生态文明建设的成果，我们随机选取七位大学生进行采访，力图借此深入认识北京市为生态文明建设所付出的工作和努力，并试图在此基础上挖掘深层次的改善空间。

1. 提问提纲

（1）你认识中的“生态文明建设”是怎样的？

（2）你所观察到的本校符合“生态文明建设”的现象与做法有哪些？

（3）你想提出哪些建议与改进措施？

2. 采访过程及采访内容

（1）受访者 1

Q：同学您好，我们想开展一次有关“北京生态文明建设”的线上采访，请问您现在是否有时间？

A：有时间，请问您想问些什么？

Q：谢谢您，首先，我想请问一下您所认识的“生态文明建设”是怎样的？

A：我所认识的生态文明建设，是指在如今生态环境恶化的情况下，尽可能地施行可持续发展策略，在发展的同时尽可能保护环境。

Q：嗯嗯好的，接下来，我想采访一下日常生活中您观察到有哪些本校符合“生态文明建设”的现象与做法？

A：我校符合生态文明建设的做法有：

· 大面积绿化，尽可能多地种植绿色植物。

· 垃圾分类，在每个宿舍楼前都有分类别的垃圾桶，以便回收再利用。

· 按时断电，教室及寝室都会在固定时间断电，以节省电能。

Q：好的，谢谢，还有最后一个问题，请问对于生态文明建设你想提出哪些建议与改进措施？

A：建议：

第一，加强监管校园中依旧有环保意识不强的同学乱扔垃圾，垃圾有时也不做分类就扔进垃圾桶里，导致垃圾回收之后依旧需要再分类。

第二，加强教育，需要让同学们意识到生态文明建设的重要性，从而能够自觉地保护环境。

Q：好的，感谢您的参与。祝您天天开心，万事顺意！

（2）受访者 2

Q：同学您好！我们想开展一次有关“北京生态文明建设”的

线上采访，请问您现在是否有时间呢？

A：你好！有的。

Q：太好啦！请问同学现在是在北京哪所高校念书呢。

A：中国传媒大学

Q：您认识中的“生态文明建设”是怎样的呢？可以简单说一说，了解多的话也可以详细谈谈。

A：我认识中的“生态文明建设”与“节能”“环保”“可持续”和“绿色家园”等词语密切相关。于我而言，“生态文明建设”是一个比较大的概念，它包括了国家层面的植树造林、高污染产业转型升级、垃圾分类立法以及全社会在减少化石能源使用、节水节电的共同努力。相对地，“保护环境”这类概念都是针对个人而言的，“生态文明建设”则是国家和社会层面的大战略。

Q：好的！请问同学，日常生活中观察到本校有符合“生态文明建设”的现象与做法吗？如果有的话麻烦具体列举一下。

A：我所在的学校是位于朝阳区中心的中国传媒大学。我校在“生态文明建设”的大浪潮中，主打“媒体融合助力生态文明建设”的方针。在2020中国融媒体发展论坛上，中国互联网协会特聘专家、我校博士生导师吕欣提到，在“生态文明建设”方面，可以通过新技术让受众切实感受什么是“生态文明建设”。比如，如果不爱护环境，会造成严重的生态危害。深入讨论互联网对“生态文明建设”的影响和价值，从媒体视角聚焦“生态文明建设”，是我校的目标。另一方面，在校园生态文明建设方面，我校也通过积极扩大绿化面积、安放智能分类垃圾箱、在校园餐厅和超市使用可持续的餐具和塑料制品等细节参与到“生态文明建设”的大浪潮中。

Q：最后一个问题——请问同学针对自己前两个问题的答案，有想提出的建议与改进措施吗？

A：有的，我想说，从国家层面来说，要合理调整产业结构，大力发展低能耗、低排放的第三产业和高新技术产业，坚决控制高耗能、高污染行业过快增长。同时，要制定和实施强化“生态文明建设”的激励政策，建立健全生态文明建设的保障机制，形成激励和约束相结合的良性体制。从社会层面来说，公众要积极参与和响应“生态文明建设”政策，不能缺席或忽略个人在这一时代浪潮中的价值。每个人都要从小事做起、从身边事做起，参与以各种形式开展的垃圾分类、节水节电等活动中去。举例来说，现有的垃圾分类措施或许不够完善、不够人性化，公众也要积极向上级机关反映相关问题，漠视和旁观都是不负责任的表现。

3. 采访过程截图

4. 总结

经过对共计 7 位来自不同北京高校的同学的采访，我们发现大家对“生态文明建设”的理解主要分为意识形态和实际措施两方面，包含加深人民群众对保护环境的行为意识，以及鼓励大家采取具体的绿色生活举措。

提到北京高校校园内“生态文明建设”现象，不同高校采取的措施不尽相同，如清理校园环境、扩大绿化面积、安放智能分类垃圾箱、在校园餐厅和超市使用可持续的餐具和塑料制品等。

各位同学在采访中也反映了自己对于“生态文明建设”的一些想法与思考。过程中主要提到以下几点：第一，希望学校通过举办活动督促同学参与生态文明建设；第二，希望学校在实施一些行政规划/建筑改造时，考虑到生态环境问题；第三，要从高校过渡到社会，实现公民层面的生态文明建设。

三、实践感悟与思考

薛雨滢：本次实践我主要参与了针对个体调研的部分，通过线上采访和测量量表对话了解了各北京高校同学对生态文明建设，以及自己高校建设成果的一些看法和见解。就采访来说，能够和众多北京高校的同学实时交流是一个很宝贵的经历；就实践成果来说，显然北京高校中的生态文明建设举措还任重而道远，仍需改善。

张华智：经过这次实地调查，我最大的感受就是我们大部分人并不是真正重视生态文明建设，还需要加强社会公众的生态文明教育，同时应该认识到生态环境的保护不是某个人或者某群人的事，而是整个社会所有人的事，生态文明建设不是空泛地植树种草而不去进行后期的维护，也不是口头喊着口号又随手扔着垃圾。

康超：这次的实践过程我感触颇深。尊重自然、顺应自然、保护自然，是生态文明理念的核心思想，也是现阶段生态文明建设必须奉行的原则。只有树立起尊重自然、顺应自然、保护自然的生态文明新理念，才能实现人与自然和谐相处，实现人的全面发展，实现人与自然和谐的现代化。

王姿懿：经过这次对于生态文明建设的问卷调查，我们对生态文明的建设的理解又有了进一步的了解，在这次调查中，我们了解到民众对于生态文明的建设也保持着一个高的关注度，并且对于如何更好地开展生态文明建设有着自己的想法和建议，从中我们也能吸收到一些好的建议，并且将其真正落实到我们的实际生活中去。

卢虹羽：此次实践我们对首都生态文明建设有了新的认识。生态文明的核心是坚持人与自然和谐共生，建设社会主义生态文明就是要实现人与自然和谐共处。在我们如今的新时代中，建设生态文明是涉及多方面的革命性变革，要以更大的力度推进、以更有效的措施落实。

王思萌：经过本次社会实践，我从现实角度了解了生态文明建设，并且对于北京的生态文明建设有了明确的认识，我们通过问卷调查，总结了目前政策的成果和不足，实事求是地对政策提供了建议，也增加了自我的思考。

刘泽炜：这次的实践活动是一个契机，让我真正地了解生态文明建设这个议题。我在组内的分工是去了解一下我国现有的关于生态文明建设的政策，特别是北京的。我以前一直以为生态文明就是不乱丢垃圾，然后做好垃圾分类就可以了。现在我发现生态文明建设还可以是一个非常宏大的概念，是整个人类都需要为之努力的，是地球的下一个文明，也是可持续发展的一部分。总之就是收获良多。

王可心：在本次实践中我主要负责群体调研问卷问题的设计以及个体调研采访环节的实施，通过本次的实践过程，我也对生态文明建设这一话题进行了更深入的了解。生态文明建设并不仅仅是国家自上而下推行的政策方针，更是我们每一个人需要承担的责任和关心的事情。在个体采访这一环节我们也发现，很多同学的身边都或多或少有着一些需要改进的生态建设问题，虽然仅凭我们几个人的力量无法妥善解决这些问题，但我们可以积极行动起来，自下而上向有关部门反映，或者主动号召身边群众进行整改，这些都是我们可以为生态文明建设献出的一份力量。

熊一鉴：生态文明建设，是顺应时代发展的必然产物，也是对中国现代化建设的要求。十八大着重强调了生态文明建设在“五位一体”总布局中的重要作用，十九大中习近平总书记也再次强调了生态文明建设的刻不容缓，体现了生态文明的重要性。经过这次实践活动，我对北京市的生态文明建设有了更深一步的了解，更加清楚地认识到生态文明建设的重要性，我们每个人都与之息息相关，它不仅仅是政策条目，更是我们每天都要身体力行的努力与付出。我们要像保护眼睛一样保护生态环境，要像对待生命一样保护生态。

教师点评

本实践团队成果的主要亮点在于其调研的广泛性，有地区调研而且是分布在北京的三个区，还有针对性地进行了群体和个体调研，还综合采用了多种调研方式，为他们调研结论的形成提供了广度和深度的支撑。

从实践报告可以看出他们对实践主题的把握是非常到位的，开展实践和撰写报告的态度都是非常认真负责的，无论是调研目的的实现程度还是他们每个人在调研中的成长与收获，都反映出他们进行了一次成功的、高质量的社会实践。

关于大学生绿色消费现状的调查

团队：社心二组
成员：李海龙　李　琳　王沐麟　蔚浩岩　徐　航　付　晓
张雨萱　李振源　夏晨雨　钱泽鹏　顾玉莲

一、实践方案

（一）实践背景

党的十八大报告指出："要努力建设美丽中国，实现中华民族永续发展。"为顺应这一目标要求，将生态文明建设纳入"五位一体"的中国特色社会主义总体布局，成为构建社会主义现代化强国道路上不可或缺的重要部分。北京市作为我国的首都，是国家政治、文化、国际交往、科技创新的中心，近年来，首都的生态文明建设也在稳步进行，在我国各种生态文明建设评价中也处于前列。但就中国实际而言，社会公众对于生态文明的认知度和支持度以及绿色生活理念还有待提高，绿色生活方式还有待普及。而首都的生态文明建设也需要总结经验，继续推进。

何谓绿色消费？绿色消费又称"可持续消费"，是从满足生态需要出发，以有益健康和保护生态环境为基本内涵，符合人的健康和环境保护标准的各种消费行为和消费方式的统称。"绿色消费"主要有三层含义：一是倡导消费时选择未被污染或有助于公众健康的绿色产品；二是消费者转变消费观念，崇尚自然、追求健康，在追求生活舒适的同时，注重环保，节约资源和能源，实现可持续消费；三是在消费过程中注重对垃圾的处置，不造成环境污染。

《中共中央国务院关于完善促进消费体制机制进一步激发居民消费潜力的若干意见》中明确提出，坚持绿色发展，培育健康理性消费文化。提高全社会绿色消费意识，鼓励节约适度、绿色低碳、文明健康的现代生活方式和消费模式，力戒奢侈浪费型消费和不合理消费，推进可持续消费。

环境是我们人类及自然界所有生物赖以生存的基础。爱护地球、维护生态、保护环境是每一个公民义不容辞的责任。然而，环境保护是一项系统工程，需要大家的参与和配合，要你我他的共同努力。因此，宣传普及环境保护知识，提高广大公众的环保意识，在社区及公共场所宣传环保，参与社区的环保实践和监督是十分必要的。我们从绿色消费着手，在北京的高校内展开了社会实践，调查大学生绿色消费的现状。

（二）目的和意义

绿色消费是一种能够满足公众对美好生活和生态环境期盼的生活方式，而低碳环保节能绿色的生活方式越来越被公众接受和认可。本次社会实践通过调研大学生绿色消费行为，目的在于了解大学生绿色消费的现状，提升大学生的绿色消费意识，从而促进绿色消费行为，以期为首都生态文明建设提供树立大学生绿色消费观念的建议，为倡导绿色消费行为提供思路。

本次研究对于增强绿色消费意识、培养正确价值观，推广绿色消费、引领新风尚，优化产业结构、促进经济社会健康发展，以及推进首都生态文明建设，实现“五位一体”总体布局都有着一定的意义。

增强绿色消费意识，培养正确价值观。大学生群体尚且处于思想与行为的活跃时期，有明显的追星倾向，明星代言、明星直播带货等明星指导性消费使大学生消费不再是单纯的消费活动，而演变成为娱乐符号消费。此外，“双十一”“618 购物狂欢节”等一系列以狂欢仪式型符号运作的大型消费，使大学生消费者极易陷入非理性消费的陷阱。因此，强化大学生的绿色消费意识，培养正确的消费观，有利于帮助大学生树立正确的人生价值观，确定理智的消费行为，使高校大学学生走上绿色健康的消费之路。

推广绿色消费，引领新风尚。绿色消费是当今生态文明建设的新产物，是对物质主义引导的消费模式的全新变革。而在以物质主义为主导的今天，大学生的消费观念易受物质主义支配，大学生消费者极易陷入马克思所言的“享乐主义把物质享受提到精神追求之上，使人沦为物质的奴隶而不自知”。而现如今资源枯竭、空气污染、流行病暴发等生态问题的出现，更是体现出非理性消费给生态带来的恶劣后果。大学生目前尚处于价值观形成阶段，且人群基数较大，因此在大学生中开展绿色消费，能够形成一种引领作用，提高社会对绿色消费的认同度，能够推广绿色消费行为，引领全民绿色消费的新风尚。

优化产业结构，促进经济社会健康发展。大学生是一个特殊的消费群体，对消费市场有着巨大的影响作用。文旅部数据显示，2021 年“五一”假期，中国国内旅游出游 2.3 亿人次，而 00 后已经成为“五一”出行的主力军。因此，对大学生群体进行绿色消费引导，养成大学生群体的绿色消费生活方式，能够在一定程度上推动绿色旅游、绿色出行、绿色食品、绿色服务等相关产业的发展，从而有利于产业结构的优化与调整，促进社会的可持续发展。

推进首都生态文明建设，实现“五位一体”总体布局。习近平同志在十八届中央政治局第四十一次集体学习中指出：“生态文明建设同每个人息息相关，每个人都应该当践行者、推动者。要强化公民环境意识，倡导勤俭节约、绿色低碳消费，推广节能、节水用品和绿色环保家具、建材等，推广绿色低碳出行，鼓励引导消费者购买节能环保再生产品，推动形成节约适度、绿色低碳、文明健康的生活方式和消费模式。要加强生态文明宣传教育，把珍惜生态、保护资源、爱护环境等内容纳入国民教育和培训体系，纳入群众性精神文明创建活动，在全社会牢固树立生态文明理念，形成全社会共同参与的良好风尚。”大学生作为当代社会风气的引领者和未来社会的建设者，从自身行为实践绿色消费，有利于引领形成绿色、健康的消费模式，在一定程度上能够推进首都生态文明建设，推进绿色发展，实现五位一体总体布局。

（三）实施方案

为了对大学生绿色消费观念与绿色消费行为等情况拥有更为全面准确的了解，我们开展了研究调查，并对中央财经大学在校本科大学生进行了绿色消费情况的问卷调查。问卷题目类型包含部分客观选择题，以及部分关于在校大学生态度测量的四点量表。问卷内容涵盖在校大学生日常消费内容偏好与大学生进行不必要消费的原因及频率等内容，同时试着测量大学生内隐的绿色消费态度观念。我们将问卷进行广泛分发，并获得足够多的数据来支持我们的调查研究。

最后，我们对所得的数据与记录资料进行充分的研究，通过特定的分析软件将所有资料数据规范化整理后进行分析，研究在校大学生深层次的绿色消费观念及具体行为。

二、实践过程

（一）实践调查对象及方法

本次调查以在京大学生为调查对象，通过随机发放问卷的方式调查首都大学生绿色消费的情况，回收到的有效问卷信息共86份，问卷的回收效率和有效率较高。本次调查问卷题目主要是对大学生绿色消费行为及影响因素进行分析。主要包括以下内容：

1. 大学生基本信息，包括年龄、年级以及所在省份城市与地区。

2. 绿色消费普及情况，包括在日常生活中见到绿色消费宣传的频率以及绿色消费宣传的形式，如网络宣传、海报标语、电视、讲座等。

3. 大学生日常消费情况，包括每月在不同领域消费额度的大小排序（常规餐饮、零食饮料、服装、娱乐、日用品、化妆护肤、学习、人情应酬、电子产品）、在不同领域产生不必要消费额度的大小排序与产生不必要消费的原因（包括一时兴起、打折便宜、心情不好花钱排解、攀比消费、从众消费等）。

4. 大学生日常非绿色消费行为与绿色消费行为的情况，包括在消费时是否会想到该产品在生产、使用、废弃的过程中可能带来的环境污染；做出非绿色消费行为的频率，具体包括购买一次性用品、购买过度包装的物品、频繁更换手机电脑（原本还可以继续使用）、点餐过多、购买会直接污染环境的产品（烟花、化学品等）；做出绿色消费行为的频率，具体包括优先选择材料可以回收的商品、自己动手变废为宝、优先选择公共交通方式、适度理性消费、废弃垃圾正确分类。

5. 对绿色消费的进一步认识，如认为绿色消费对我们生活意义的重要性以及认为实现绿色消费的最有效途径（推进消费观念教育、完善政策法规、技术革新等）。

（二）调查过程

首先，我们通过查阅文献，了解北京生态文明建设基本情况，并完成了问卷的设计和修改；之后我们在全校范围内分发问卷，收集数据；最后进行数据分析和调查报告的撰写。

（三）调查结果

1. 大学生基本信息

本问卷有效填写人次共 86 人，均为本科生。其中男生 26 人，女生 60 人；18 岁以下有 1 人，18 至 20 岁之间有 63 人，20 至 22

岁有 22 人。大二学生占比约 70%，人数最多。

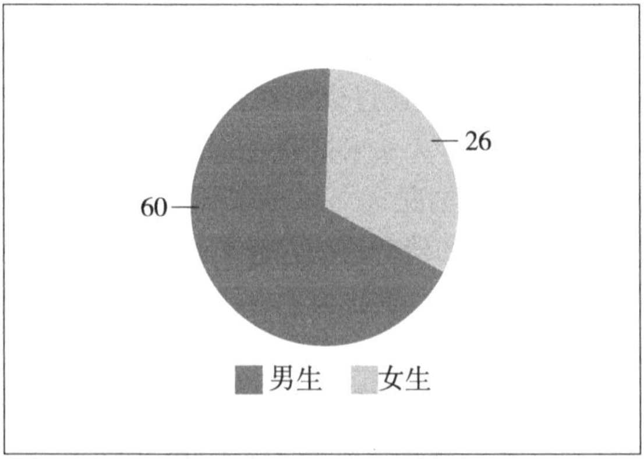

图 1 性别分布情况

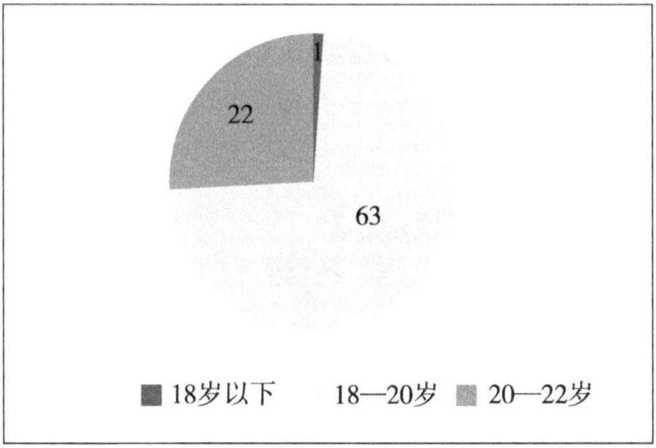

图 2 年龄分布情况

2. 绿色消费普及情况

通过问卷的结果我们得出，有 40. 7%的人在生活中有时见到关于绿色消费的宣传；有 38. 37%的人在生活中经常见到关于绿色消费的宣传；有 16. 28%的人在生活中很少见到有关绿色消费的宣传；

而其余 4 人从未见到过有关绿色消费的宣传。问卷得出，在生活中，宣传海报、标语、网络宣传（如公众号、视频等）的宣传形式较为常见，占比为八成左右；也有 46.51%的人通过电视来了解绿色消费；还有 23.26%的人通过讲座和公开课的形式对于绿色消费进行了解；只有极少部分人从未见到过。

3. 大学生日常消费情况

本研究对于本科生的消费情况进行了调查。绝大部分人每月消费最多的方面为常规餐饮，其次为零食饮料。其余项目按照平均得分从高到低排序分别为服装、娱乐、日用品、化妆护肤、学习、人情应酬（礼物、请客等）、电子产品（手机、平板等）、其他。

在被调查者看来，每月产生最多不必要消费的领域为零食饮料，其次为人情应酬和娱乐。此外，学习和日用品在不必要消费领域的平均得分最低。大部分人将“一时兴起”排在了产生这种不必要消费原因的第一位。具体数据如图 3 所示。

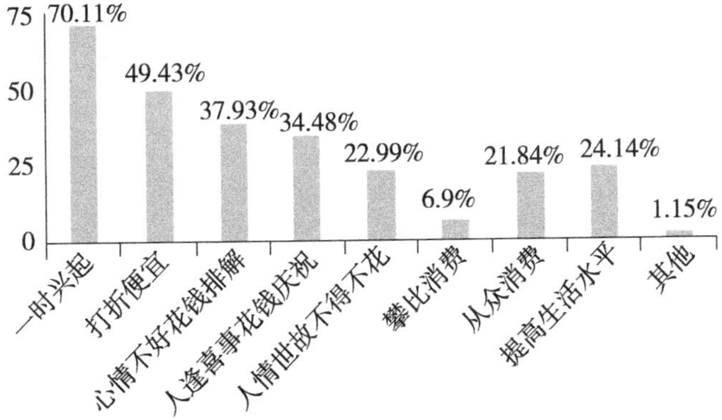

图 3　产生不必要消费的原因

4. 大学生日常非绿色消费行为与绿色消费行为情况

问卷在对人们的消费习惯进行了简单调查了解之后，对其消费中的环保意识以及环保行为进行了调查，结果如下。

在环保意识方面，当人们被问及消费时是否会想到该产品在生产、使用、废弃的过程中可能会带来的环境污染，调查结果如图所示。

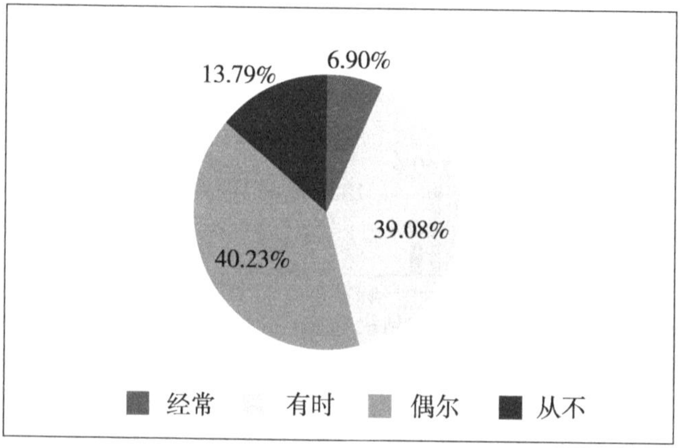

图 4 环保意识情况

在环保行为方面，问卷首先调查了人们进行非绿色消费行为的频次。列举的事项有：购买一次性用品、购买过度包装的物品、频繁更换手机电脑（原本还可以使用）、点餐过多、购买直接污染环境的产品（烟花、化学品等）。从结果中我们可以看出，对于购买直接污染环境的产品和频繁更换手机电脑这两个行为，绝大多数人从不或者偶尔进行，极少数的人经常进行这两种行为，人们在这两方面做得很好；购买过度包装的物品和点餐过多这两种行为频率的人数分布相似，可以看出人们在这两方面的表现并不是很好；人们在一次性用品方面最糟糕，具体结果如如图所示。

接着问卷调查人们进行绿色行为的频率，列举的绿色行为包括，优先选择材料可以回收的产品、自己手动变废为宝、优先选择公共交通方式、适度理性消费、废弃垃圾正确分类。结果如图中显示，大部分人经常优先选择公共交通方式，只有 2% 的人从不选择公共交通方式；很多人进行适度理性消费，只有 1% 的人从不进行

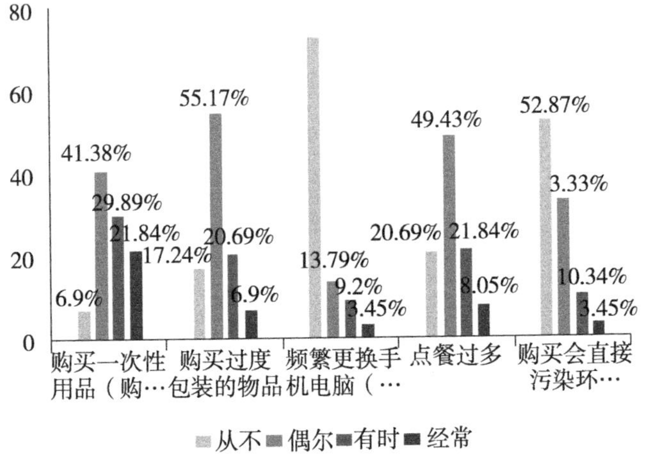

图 5　非绿色消费行为频次

理性消费；很少有人经常自己手动变废为宝，大部分人从不自己手动变废为宝；对于优先选择材料可以回收的商品和垃圾分类行为，大部分人集中在偶尔或有时进行，也有 25%的人经常或从不进行。

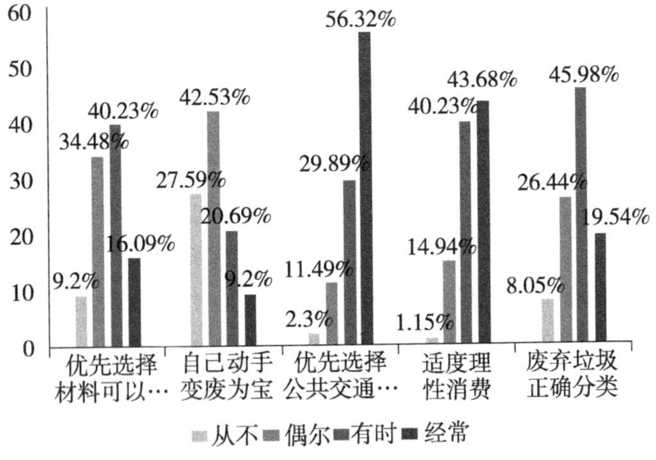

图 6　绿色行为调查情况

5. 对于绿色消费的意义感知

问卷在最后调查了绿色消费对于人们的意义和人们认为的最有效的绿色消费途径。对于第一个问题，被调查者的回答如图所示。将绿色行为和非绿色行为的结果进行对比，我们可以发现一个问题，就是虽然很多人认为绿色消费十分有意义，但是绿色消费行为和非绿色消费行为的数据并不像绿色消费意义的结果那样乐观。在途经方面，人们认为最好的途径是推进消费观念教育，其次是完善政策法规，最次的途径是技术革新，很少有人将其排在第一位。

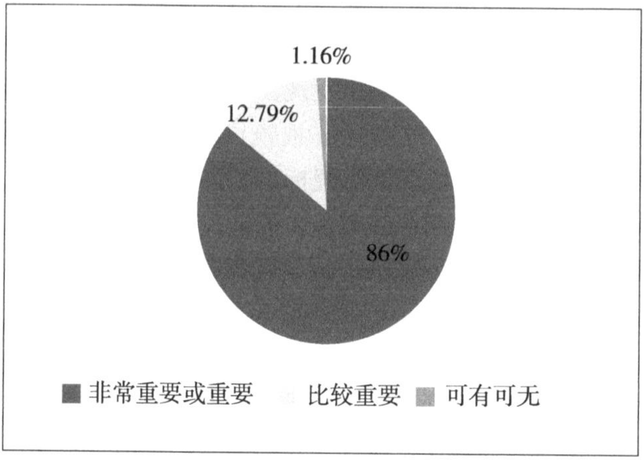

图 7　绿色消费的意义

三、实践感悟与思考

绿色消费意味着理性消费，培养大学生的绿色消费意识并形成绿色消费行为，减少非理性消费是减少垃圾产生和资源浪费的第一步。垃圾的分类和回收利用是绿色消费过程中的另一座高峰，但如果学校和社会可以运用更多的资源来进行科学的垃圾分类和及时回收利用，这也是对这隐形宝库的最大开发，建设绿色生活、保护生态环境、促进资源利用、产业优化、增加就业等一举多得。

不容忽视的是，在调查中我们发现，大部分大学生绿色消费意识并不是很高，较少主动且足够考虑其消费产品对环境的影响；大学生消费时有大量使用一次性用品、过度包装的物品和点餐过多等非绿色消费行为；只有半数左右的大学生有较高的绿色行为频率。这都需要我们深刻反思，并有针对性地商讨更多有效解决办法。另外，从调查研究的结果可以看出，大部分大学生是接受过绿色消费教育宣传的，绝大多数人对于绿色消费的态度是积极乐观的，都希望在生活中践行绿色消费，不过因为各种原因导致能真正执行的只有一小部分。通过调查我们可以发现，当前大学生了解绿色消费的主要渠道中，网络宣传（公众号、视频）及其他应用软件等只占了一部分，主体是电视和线下的海报标语、讲座及公开课等。

综合来说，大学校园中绿色消费的情况不容乐观，如何加大宣传、落实政策、加强行动，都将是今后我们亟待研究解决的主要问题。针对加强大学生的绿色消费观念，促进大学生践行绿色行动，我们组认为社会、学校、家庭以及大学生个人均需要做出努力。

于社会而言，要加强开展全民绿色消费教育、普及绿色消费知识，让每个人有意识地使用绿色生态产品、拒绝消费或使用破坏环境的产品，同时了解当下保护环境、促进社会可持续性发展等的重要性和紧迫性。同时，在抖音、B站、知乎等大学生常用的了解信息的手机软件上进行绿色消费的宣传可以尽快让大学生了解相关知识并且采取行动。

从学校出发，对大学生进行绿色消费教育，就是要发挥学校思想政治教育和素质教育的主导作用。联合国大会通过的《保护消费者准则》明确指出："消费者教育应在适当情形下成为教育制度基本课程的组成部分，最好成为现有科目的一部分。"因此，高校作为传授知识的主要场所，应该在思想政治教育、人文素养教育以及专业课教学中融入绿色消费教育，引导大学生树立绿色消费的意识与观念，使大学生在走向社会的过程中逐步养成文明的消费行为习惯。学校应利用各种途径加大对大学生绿色消费观的引导，扩大绿色消费知识的宣传力度，如宣传环保知识讲座、创新创造绿色科技产品比赛与展会等，倡导校园绿色生活方式，同时积极举办志愿服务活动，使大学生在实践活动中体会绿色消费。

家庭教育也是绿色消费教育宣传的重要一环，父母的言行举止本身能对孩子起着带头示范作用。大学生作为心智已较为成熟的群体也更能理解和接受父母的教育行为内涵，从而在生活细节中有意识地规范自己的行为，形成绿色消费理念。在家庭生活中的绿色消费行为也能适应性地过渡到校内的宿舍生活甚至是进入社会后的个人生活，因为与生活细节直接相关更偏向实践性，绿色消费观念能更深入地影响大家、引领大家。同时，从父母处学习养成的绿色消费习惯能影响带动其他生活环境的身边人如师长密友、同学同事等，从一点辐射影响开来，有助于形成健康文明的绿色消费氛围和社会风气。

作为大学生，我们自己要积极发挥主观能动性，多地点、多途径、多方面地主动学习环保知识，从日常生活细节做起，将绿色消费理念逐步融入生活的点滴中去，做到日常生活方式绿色化，积极使用绿色产品，如垃圾分类处理、少用或不用一次性产品、优先选择节能环保的产品等，养成绿色消费的习惯；加入绿色消费社团或环保组织，帮助宣传倡导绿色消费观，积极践行绿色消费观念，并带动身边的人参与绿色消费。我们还要树立勤俭节约、艰苦奋斗的意识，在消费过程中以身作则，既要量入为出，适度消费，也要避免盲从，理性消费，坚决抵制“享乐主义”“盲目攀比”等不良观念的侵蚀，做到不铺张浪费、不攀比、不超前消费，树立绿色消费观，养成健康科学的消费习惯。

综合上述分析，让绿色消费走近当代年轻人的视野将是今后发展的一大目标，作为未来社会进步，国家发展的中坚力量，大学生绿色消费的观念与行为将会影响未来社会的风气，因此提升大学生的绿色消费意识、巩固绿色消费行为，在大学生群体中尤为重要。我们本次调查基于北京市生态文明建设现状，在高校大学生群体中调查了绿色消费的现状，并在调查基础上提出提升大学生绿色消费观念的建议，以期能为生态文明建设做出一定的贡献。

参考文献：

[1] 郑琳，廖决能．生态文明建设背景下的大学生绿色消费教育问题浅析 [J]．教育教学论坛，2017（06）：53-54.

[2] 王鉴雪．生态文明视域下大学生绿色消费与校园生态共同体构建 [J]．哈尔滨工业大学学报（社会科学版），2021，23（02）：137-142.

[3] 沈卫星．习近平生态文明思想的理论创新与实践指引 [J]．中国井冈山干部学院学报，2019，12（03）：26-32.

教师点评

绿色消费与传统消费有着重大的区别，大学生作为特殊的消费群体，对其绿色消费现状进行调查并加以研究，具有一定的实践意义。本调查报告对大学生的绿色消费观念、绿色消费行为等进行了一定的调查和探讨，并对如何提高大学生的绿色消费理念提出了自己的观点，有一定的参考价值。实践报告选题较为新颖，报告行文叙述层次比较清晰，论述较为贴合主题，语言通顺，其建议与结论有一定的实践借鉴意义。

“开窗见绿，春到京城”

——以首都小微绿地建设为例探究城市生态文明建设

团队：毛概（“毛泽东思想和中国特色社会主义理论体系概论”的简称）超越小队

成员：林弋超　吴越悦　吴若楠　郭凯欣　杜丰余
　　　拉巴次仁　戴天宁　蒲怡如　梁师瑶　琼　吉

一、实践方案

（一）实践背景

建设生态文明是中华民族永续发展的千年大计，关系着民族的未来。我们建设生态文明，是为了共同建设美丽中国，开创社会主义生态文明新时代。而北京生态文明建设更是重中之重，北京生态文明建设关乎着国家和首都形象，关乎城市品质，关乎民生福祉，是建设国际一流的和谐宜居之都的重要支撑。所以政府把建设生态文明作为一项重要战略性任务，让生态文明成为首都这座城市的亮丽底色。

1. 生态环境背景

2015 年前后，北京雾霾频发，生态环境十分恶劣，其严重程度引起了广泛关注。面对这种情况，北京市政府持续推进生态文明建设，北京的生态环境得到改善，2019 年首次全年未出现严重污染日。现在的北京，雾霾天数越来越少，空气越来越好，同时北京地表水水质持续得到改善，声环境质量也在保持稳定。多方面的改善让人们切实感受到北京越来越好的生态环境。

2. 政策背景和宏观战略

生态环境新基建是推动“十四五”时期生态文明建设的重要支撑，是一种瞄准绿色、智能、现代并代表未来发展方向的新型基础设施。生态环境新基建可以协调新发展理念下我国技术进步、产业发展、生态涵养三者的功能性融合，宜将其纳入新型基础设施建设的战略领域，进行体系化、制度化的安排。生态环境类新基建是生态环境与新基建的有机融合和融合发展，相对于传统生态环保基础设施而言具有更开放的语义和更丰富的内涵。传统的生态环境基础设施是为解决人与生态环境共生中的矛盾而创造出的一类公共设施，具体指向需要解决的特定生态环境基础问题。

3. 市政府治理现状和目标

生态环境逐渐变好的背后是北京市政府对生态文明建设的不断推进，其中就包括对绿化工程的持续建设。五年来北京市在增绿项目上大有成就，一是聚焦重点区域实施大尺度绿化，在五年期间累计完成了平原造林 82.3 万亩；二是突出涵养区绿色发展，实施生态修复 32 万亩；三是除大尺度增绿外，新建小微绿地、休闲公园、口袋公园等 700 多处增绿项目，公园绿地 500 米服务半径覆盖率由 67.2%提高到 86.8%。

北京市将继续积极推进城市绿化工作。2021 年北京通过实施休闲公园、口袋公园、小微绿地等增绿项目，以及全龄友好型公园、智慧园林等建设任务，计划新增城市绿地 400 公顷，至 2021 年底，城市绿化覆盖率达 49%。

（二）实践目的和意义

紧扣“十四五”时期生态文明建设目标任务，探究首都绿地景观发展模式。

党的十八大以来，在以习近平同志为核心的党中央的坚强领导下，我国全面加强生态文明建设，开展了一系列根本性、开创性、长远性工作，生态文明建设从认识到实践都发生了历史性、转折性、全局性的变化。党的十九届五中全会确定了“十四五”时期生态文明建设目标任务，描绘了美丽中国的宏伟蓝图。当前，我国生态文明建设和生态环保工作仍处于压力叠加、负重前行的关键期，面临诸多矛盾和挑战。尤其是在全球持续受新冠肺炎疫情影响，经济发展面临困难和不确定性显著增多的复杂形势下，随着城市发展速度增快，大量人口涌入城市，城市核心区可利用的空间越来越少，公共开放空间越来越紧缺，面临着绿化不足空间拥挤，生态文明越来越恶劣的现状，伴随着人们日益增长的对高水平景观环境的需求以及城市用地不足的矛盾，探求合适的城市核心区的绿地景观发展模式显得尤为重要，

小微绿地是应对城市向高密度集中化发展应运而生的一种绿地形式，是城市绿地的重要组成部分，具有随机灵活分布可达性高等特点。本文以首都功能核心区小微绿地为研究对象，拟调研处于不同位置的小微绿地的特点以及存在的作用，对比得出近年来北京市小微绿地增加数量和绿化覆盖面积变化，进而选取首都功能核心区具有城市代表性的四个小微绿地进行详细调研，详细分析并得到首都核心区内不同功能分区的小微绿地的积极作用和建设功能，包括补充城市公园绿地，提升城市环境品质服务，搞高市民工作生活质量，展示首都多元文化等功能。

（三）实践方案

1. 实践形式

本次实践以重点调研（实地考察）和一般调研（问卷调查、二手资料搜集）相结合的形式开展。

2. 实践时间及成员安排

（1）筹备阶段（2021 年 5 月 6 日—2021 年 5 月 10 日）

所有小组成员通过集中讨论确定实践的主题，初步搜集相关资料并进行相关任务的分配；

（2）实施阶段（2021 年 5 月 11 日—2021 年 5 月 15 日）

小组成员林弋超、梁师瑶、蒲怡如进行实践方案的设计，小组成员吴越悦、郭凯欣设计并发放问卷，小组成员琼吉、戴天宁进一步搜集相关二手资料并对重点问题进行着重考量；

（3）结果处理阶段（2021 年 5 月 16 日—2021 年 5 月 18 日）

小组成员琼吉、戴天宁进行实地考察并做好实践记录，小组成员吴若楠、杜丰余整理问卷数据、分析问卷结果并得出结论，小组成员林弋超、拉巴次仁对实地考察、问卷及二手资料三者得出的结论进行整合，进而形成最终的实践报告。

3. 实地考察地点

怀柔区泉河二区绿地，永定门南端的燕墩休闲公园。

4. 实践内容

以小微绿地为主要研究对象，研究近年来北京绿化覆盖率的增加对于北京生态文明建设所具有的积极作用。

5. 实践流程

（1）重点调研以实地调查为主，从实践的目标着手，根据可实施性和必要性的原则，安排如下活动：

①深入具有代表性的几处小微绿地、口袋公园，以了解北京绿化情况及其对附近居民日常生活的影响，并根据情况进行图片和文字形式的记录；

②向当地街道办、园林局、林业局等相关部门咨询并了解相关数据，同时做好记录；

③如有可能，对相关工作人员进行采访，采访前一般要约好时间并提前准备好调查所要了解的问题，并在采访中把握谈话方向。

（2）一般调研分为问卷调查和二手资料搜集两部分

①问卷调查：通过在聊天群、朋友圈中发放问卷星的形式向中央财经大学部分在校学生发放问卷以了解本校大学生对于北京近年来绿化改善情况的认知，以期得到更加全面有效的调查结果；

②二手资料搜集：从知网或图书馆等途径搜集资料，成员在查找资料时应注意其权威性和及时性，以尽量减少误差。

全体同学按照分组情况，各自完成所分配的任务。

二、实践过程

（一）前期准备

为了对北京市的小微绿地建设情况有一个较为充分的初步了解，我们小组在前期准备阶段主要通过查阅北京园林局等相关政府部门的官方数据和相关学术文献来进行研究。通过研究，我们大致了解了小微绿地的特点和北京市建设小微绿地的原因及现状。在研究过程中具有较强借鉴意义的文献，见文末。

1. 小微绿地及其特点

参考2018新版《城市绿地分类标准》中社区公园和游园的相关概念及当前小微绿地建设的实际情况，我们对小微绿地的调研统计范围为：“在公共空间中，面积不超过1hm^2，用地独立，有明显边界，具有一定休息和服务设施的绿地”。它主要具有以下几个特征：

（1）面积小，数量多且分布零散。小微绿地在社区公共空间中的渗透性强，影响范围广泛，既可以作为社区内单独的绿地系统，又可以与社区周边的城市绿道、城市公园相联系，形成完善的城市绿地系统；

（2）形态大多规则。根据与老旧小区建筑布局的关系，小微绿地常见的形态为矩形、带状、L形、梯形、三角形及复合型等。与不规则空间用地相比，此类形态空间延续性和可塑性强；

（3）具有一定的绿化基础。小微绿地的功能定位决定了绿化面积在空间中的占比；

（4）空间功能具有弹性，居民对空间使用的自发性强；

（5）邻里关系的催化剂。大部分小微绿地承载着居民丰富的日常活动与邻里交往，为老旧小区新老居民的邻里关系架起了沟通的桥梁。

2. 北京市建设小微绿地的原因及作用

加快建设小微绿地是北京市推动生态文明建设的重要环节。《北京城市总体规划（2016—2035 年）》提出了关于北京绿色空间体系的要求，有利于推动公园绿地发展。在《2020 年城市绿化工作要点》中也明确指出 2020 年是“十三五”规划的收官之年，北京市全年计划新增城市绿地 700 公顷（安排任务 898 公顷），新增休闲公园 41 处，城市森林 13 处，口袋公园及小微绿地 50 处。公园绿地 500 米服务半径覆盖率 85%。

北京历史文化悠久，有由胡同以及四合院构成的具有特色的老北京传统城市风貌。但是目前绿化空间不足，是胡同绿化发展面临的主要的问题。区域内建筑密度大，再加上私搭乱建现象严重，使得原本局促的空间变得更加紧张。

与此同时，北京存在一大批建成于 2000 年以前的老旧住宅小区。这些小区原有公共空间的规划设计逐渐无法满足和承载居民日益增长的日常活动与交往需求。且老旧小区公共空间改造受到政策、资金、产权等多方面的影响，很难在短时间内面面俱到。

因此，由于北京独特的城市特色，构成独特的高密度城市空间格局，导致在这种环境中通过大面积增加绿地的形式是难以实现的。而微绿地在面积上较小，分布上可灵活的置入城市空间之中。微绿地是构成城市绿地网络的不可缺少的一个环节和节点，能够弥补城市核心区内绿地较少，绿地资源不足的现状。

另外，小微绿地能够通过多层次的空间设计，提供城市居民一个休闲活动、健身放松、安静休息的场所；通过复合功能的规划设计，能够满足不同人群对于微绿地不同的需求；是促进人们进行社会交往的重要场所，更是承担着有益于社区健康发展的关键环节。

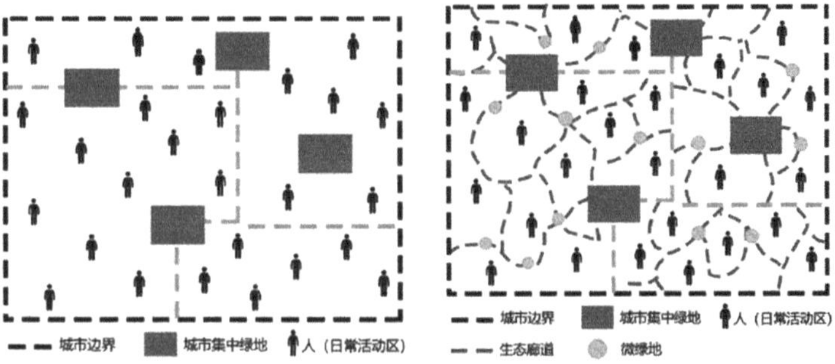

图 3-5　微绿地对城市公园绿地补充示意图

3. 北京市小微绿地建设总体情况

通过腾退还绿、疏解建绿、见缝插绿等途径，北京市的小微绿地建设已经取得了巨大进展。截至 2020 年底，北京市绿化覆盖面积达 97140.96 公顷，包含小微绿地在内的公园绿地 35719.94 公顷，绿化覆盖率达到 48.96%。在 2020 年，北京市建成 13 处城市森林、50 处口袋公园及小微绿地，累计增加绿化面积 300 余公顷。据新华社统计，北京市的“口袋公园”“小微绿地”总计已经达到四百多个。

整体上看，小微绿地的规模普遍较小，形态多为规则的带状、矩形等形态。其在北京老城内的分布较为分散，服务范围也较广，并且与老城内基础设施的联系较为紧密。另外，以分布在居住街区附近的小微绿地最多。

综上，小微绿地的分布地点、内部设计和与当地居民的关系成为我们考察北京市小微绿地建设情况的重点。

（二）调查过程

本次调查共分为两个部分，主要以实地调查为主，问卷调查为辅，同时在整个过程中以期刊论文、官方发布信息等二手信息作为导向，确保此次调查的合理性及科学性。本次调查活动的具体调查过程如下：

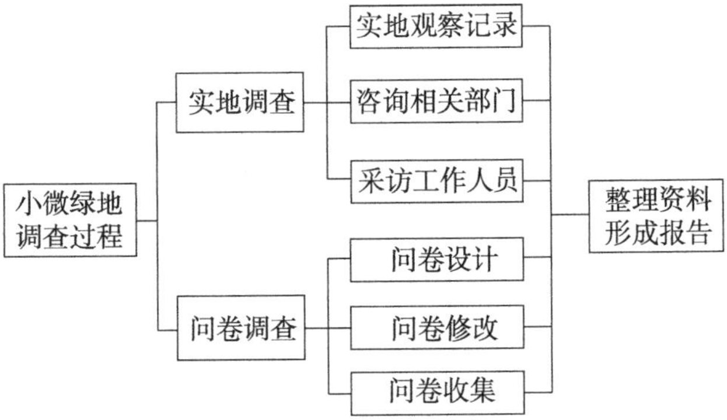

图 1　小微绿地调查过程

1. 实地调查

调查之前，我们经过资料查询、民主投票等阶段后，本次实地调查我们选择了北京较为典型的小微绿地代表——怀柔区泉河二区附近的绿地。2021 年 5 月 5 日，我们小组的 10 人共同前往泉河二区附近的绿地开展调查。在调查过程中，我们主要通过实地观察、咨询相关部门数据、采访工作人员、采访居民及游客 4 个手段了解当地的小微绿地绿化情况。

（1）实地观察记录

我们于早上十点左右到达泉河二区附近的绿地，到达该地后可以明显感受到空气质量相较公交通道区域更为清新。到达目的地后，我们小组的成员便开始进行实地调查。调查过程中分为两个三人小组和一个四人小组，每小组内两个同学负责对绿地内的相关植物信息及大概的覆盖面积进行信息搜集，另外的同学负责对该信息进行记录。

由于该绿地面积较大，出于对时间等因素的考虑我们只选取了部分绿地进行实地调查，最终得出以下结论：在现阶段的小微绿地的建设中，主要选用的植被是灌木及绿化树，这在很大程度上是由于这一类的树木生命力更加顽强，可以保证树木的存活率。小微绿地的种植区域多为村边、沟边、路边、河边、渠边的见缝插绿地和地块补植的“五边造林”工作，这也就意味着必须要存活率较高的树木才可以适应较为恶劣的环境，逐步提高首都的植被覆盖率。而针对我们小组选择进行实地调查的北京都市环境而言，较为多见的绿化类型主要以重要公交通道分隔区的绿化、居民小区绿化和沿河绿化三种类型为主。

（2）咨询相关部门

由于权限等问题，我们现阶段条件不支持我们直接到相关部门进行走访调查，经过我们的商讨，我们决定通过查询北京市园林绿化局近年数据来替代对相关部门的咨询工作。我们在官网中主要研读了其近年来相关政府工作报告及首都绿化板块，我们在分别研讨后通过小组会议进行交流，最终得出以下结论：

近年来，无论是从国家层面还是北京市层面，我们对绿化及生态恢复的重视程度逐年增加，自十三五期间提出要改善生态环境后，北京市一直以“十三五”规划为导向，逐步推进生态恢复与改善工作。根据官网信息，截至 2020 年 10 月底，市园林绿化局承担的新建 10 处休闲公园，50 处口袋公园及小微绿地的市级民生实事

问题。

(3) 问卷收集

问卷修改完毕后，由全体成员通过群转发、朋友圈等方式进行问卷收集。共收集问卷 100 份。

3. 结尾工作

我们小组通过由上所述的实地调查，问卷调查，以及后期查阅期刊论文和官方发布的信息等途径，对于小微绿地的分布特点，内部设计和与当地居民的关系得到一定的结论。

(1) 总结与分析

完成实践调研怀柔区泉河二区附近的小微绿地，并且通过对比怀柔区其他的小区如梦想家园，华欣湾，丽湖嘉园附近的小微绿地，发现它们的共同点都处在小区周边，考虑临近居住区的特点，设计者充分发挥了绿地的服务与美化功能，通过铺筑园路，修建小型广场，栽植丰富的乔灌草坪地被植物，打造综合性的居住区小游园。

其中，我组考察地点泉河二区东侧的小微绿地面积最大，由于该地西临居住区，东临小泉河河道，是小泉河生态绿廊的重要组成部分。所以结合整体需求，打造出了一条南北向的绿脉相连，林水相融的绿色生态廊道。在植物选择上，以柳树，海棠，早园竹为主打树种，突出泉河水岸特色。该园区根据场地设置及周围环境分成四区：河堤花海区，疏林草地区，彩叶植物区，背景竹林区，种植苗木达 20 多种。在生态绿廊建设的基础上，还满足了居民对于漫步，骑行，游憩的需求。在较为宽敞的绿地内设置健身器供大家休闲娱乐。除此之外，还建有自行车道和人行漫步道形成一条沿滨河游览路线和休闲游憩路线。

除此之外，通过网络查询对口袋公园也做了一定的了解后，实地调查位于南二环，永定门南端的燕墩休闲公园。该公园将沧桑的“燕墩”文化遗址与绿色生态空间相结合。休闲功能是公园的一大特色，公园地块狭长，建设将公园甬路与西侧绿地贯通，形成了全长约 1.2 公里的林下蜿蜒漫步道；利用铁路防护路，设置了与西侧绿地连接，全长约 800 米的直线漫步道；公园内还设置了林下儿童活动场所，林下健身场地，室外半场篮球场等，弥补了京津城际铁路南侧优质户外活动空间不足的缺陷，对“燕墩”遗址的保护和展示是公园最大特色。公园东侧紧邻“燕墩”文化遗址，公园建设在遗址南侧，西侧的观赏面设置了休憩广场，使文物建筑与绿化景观交织相融；还放置了讲解古迹的牌示雕塑，雕塑上描述了“燕墩”文物的建筑特点和历史沿革，使只能远观的文物建筑，碑文可以近距离了解和阅读。

（2）结论

结合北京市园林绿化局关于印发《2021 年城市绿化工作要点》的通知，今年北京将启动全市公园绿地全龄友好化建设，考虑不同年龄段人群使用需求，合理配置服务设备，无障碍设施；优化植物搭配，建设生物多样性保护示范区 20 处；引入智慧化管理设施和智能交互设备，提高公园绿地管理服务水平。由此可见城市公园绿地的建设，提升城市环境品质服务和市民工作生活，以及展示首都多元文化等功能是口袋公园及小微绿地在建设和整改时追求的目标。

综上，我组通过调查部分公园绿地的分布特点和内部设计，结合北京市园林绿化局近几年来对城市绿化的工作要点，得到的结论是口袋公园及小微绿地以中心城区为重点，充分利用城市拆迁腾退地和边角地废弃地，闲置地在百姓身边“见缝插绿”，选址灵活，面积小，离散性分布的特点。另外，公园绿地的建设根据各区域的地理位置，以及周边环境的特点相结合，充分发挥各自特性实现生态建设与文化遗址，居民需求等的结合，实现多样性的建设目标。公园绿地的建设很大程度上改变城市环境，同时部分解决高密度城市中心区人们对公园的需求。在北京中心城区，公园绿地成了周边居民锻炼聚会的场所和“室外会客厅”，让老百姓能“推窗见绿，出门进园”。

三、实践感悟

1. 对首都

北京作为中国的首都，长久以来都是新中国的政治、文化和经济中心。改革开放以来，首都工业迅速发展，人民的物质生活水平不断提高。但不知从何时起，北京又变成了中国的“污染之都”：雾霾天气越来越多、空气质量越来越差、连像“APEC”蓝一样的蓝天都成了奢侈。近年来，北京市政府越来越重视首都生态文明建设，北京的生态文明得到了极大改善。

自从我们来到北京接受高等教育以来，我印象中的北京没有雾霾、没有沙尘暴、没有水污染；有的只是爽朗的蓝天，和天安门交相辉映；有的只是什刹海清澈见底的湖水，几只野鸭在湖上嬉戏；有的只是玉渊潭公园春季缤纷的樱花，游人络绎不绝。这些都是首都生态文明建设的重要成果，虽然这些美景不能丰富我们的物质生活，却能带来精神层面的愉悦。

但是首都生态文明的成果并不是不费之惠，它是北京市政府多年来的政策导向换来的，推进小微绿地建设便是其中一个重要部分。首都生态文明建设的成果，不仅极大改善了首都居民的生活环境，而且向世界展示了一张闪亮的中国名片，同时为我国其他城市的生态文明建设提供了一个样本。要注意的是，生态文明建设并不是一劳永逸的，而是需要一代又一代人艰苦奋斗，守住首都生态文明建设的成果。

2. 对国家

随着我们社会的发展，人们在享受城市科技生活带来的快乐时，蓦然回首，发现身后却是无穷无尽的钢筋和水泥，再也看不见花草树木，听不见鸟语花香。近年来，各地政府纷纷投资建设绿地，见缝插绿，小微绿化，以提高城市绿化水平。小微绿地虽小，但是它的作用却是累积性的，不仅可以美化家园，净化空气，降低噪音，而且为广大城市居民创造一个安逸舒适的学习，工作，生活环境。在我国百万以上的城市人口中肺癌死亡率已经升至癌症死亡率的第一位，空气中的有毒气体，灰烟，粉尘，放射性物质是导致肺癌的罪魁祸首，城市居民深受其害，不但使劳动生产率降低，还使人的劳动年龄和寿命缩短，进而影响国家的经济和发展。

对于国家，小微绿地的出现还可以提高城市形象和国际声望，没有人不喜欢环境优美的城市，我们都希望生活在现代与自然完美结合的环境，进而发展旅游业，进而对城市的政治，经济，文化产生一定的影响。但是一座城市的绿化，我们不能仅仅依靠环卫工人和政府出手整治，而是我们每一个城市居民需要自觉爱护花草树木，绿色和树木多了，我们的生态才会更加优美，未来才会充满希望，城市才会更富活力，国家才会更加富强，人民才会更加幸福。

3. 对未来

我们走进泉河二区附近的绿地，感受着与市区不同的空气和景象，思虑起未来，我们仿佛穿越到子孙辈的时候，不再像如今的我们忍受着污水、浊气，满眼的黑灰色的建筑，不见一片绿色。在公园实地探究时，我们看到了自由奔跑的小朋友，他们或许不知道，未来他们的环境状况其实与我们有着巨大的关联：如果我们没有重视生态文明的建设，他们长大后就会依旧忍受资源的匮乏和环境的污染；如果我们从一点、一块、一面做起，他们长大后，就会有丰富的资源和优美的环境。

我们突然明白了什么叫做“前人栽树，后人乘凉”，那是对未来的高瞻远瞩，是对子孙的负责，不仅仅是树给未来的人们一片乘凉之处，更是一种环境给未来的人们一种生活的保障。生态环境的建设是长期的，更是艰巨的，但是利益并不是当前的，而是长远的。未来，我们会依旧在生态文明的路上不断行进；未来，我们会收获自然和幸福。

人类文明进化是从一个时代转化为另一个时代的，对于生态建设来说，更是这样的规律。过去对经济的追求，导致了这个时代环境的恶化，而我们要做的，是现在对新经济的调整，为下一个时代贡献一分力量。一块草坪，未来就是一片绿地；一棵树苗，未来就是一片树林；一个公园，未来就是一个生态圈。“植树造林，绿化祖国，是建设社会主义、造福子孙后代的伟大事业，要坚持二十年，坚持一百年，坚持一千年，要一代一代永远干下去。”

参考文献：

[1] 苏春婷、侯晓蕾——《老旧小区公共空间参与式景观更新探索：以北京常营福第社区小微绿地提升为例》

[2] 耿超——《基于城市修补的北京老城小微绿地现状改造提升研究》

[3] 张楠——《“城市修补”理论下首都功能核心区微绿地规划设计研究》

教师点评

该实践报告以首都小微绿地建设为切入点来探究城市生态文明建设，选题有特点、有意义。在参加社会实践之前，课题组对北京市的小微绿地情况有了一个较为充分的了解，并查阅了相关文献，前期准备工作较为充分。整个实践方案比较详细，也切实可行，既分工合作，又注意发挥团队的合力。整个调查过程以实地调查为主、问卷调查为辅，同时以期刊论文、官方发布信息等二手信息为导向，使调查得出的相关结论比较科学。该实践报告是一篇优秀的实践报告。

现状、机遇与未来

——外卖与快递包装使用情况调研

团队：包装研究员之我与包装污染势不两立

成员：姚亚浩　辛宇正　戴易宸　赵志乾　付思轩

曲云泽　黄君逸　王凯源　陈　振　傅友康

一、实践方案

（一）实践背景

生态环境建设是推进生态文明建设的重大举措，党的十八大以来，党中央高度重视国家生态文明建设，将生态文明建设纳入中国特色社会主义事业“五位一体”总体布局和“四个全面”战略布局之中。而北京作为首都，改善生态环境质量的任务刻不容缓，这需要我们当代大学生做到“家事国事天下事，事事关心”，留心生活中的点点滴滴，为首都生态文明建设出一份力。

随着信息科技的发展，外卖和快递行业发展得越来越快，但外卖和快递行业的发展也暴露出了不少问题。我们小组成员观察到，如今各类外卖的包装情况，都存在过度包装、浪费资源的现象。而快递行业的包装也一直饱受诟病，有学者指出（潘铎印，2021），快递过度包装会导致快递包装材料过度消耗，而快递的包装一般为一次性使用，废弃后会对水、大气、土壤等环境造成污染。凡事积水成河，这些资源的浪费也是首都生态文明建设面临的一个问题。

（二）目的和意义

快递和外卖过度包装及其带来的环境污染等问题在首都已经存在许久。一方面，我们小组决定通过实践的方式，探究首都快递和外卖包装问题的现实状态，另一方面，首都生态文明的建设需要每一个人都努力。该实践论文也可以对读者起到警示作用。我们小组通过调研，深入研究当前快递业在使用与过程中存在的问题，提出对于包装循环利用的建议和对策，旨在为首都生态文明建设出力。

随着工业化的发展，全球环境污染的加剧和生态的严重恶化，人类不断探索环境保护和可持续发展道路。在外卖和快递的包装问题上，我们每个人都深有体会，解决快递和外卖不合理包装问题并非朝夕之功，这需要我们首都人民的共同努力，这是我们可以为首都生态文明建设做出贡献的地方。希望我们小组的这篇实践论文，可以帮助读者自觉抵制过度、不合理包装的行为，加快形成绿色观念，让“轻包装”“简包装”成为新风尚。

二、实践过程

（一）外卖包装

1. 问卷调研

我们采用发放问卷的形式，对首都外卖包装情况进行调研。调研中，我们采集了 89 位首都居民的有关意见和看法，并对其意见进行统计分析，得出了可信的结论。

如图所示，从不点外卖的人数仅占 4.49%，同时每月点外卖次数达到 9 次以上的人数达到 21.35%。这说明由于外卖方便快捷的特性以及近年来外卖平台的发展，外卖食品已经成为首都居民的重要就餐方式之一。但是，接近半数人每月点外卖次数不足三次，这说明外卖仍未成为人们的主要就餐方式。

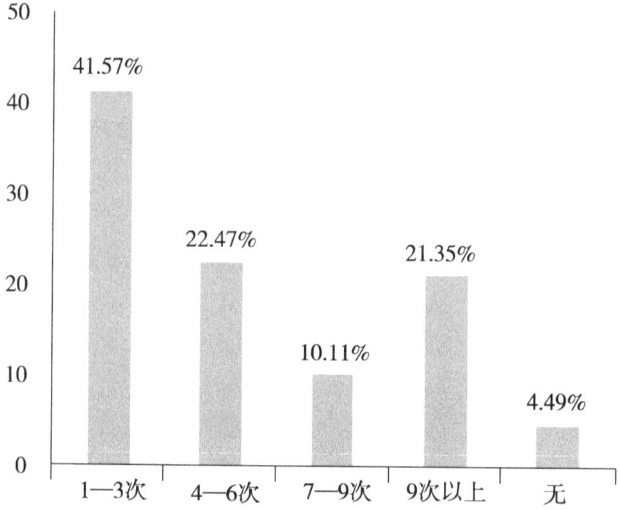

图 1　每月点外卖频次

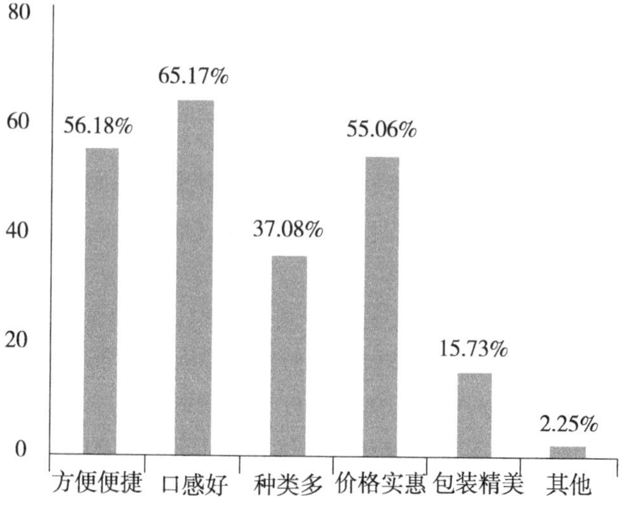

图 2　点外卖时重视因素

我们统计了消费者点外卖时的考量因素，结果如上图所示，发现大部分居民更重视外卖的便捷程度、口感、价格等，而仅有15.74%的居民关注外卖包装。这说明人们对外卖包装并无较高要求，过度的包装并不会很大程度的增加一份外卖食品的竞争力。

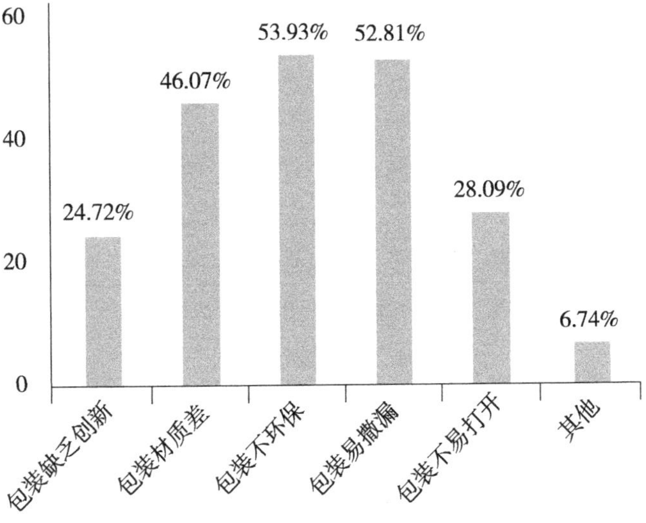

图 3　被调查者认为外卖包装存在的问题

当我们询问人们如何看待当前存在的外卖包装问题时，超过半数人认为包装是过度的，而且不环保，这说明外卖包装的环保问题还是引起了人们的关注。

而当我们问到更喜欢怎样的外卖包装时，76.4%的人回答他们更喜欢绿色环保可回收的包装，75.28%的人喜欢简单实用易操作的包装，仅40.45%的人喜欢图案设计新颖的包装。这说明人们看重的更多是包装的实用性和环保程度，而不是包装的设计。

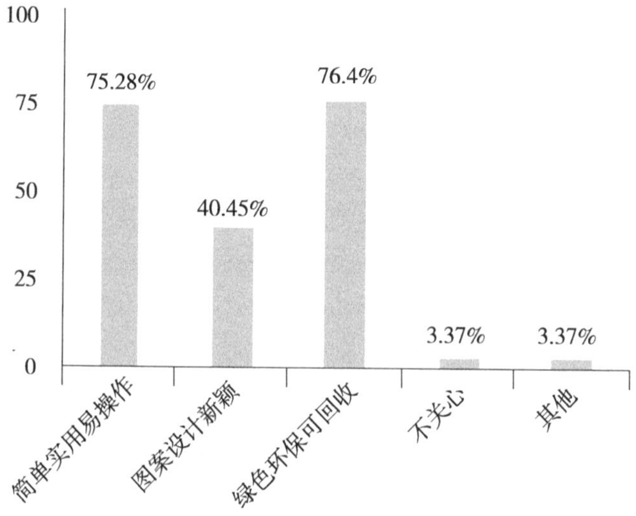

图 4　外卖包装类型偏好

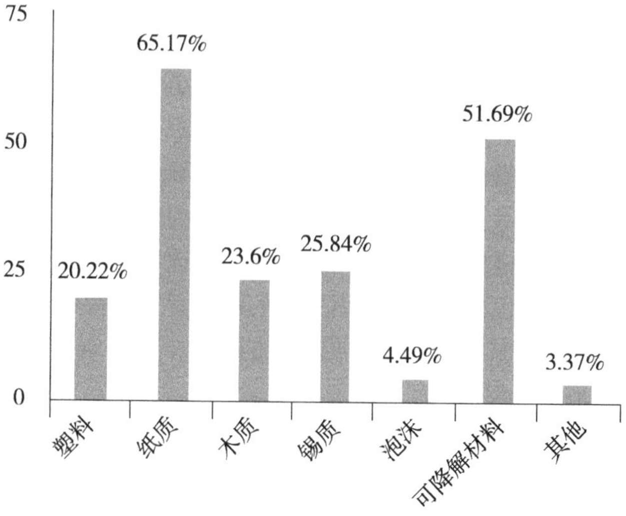

图 5　外卖包装材质偏好

关于外卖包装的材料，人们普遍更偏好更为环保的纸质材料和可降解材料。而对于污染性较强的塑料材料，人们普遍较为排斥。

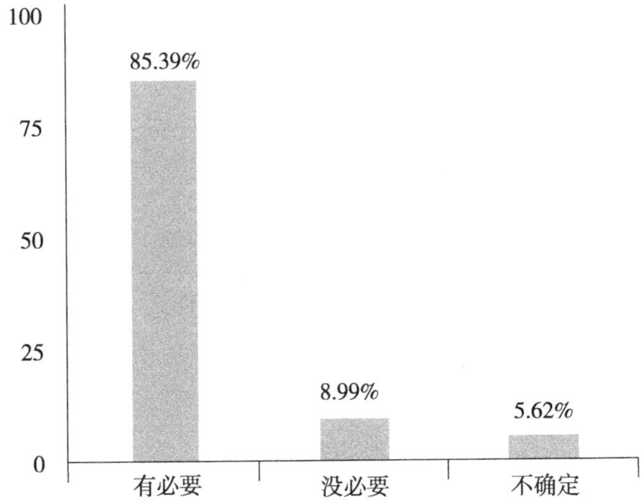

图 6 是否有必要改进包装

最后我们询问了人们是否认为如今的外卖包装有必要在环保程度方面进行改进，85. 39%的人认为很有必要。这说明大部分首都居民认为当前外卖包装仍存在不足之处，需下大力气改进。

调查结果显示，大部分首都居民能意识到外卖包装存在环保方面的不足，且希望外卖商家能在此方面有所改善。同时，调查结果也显示，过度的包装并不能吸引更多的消费者，消费者们对外卖包装的需求更多集中在实用性与便捷性方面。

2. 实地考察与采访

（1）外卖包装实地考察

实践中，本组主要在学校南门实地考察，另外，利用各外卖平台上客户对其所点外卖包装的图片文字反馈的信息，进行探究分析。在实地考察的过程中，我们发现当今外卖包装的环保性普遍不强，存在诸如包装材质难以降解再循环、包装效用性差两个问题。

在为期两天的对学校南门的外卖包装情况的观察中，我们发现商家使用的包装材质主要有 PE 塑料材质、PLA 材质、纸质、无纺材质、铝箔锡箔等等。最常见的外卖外包装材质为 PE 塑料和 PLA，主要用作塑料袋与一次性餐具的主要成分，在我们的实地考察中，超过 80%的商家都使用此类材质。其中 PE 材质的塑料制品生产成本较 PLA 的成本更为低廉，而被商家大量使用，但其存在降解难、降解慢的问题，并且残留的聚乙烯微粒对环境的污染较大，故而不具有环保性；PLA 材质使用可再生的植物资源所提取出的淀粉原料制成，易于降解且对环境无害，但由于其生产成本较高，只被少部分的外卖商家所采用。

（2）有关外卖包装对商家的采访

外卖包装的合理与否，是由商家直接决定的。在我们和商家沟通后才了解了很多我们消费者并不知情的外卖包装过程和用料。第一位商家分享了自己家的外卖包装变化历程。开始使用 3—5 角的塑料餐盒或者 6—7 角的纸盒，后来我国关停了十几万家环保不合格的中小型塑料厂商，导致全国的外卖商家都在外卖包装上要使用 1 元左右、甚至 2 元的包装盒与包装袋。当外卖包装的费用上升了三四倍后，商家为了保持原有的销量，并没有把包装费添加到消费者的账单中，而是选择自吞“苦果”。而随着消费者的环保意识的升高，他们也逐渐把包装费用逐渐在消费者的账单中呈现出来，使商家和消费者共同承担这样的环保使命。这位商家说自己非常感动于销量没有因为包装费用的提高而明显下降，他认为现在的外卖消费环境已经融入了很强的环保的元素。

我们在采访第二位商家时，她提到外卖行业是个更新非常快、充满前景的行业，现在好多新外卖店家用的外卖包装不仅款式精致、博人眼球，而且环保材质包装更成了外卖商家的必选。所以要想在外卖行业有竞争力，不仅餐食要做得好，分装与包装更是一门学问。越来越多的环保包装材质可以供外卖商家挑选，让他们对包装的需求更精准，整个产业链变得更高效、更环保。

（3）外卖包装分类回收情况调查

由于外卖订单量巨大且外卖过度包装的情况较为普遍，外卖包装类垃圾的数量也十分庞大，而外卖包装类垃圾多为塑料和纸类等白色垃圾，且包装内多有餐厨垃圾剩余，为干湿垃圾混合，所以外卖包装类垃圾分类回收情况对于首都生态文明建设具有重要影响。在研究过外卖过度包装问题后，我们又聚焦了外卖包装类垃圾分类回收情况的调查。

我们选取校内及海淀区、西城区、东城区、朝阳区和丰台区五个区的20个垃圾处理点进行实地调查外卖包装类垃圾分类回收情况。其中检验标准为塑料或纸质盛器（盒、碗、盆等）、塑料或玻璃饮料瓶、金属易拉罐和硬纸壳等可回收，餐巾纸、一次性木筷和食品塑料袋等不可回收。以下为调查情况：

A. 校内调查：

学校在每栋宿舍楼前设置了分类回收的垃圾桶，经调查后发现宿舍楼前多为4个垃圾桶，有回收垃圾桶和不可回收垃圾桶各两个，另外包括回收垃圾编织袋若干，并且在每栋宿舍楼前设有垃圾分类志愿者服务位，配有垃圾分类志愿者对丢垃圾者进行垃圾分类指导。小组选取男生宿舍学四宿舍楼和女生宿舍学一宿舍楼作为样本，并选取午餐后至下午上课前和晚餐后至晚上上课前这段时间，即12：30~14：00和17：30~19：30作为外卖包装类垃圾集中丢放时间，对外卖包装类垃圾分类回收情况进行观察和调研。经过连续三天的调查，共获得728个外卖包装类垃圾丢放数据，其中能够独立完成外卖包装类垃圾分类回收的个体数为43个，约占总数据样本个体数的6%，能进行部分外卖包装类垃圾分类回收的个体数为415个，约占总数据样本个体数的57%，未能完成外卖包装类垃圾分类回收的个体数为270个，约占数据样本个体数的37%。另外在调查中发现：一是垃圾分类志愿者履职情况较差，多数垃圾分类志愿者未能对丢垃圾者进行垃圾分类指导，遇有未能进行垃圾分类的丢垃圾者也未能进行制止和劝导；二是垃圾分类工作多由宿管师傅和阿姨进行兜底，将垃圾丢放者乱丢或错丢的垃圾进行再分类；三是干湿分离垃圾分类法仍未在校园内得到推广，外卖包装类垃圾包含或附着餐余垃圾的情况较为普遍。

B. 校外调查：

经过分组，小组分赴海淀区、西城区、东城区、朝阳区和丰台区五个区进行外卖包装类垃圾分类回收情况的实地调查，并就每个区随机选取四个垃圾回收处理处进行调研。由于疫情原因，小组决定选择在社区外和写字楼后集中丢弃垃圾桶处进行调查。调查发现，各个区外卖包装类垃圾分类回收情况基本相同，基本情况为：一是外卖包装类垃圾分类回收不彻底，塑料或纸质盛器类多数未能进行分类回收；二是干湿分离垃圾分类法未能得到应用。

（二）快递包装部分

1. 问卷调研

我们对首都群众进行了问卷调查，共收集到 112 份问卷结果。图 7 显示：填问卷者年龄主要集中在 18—25 岁（31.3%）和 26—35 岁（23.2%）两个范围，其余各个年龄段均有所涉及。

经调查发现，首都群众使用快递的现象较为频繁。每月收到和寄出的快递包裹数（图 8）主要集中在 1—3（47.3%）和 4—10（43.8%）两个范围内。其中，认为包装过度和差异较大的人数占比 69.7%，仅有 21.4%的人认为快递包装合适，说明在首都群众的快递收寄中包装问题较为严重（图 9）。有 16.1%的群众认为包装只能暴力拆卸，拆封后损坏较为严重，半数被调查群众还是认为只要小心注意就可以保持完整（图 10）。

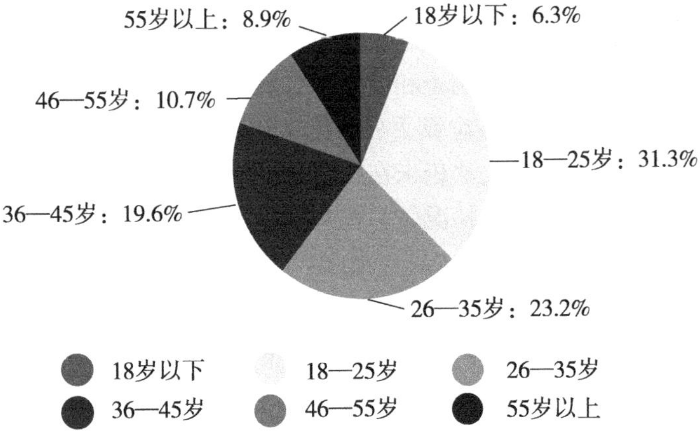

图 7 被调查者年龄分布

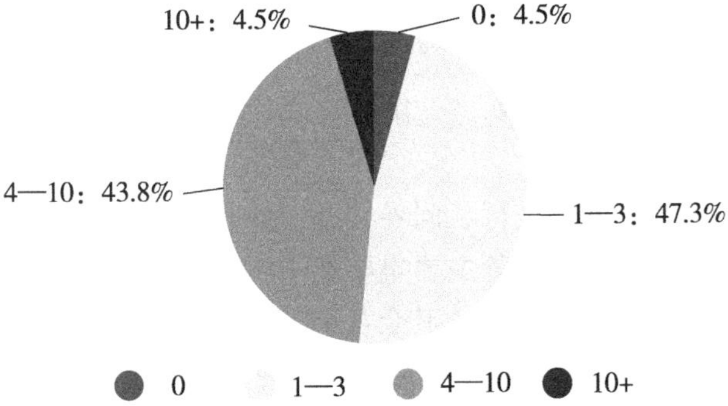

图 8 每月收到和寄出快递包裹数

而对于快递包装的处理方式，33.9%的被调查群众选择直接扔掉，其余人自行重复利用或者进行废品回收（图 11），首都快递的处理还有很大空间进行改善。在外包装的使用情况上，23.2%认为体积过小，空隙较小，使用填充物不足；41.1%认为体积过大，空隙较多，使用过多填充物；仅有 17%认为大小合适（图 12）。在胶

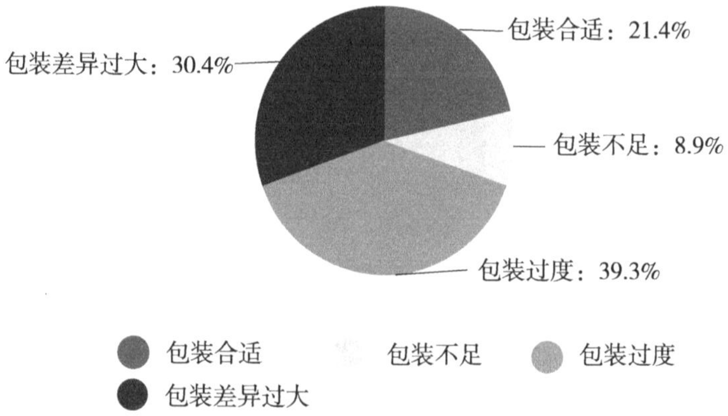

图 9　快递包装程度

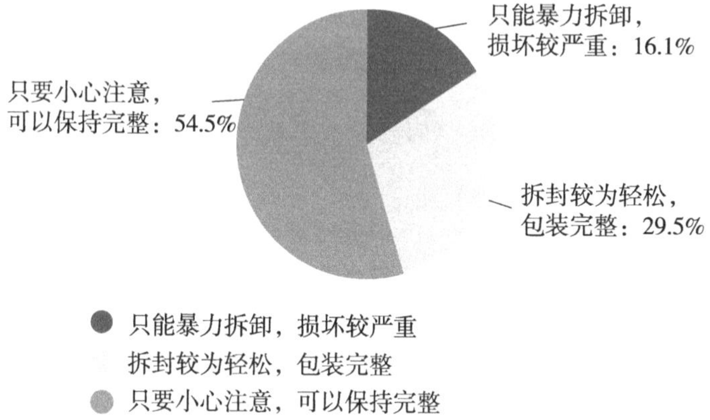

图 10　拆封后损坏程度

带等黏合剂的使用情况上，33.9%认为使用过多，过于坚固，拆包困难；14.3%认为使用较少，固定不足，容易散包；仅仅 9.8%的被调查群众认为用量合适（图 13）。显然，快递在过度包装和回收利用方面的问题未得到解决。

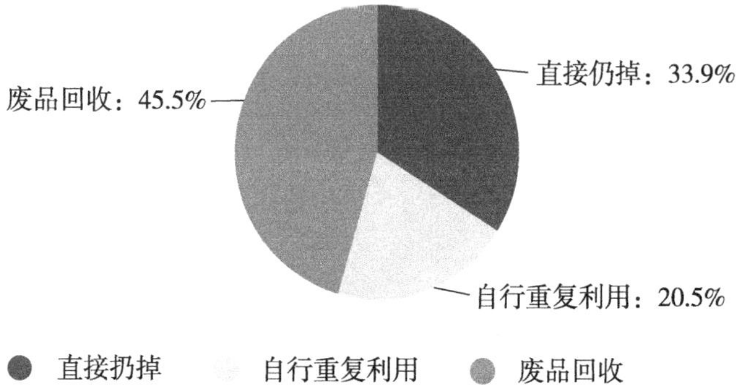

图 11　快递包装处理方式

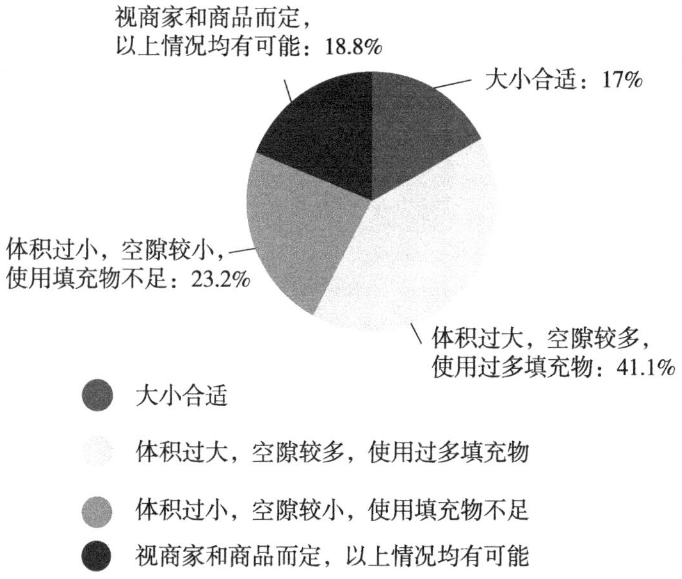

图 12　外包装使用情况

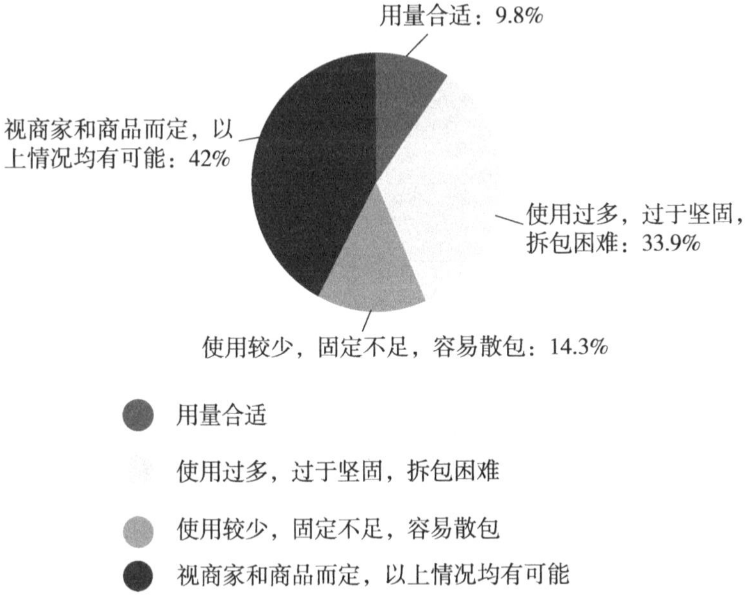

图 13　黏合剂使用情况

针对此情况，我们对受访者进行了关于包装过度和回收利用的调查。22.3%的被调查群众不了解其相关情况，57.1%仅了解基本情况，只有 20.5%了解相关政策、知识和解决方案（图 14），说明相关政策对群众普及力度不够。进而我们调查了群众认为的包装回收最大的困难：缺少环保意识（23.2%）、缺少回收的激励措施（28.6%）以及缺少回收渠道（48.2%）（图 15），结果表明，政策未普及只是一方面因素，群众自身环保意识以及回收渠道的设立和激励机制也不完善。

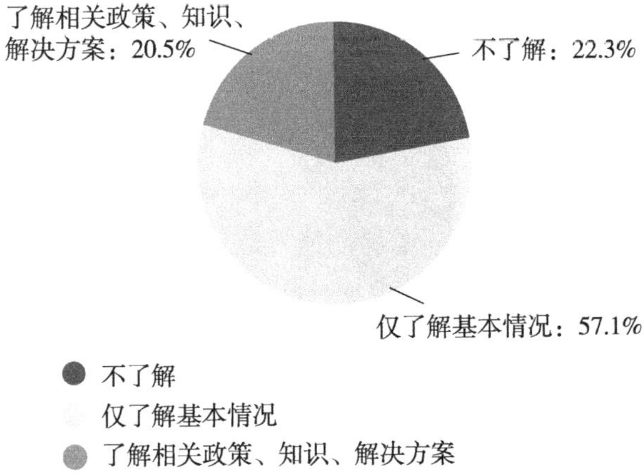

图 14 对过度包装和回收利用相关情况的了解

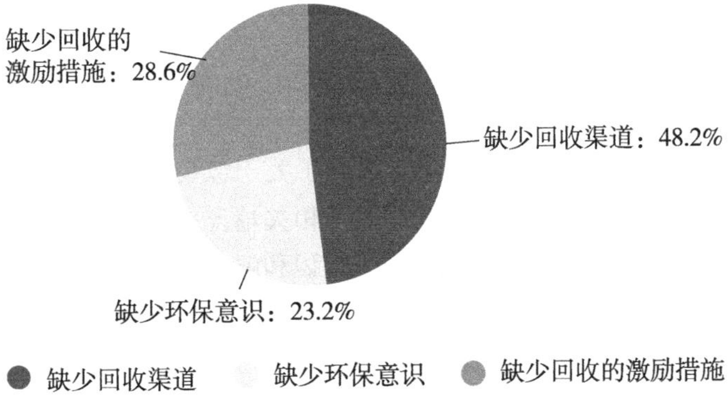

图 15 包装回收最大的困难

经过小组讨论，我们认为循环共享包装的投放使用是解决此类问题的较优方案，但这种方式会造成额外的一部分费用，利弊同时存在。经调查，仅 13.4%的被调查群众不接受循环共享包装，11.6%接受此方式，33.9%坚持当循环包装满足一定质量标准时会接受，41.1%认为除食品、重要商品和礼品不能使用循环共享包装外，其余均可接受（图 16）。同时，17.9%的被调查群众愿意为了更好的包装支付一定费用，41.1%在一定范围内愿意，剩余群众不愿意支付（图 17）。

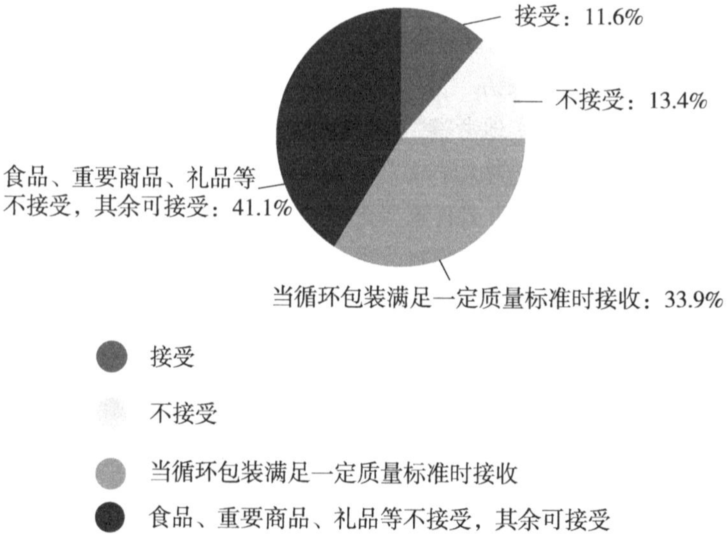

图 16　是否接受循环共享包装

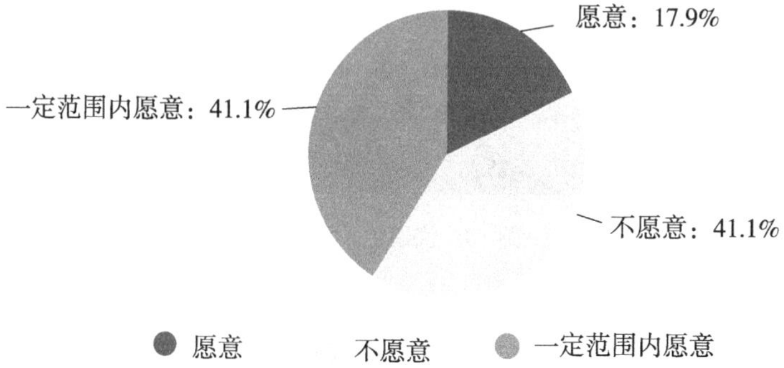

图 17　是否愿意为了更好的包装支付一定费用

经调查和讨论，我们得出如下结论：问卷调查年龄段范围较广，经过分析，回收问卷显示状况与真实情况存在一些偏差，但同时也具备一定代表性。首都快递包装仍然存在过度包装和回收不充分等问题，群众对政策了解和环保意识也没有全面化、系统化，快递包装问题具备很大的改进空间。

2. 实地考察与采访

（1）快递包装实地考察

当前快递已经成为大学收发包裹的主要方式，网购在带给大学生便利的同时，也带来了日趋严重的快递包装乱堆乱放问题。对于快递公司来说，平均包装物料成本越低越好，但客户方面则存在邮寄等硬性要求，快递业务要发展，扩大用户数的同时还要追求客户满意度，所以前述矛盾就转化为了现在的过度包装问题。

图 18 快递包装乱堆放

我们针对首都民众投放了问卷进行调研。据问卷调查结果，现如今大学生每月平均收发快递 6 次以上，在收发快递的过程中产生的纸壳箱包装纸更是数不胜数。这些包装最后流去何方？答案就在各个垃圾桶里：几乎所有包装都在快递打开后立即丢弃，很少有快递包装做到了被再利用。而且高校回收体系不完善，回收技术落后，快递包装回收点建立也未得到完善。因此这些一次性包装产品存在随意丢放，污染环境的问题。

（2）有关快递包装对学生以及快递站点工作人员的采访

我们针对高校内大学生对于快递包装看法进行调查发现，高校大多数同学并不在意包装是否是由环保材料制成，没有树立良好的环保观念。通过我们对于高校快递包装流向的调查统计显示，精美的包装盒时效性不高，将会被很快丢弃。相较于普通快递包装，它们的外貌优势并不是消费者更多关注的，未来会与其他普通包装一起将被投入到垃圾站。

图 19　绿色包装

最后，我们针对高校快递服务站点的工作人员进行了采访。采访中得知当今大学生随意丢弃快递包装的行为普遍存在，他们认为学生收集快递包装并没有有效的物质激励，占据空间大的快递包装会被当作垃圾扔掉。同时工作人员表示，快递包装中使用量最大的是纸和纸箱，其次是塑料袋，胶带、气泡膜等等不可降解的材料，对环境造成了很大污染，应该从源头减少这类非降解材料的过度使用。

（3）有关快递包装对电商人员的采访

在快递包装过度问题的源头来自电商。在我们小组对电商采访中，电商普遍认为快递包装存在过度包装的问题，同时快递包装采用的非降解材料大多都能带来环境的污染。电商在包装快递时并没有特定的依据，将近半数的电商自行把握包装标准，十分之一的电商在包装快递时尽量多包装，这说明源头上快递包装行业缺乏行业标准，应该杜绝这种随意性的发生。

三、实践感悟与思考

（一）外卖包装部分

通过这次实地调研和数据搜集，我们发现外卖已经成为首都居民一项重要的饮食途径。调查结果显示，大部分首都居民能意识到外卖包装存在环保方面的不足，希望外卖商家能在此方面有所改善。同时，过度的包装并不能吸引更多的消费者，消费者们对外卖包装的需求更多集中在实用性与便捷性方面。所以对与商家来说，应该花费更多精力与成本提高外卖包装的实用性和便捷性，而非过度追求包装的精美与华丽。

另外外卖包装类垃圾的分类回收再利用情况并不理想，经过校内和校外实地调查，发现外卖包装类垃圾分类回收情况暴露的问题集中体现为：一、未能正确分类；二、未干湿分离，附着或包含餐余垃圾普遍存在。以上两个问题主要体现了首都市民对于外卖包装类垃圾分类回收的了解不够彻底，干湿分离和分类回收的思想还未深入人心。

（二）快递包装部分

首先，我们想从包裹接收者的角度去思考包裹污染问题。诚然，我们收到的包裹质量不一，形态各异，但是我们可以充分的发挥我们的想象力和艰苦朴素的美好品质去为祖国的环保事业和人类发展做一份贡献。每一个看得见的包裹，就是一片看得见的蓝天，是一口呼得到的空气。

其次，我们要分析一下包裹投递者的意识和责任。很多品牌公司都会设计自己独有的快递包装，但是如果设计师在快递表面加一些环保标语，比如“每循环利用十个纸箱，就会多一枚桃花在枝头盛开”“环保你我，循环纸箱”等等，并且将纸箱设计成为可循环利用的纸箱，我们相信这也会增加企业的无形价值。

第三，我们想探讨一下材料提供者的责任和担当。大家喝牛奶都应该了解牛奶包装大都是由“利乐包装”承做的，这家公司在默默无闻的领域做出了百亿级产业。我们相信中国的快递包装市场不会比牛奶包装市场小，这个市场规模和行业利润是巨大的。只要设计出符合国家环保标准、成本低于普通材料、可循环可降解的新型环保材料，相信肯定可以做到“病毒式”的传播，不仅有利于环保事业，而且是商业上的一个风口。

第四，包裹处理者的责任。快递包裹无论如何重复使用最终都是要走向消亡的，那我们应该如何以最低的污染来处理垃圾就是一个值得深入思考的问题。我们可以充分发挥人民群众的智慧和力量，让人民群众都行动起来消除包裹污染。

总之，如果全民都有节能减排、环保生活、垃圾分类、废物再利用的意识，那么外卖与快递包装问题将会成为发展绿色经济的助力，成为全民环保意识提升的一个标志。同时，提高环保意识的同时一定要照顾到各方的利益诉求，不能脱离人民群众，要脚踏实地、实事求是，做到环境保护和经济发展并行不悖。

参考文献：

［1］曹远琼锶，袁铱鸿，许有毅，罗丁，孔梁有，屈小兵．落实“限塑令”对快递和外卖行业的影响研究［J］．内江科技，2021，42（04）：111-112+10.

［2］孔祥富，薛泽华，余慧．外卖包装的可持续性发展研究［J］．工业设计，2021（02）：76-78.

［3］刘芳卫，徐晓晴，闫英伟，把宁．推进快递包装绿色转型解析［J］．绿色包装，2021（04）：25-29.

［4］刘佳玺，谭镯玉，陆贝贝．浅谈快递包装逆向物流网络［J］．经济研究导刊，2021（13）：116-118.

［5］李庆武，蔡洪英．快递包装物回收管理经验做法研究［J］．中国设备工程，2021（07）：69-70.

［6］林媛，李冰玥．外卖食品包装设计中的“简约”表达［J］．绿色包装，2021（02）：58-61.

［7］门阔，王硕，郭文超．企业外卖衍生垃圾的危害及治理对策分析［J］．产业与科技论坛，2020，19（12）：210-211.

［8］孙月，王婷，朱金辰，余丽婷．垃圾分类背景下快递包装回收箱设计与物流运营研究［J］．南方农机，2021，52（09）：19-21.

［9］唐勇，郑笑仁．浅探水果快递纸箱的绿色化优化思路与方法［J］．绿色包装，2021（04）：34-36.

［10］韦春雅，邓雅琼，李玉珍，陈晓童．高校包装废弃物的现状及回收研究［J］．南方农机，2021，52（08）：173-176.

［11］王济伟．高校学生外卖消费行为现状及其对食堂管理的启示［J］．高校后勤研究，2021（02）：18-21.

［12］吴斯科，李小芳．快递绿色包装的问题及对策研究——以宜宾市为例［J］．中国储运，2021（05）：89-90.

［13］姚涵菁，苗慧，倪长虹，孙雨晨，夏慧玲．循环经济视角下快递包装标准化策略探析［J］．中小企业管理与科技（中旬刊），2021（05）：86-87.

［14］郑新，徐智伟，卓春燕，陈晓婷．塑料外卖包装盒绿色环保解决方

案探析［J］. 广东印刷，2020（06）：33-34.

［15］周雅，李增，李志坤 . 中国城市外卖包装垃圾空间异质性及影响因素［J］. 环境经济研究，2021，6（01）：140-157.

教师点评：

2015—2021 年，我国快递行业业务总量保持逐年增长的趋势，其包装的绿色转型问题逐渐凸现。本实践报告选题适当，具有一定的研究价值和实用性。实践报告主题突出，调查目的明确，学生设计的调查计划较为合理，对校内和校外进行了探访，注意了调查对象的年龄选取，使其有一定的代表性；所完成的报告结构较为完整，层次清晰；调查报告语言通顺准确，叙述比较清晰，数据、资料比较可靠，并提出了自己的观点，其结论有一定的参考价值。

关于“限塑令”政策在北京市餐饮行业中实施情况的调研

团队：环保调查小分队

成员：王立煦　郭静怡　安庭武　孙　奥

穆怡霏　梁兴建　周礼骥　李宇佳

一、实践方案

（一）实践背景

2021年，中国进入“十四五”发展时期，在党中央提出“创新、协调、绿色、开放、共享”新发展理念的指导下，我国生态文明建设进入了促进经济社会发展全面绿色转型、实现生态环境质量改善由量变到质变的关键时期。

自2008年“限塑令”初次提出并实施开始，超市购物袋付费化引导了居民的消费行为，塑料袋的使用大大减少[1]。十几年来，我国在减少塑料制品的使用方面取得了令人瞩目的成就，但是，在“限塑令”实施的过程中仍然存在一些问题，例如：很多部门并没有真正将政策落实到位，监管缺位，一些城镇或者小摊小贩，仍然继续使用塑料制品[2]。

2020年以来，我国的经济发展也对“限塑”提出了新要求。随着经济社会的快速发展，人民生活水平不断提高的同时，也产生了一定的环境问题，其中不容忽视的问题就是“白色垃圾”的巨量产生。且塑料制品不易被自然分解，塑料废弃物处理难度很大，对生态环境造成了巨大的负担，而且随着新的消费场景的出现，如外卖、快递的发展也为“限塑”带来新挑战[3]。

表 1 “限塑”相关国家政策

时间	政策
2020 年 1 月	中央发布《关于进一步加强塑料污染治理的意见》
2020 年 4 月	国家发展改革委发布《禁止、限制生产、销售和使用的塑料制品目录（征求意见稿）》
2020 年 7 月	国家发展改革委等九部门联合发布《关于扎实推进塑料污染治理工作的通知》
2020 年 8 月	商务部发布《关于进一步加强商务领域塑料污染治理工作的通知》
2020 年 9 月	《中华人民共和国固体废物污染环境防治法》正式施行

十多年过去了，我国的塑料回收分类再利用体系尚不成熟，无法对当前巨量的塑料进行有效处理[3]。在当前我国塑料产品处理行业缺乏创新力的现实背景下，同样缺乏的是优质的替代性材料去代替塑料产品[4]。“限塑令”政策的陆续提出，对餐饮行业产生了巨大影响，餐具，包装袋等日常餐饮用品开始受到使用限制，愈来愈多的商家开始思考破局之道。

同时，为响应国家号召，2020 年 12 月北京市发布《北京市塑料污染治理行动计划（2020—2025 年）》，2021 年 4 月 25 日，北京市发改委等部门发布《北京市塑料污染治理行动计划 2021 年度工作要点》，首都作为国家政治文化中心，不断在生态文明建设方面发力，在全国“限塑”行动中起到了示范作用。

综上所述，考虑到政策影响性和落实状况，我组选择以餐饮行业作为主要调查对象，主要探究北京市在限塑令实施过程中的成效和问题。

（二）实践目的

探究餐饮行业在“限塑令”执行过程中的成效、问题与解决路径。

（三）实践意义

通过对于北京市“限塑令”相关政策的调查，对于首都餐饮行业的实地走访，以及发放问卷调查收集相关数据后，小组对首都“限塑令”在餐饮行业的实施状况有了初步了解，并提出了对策和建议。

本课题的意义集中于两个层面。

个人层面：加强对生活中塑料制品使用情况的关注，提升低碳低塑生活的意识，养成自觉减少塑料制品使用的习惯。

社会层面：通过数据分析和实际走访，发现限塑令取得的成果，认识到我国餐饮行业为“限塑”做出的努力，并就餐饮行业在限塑令实施过程中遇到的问题提出对策。

另外，为首都餐饮行业提供如何更好地实现限塑令目标的建议，为消费者应该如何看待限塑政策、落实低塑行为等问题提供合理建议，为加强生态文明建设建言献策。

（四）实践内容与方式

1. 实践时间

2021 年 5 月 18 日（星期二）。

2. 实践地点

中央财经大学周边餐饮行业商家及店铺。

（考虑餐饮商家密集性，商家类型多样性和实践开展难度）

3. 参与活动成员

小组全体人员。

4. 实践具体实施计划

（1）前期准备

小组成员首先进行调查活动分组，其次进行相关任务的明确，小组成员设计了“‘限塑令’实施对于餐饮行业消费者消费行为的影响”的调查问卷，主要内容包括消费者对限塑令的认识、消费者的消费行为变化以及消费者对“限塑令”的建议等。

同时，根据问卷调查的结果，了解当前“限塑令”政策在餐饮行业中的基本情况，确定了在实地调研中的重点问题和注意事项。

（2）中期实践

小组成员约定统一的实践时间与地点。其中，主要围绕中央财经大学周边餐饮商家，对店内的工作人员和顾客进行调查询问，包括限塑令执行情况的调查、执行过程中存在问题的调查、相关问题的解决路径。

注意事项：选择商家要品牌多样、服务多样，在线下调研时要注意采集照片和记录调查的过程，对商店销售员和消费者同时调查，礼貌咨询有关限塑令的详细问题等。对于餐饮店，需重点关注其吸管使用情况（纸吸管、PLA 吸管、设计直饮口等）；对于普通餐馆，需要重点关注其餐具来源和制作情况（塑料、木质、其他材质），外卖打包情况等。

（3）后期总结

活动结束后，整理调研照片和调查记录，总结调研结果和成效，并对如何解决探究餐饮行业限塑令执行过程中的问题提出自己的建议。

二、实践过程

（一）问卷调查

1. 问卷主题

“限塑令”实施对于餐饮业消费者消费行为的影响调查问卷。

2. 调查方法

本次问卷共设置 25 道题目，主要对北京市居民群体有关“限塑令”政策在餐饮行业落实情况的看法和评价方面展开问卷调查，通过数据统计，并进行分析总结结论。

本次调查环节于2021年5月16日至5月25日进行，共发放线上调查问卷105份，回收105份，回收率100%。

3. 数据分析

(1) 受访者基本信息

调查对象中女性占比55.24%，男性占比44.76%，占比较为均衡，女性人数略多于男性。年龄集中在20—29岁，占比为59.05%，其次是19岁及以下和40—49岁，占比分别为26.67%和10.48%，30—39岁、50—59岁占比较少。受访者中学生群体在数量上占绝大多数，占比为80%，企业人员占比7.62%，公职人员占比5.71%，其他职业占比较少。调查的主要群体由于年龄和身份的影响，对限塑令的感受和反映更为直观，也有利于我们获得相对真实的数据反馈。

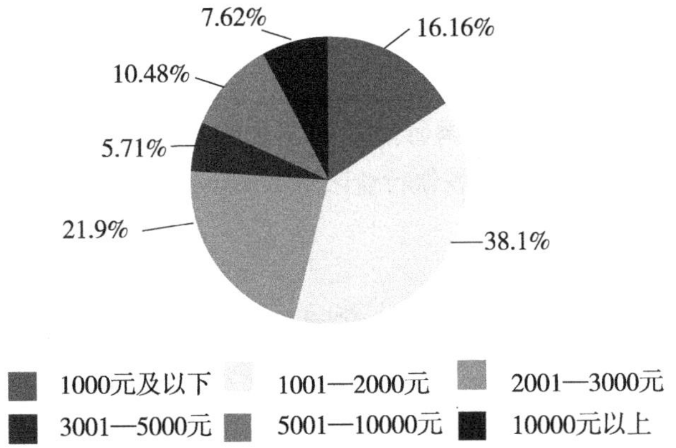

图1 受访者的月收入情况

调查对象的月收入为1001—2000元占比较多，占比为38.1%，其次是2001—3000元和1000元以下，3001到10000以上的占比较少。

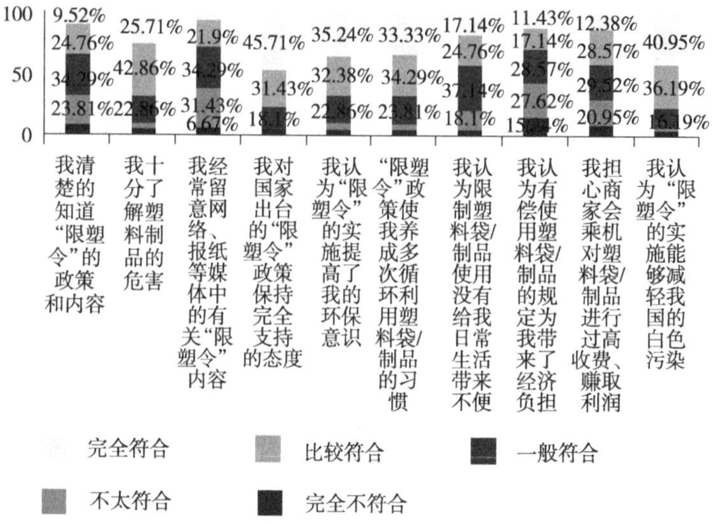

图 2 受访者对限塑令政策的了解程度

经调查发现，大部分对“限塑令”政策内容的了解程度较低，对“限塑令”相关的媒体报道的关注度较低，认为限制塑料制品给自己的生活带来不便和经济负担，同时会产生对“商家趁机对塑料制品采取高收费”的顾虑。在另一方面，大部分调查对象比较了解塑料制品的危害，认为“限塑令”能够减少我国的白色污染，对“限塑令”比较支持并且认为提高了自己的环保意识。

因此，在推行“限塑令”的同时，我们不仅应该关注推行的实际效果，同时也不能忘记搜集群众的意见，及时发现问题、改进问题，使政策能够真正有效的落实，造福百姓。

(2) 消费行为

①限塑令前后消费形式偏好

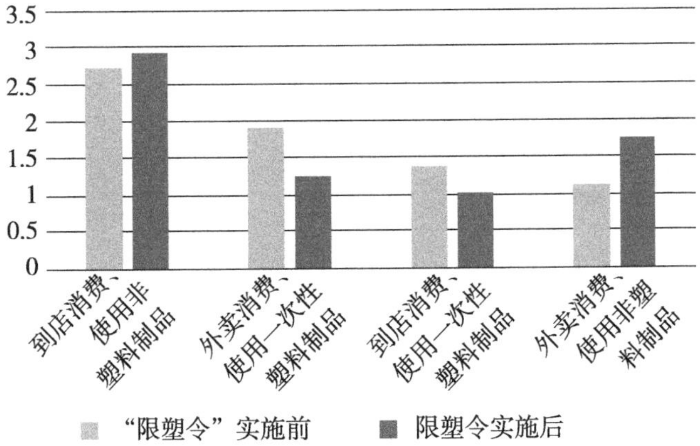

图 3 "限塑令"实施前后消费形式变化

对于到店消费和外卖消费，"限塑令"的实施均增加了消费者使用非塑料餐具的频次，减少了使用一次性制品。在被调查消费者的主观印象和实践中，"限塑令"的实施对减少一次性制品的使用发挥了积极作用。

②一周内外卖或打包餐饮的频次

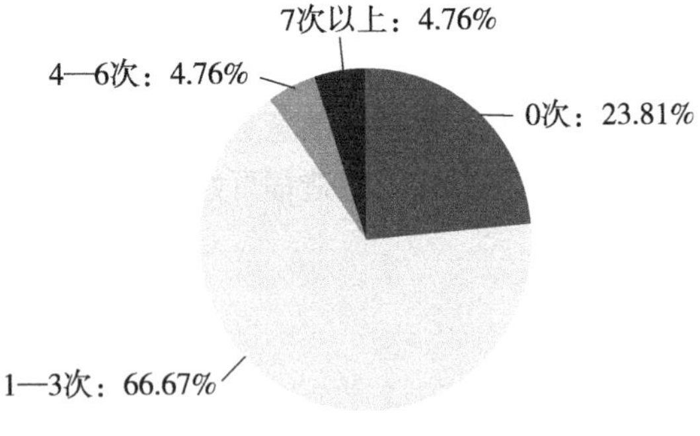

图 4 受访者一周内打包频次统计

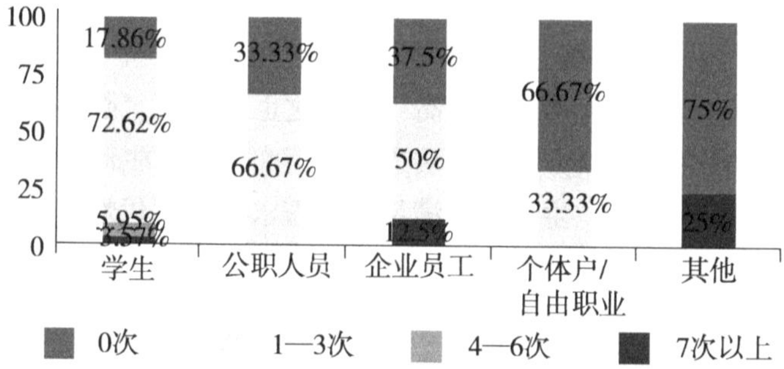

图5　不同职业对打包频次的影响

调查显示，消费者群体一周内的餐饮外卖和打包频次集中在1—3次，少部分打包次数在4次以上，且社会群体比学生群体打包餐饮的次数更多，尤其是公职人员和企业员工。由此可见，餐饮打包近乎成为北京市消费者的“必需品”，这也与工作时间、工作性质、收入水平和个人消费习惯和偏好等社会和个人因素有关，例如在学生群体中打包现象较为少见，消费者群体中有五分之一左右的群体实现一周内0打包次数等现象。

③打包费用

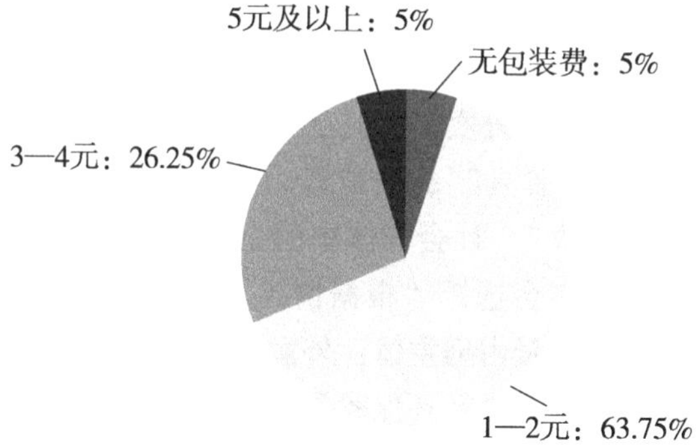

图6　受访者打包费用统计

被调查消费者认为餐饮行业打包费用大部分为1—2元，占比63.75%，3—4元的次之，占比26.25%，无包装费或5元以上的较少。由于环保材料普遍成本较高，因此这也反映出“限塑令”在外卖打包所使用的材料方面还需要进一步落实，同时生产企业也应当积极加大科研投入，生产可以满足大众需求的可替代性产品，降低使用成本。

④外卖消费的餐具选择

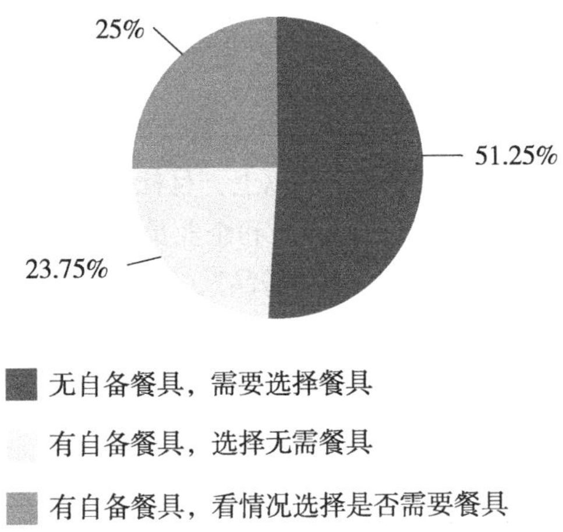

图7 受访者外卖餐具选择情况

近半数消费者进行外卖消费时选择“无自备餐具，需要选择餐具”，选择“有自备餐具”的消费者近半数选择“无需餐具”，另一半选择“酌情选择”。社会群体中的企业员工和少部分学生群体会自备餐具，但大多会选择“根据情况选择是否需要餐具”。由于上述群体在调查中数量占据主体，外卖需求量大，且受环境条件限制不便自备餐具，因此推行环保餐具和环保包装是十分有必要的。

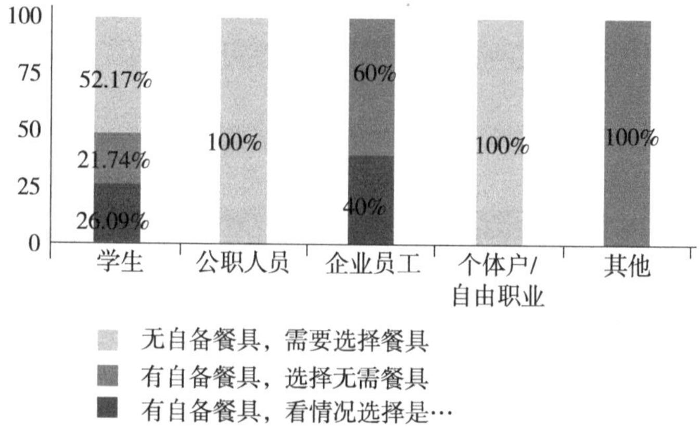

图 8　不同职业对外卖消费餐具选择的影响

（3）消费态度与评价

①塑料替代品评价

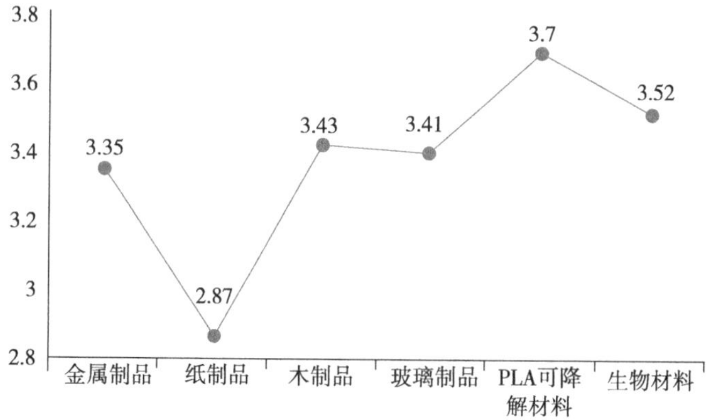

图 9　塑料替代品满意程度统计（0—5 分）

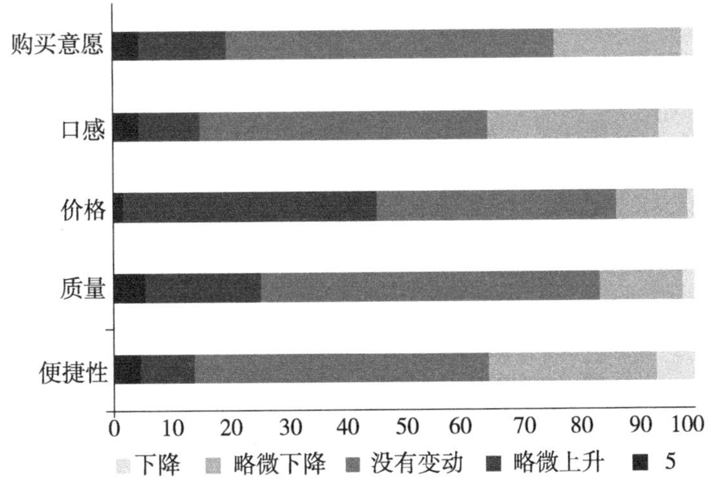

图 10　非塑料餐具的使用对食物属性的影响

在塑料替代品选择方面，大多数消费者偏向于 PLA 可降解材料与生物材料，而纸制品则最不受欢迎。PLA 可降解材料和生物材料在实现可降解功能的同时，也最大限度地保证了与塑料类的使用体验，而纸吸管因其材料本身的缺陷在一定程度上受到了消费者的反感。同时对于塑料替代品整体而言，大多数消费者在购买意愿上并没有表示出明显变化，但均表示出在采用塑料替代品之后口感有所下降，而价格有明显的提高。

②塑料替代品普及率

由图 11 可知，在酒楼、饭庄等传统餐饮场所，非塑料餐具普及率最高，其次是火锅、烧烤等特色餐厅、奶茶咖啡厅等。但是路边摊等微型餐饮非塑料普及率最低，同时快餐小吃等非塑料普及率也低于平均水平。

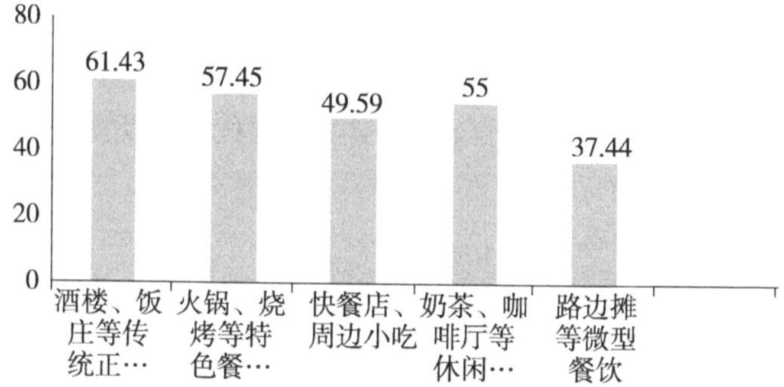

图 11　不同类餐饮企业非塑料餐具普及情况统计

③可降解吸管探究

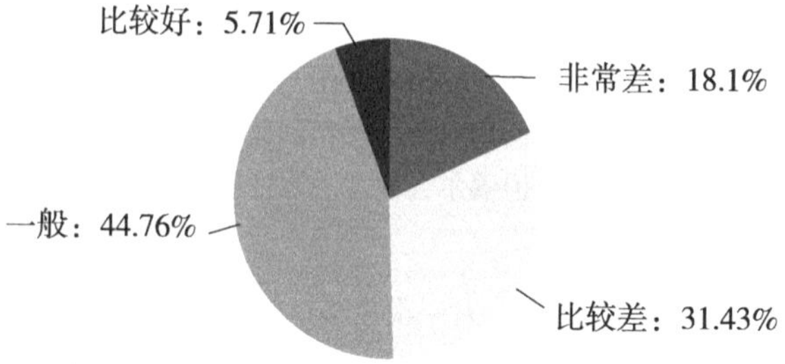

图 12　消费者对纸质吸管的使用体验统计

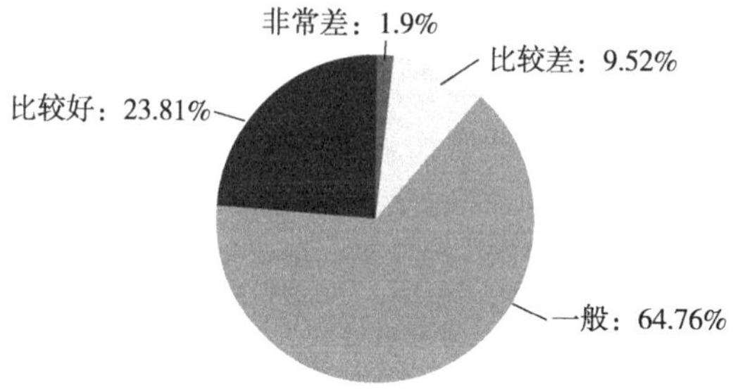

图 13　消费者对 PLA 材质吸管的使用体验统计

根据调研结果，大多数消费者都表示可降解吸管（包括纸质吸管和 PLA 吸管）虽有不便之处，但仍愿意接受。但是对于两类吸管而言，消费者对 PLA 吸管的使用体验感要优于纸吸管。

④消费者评价

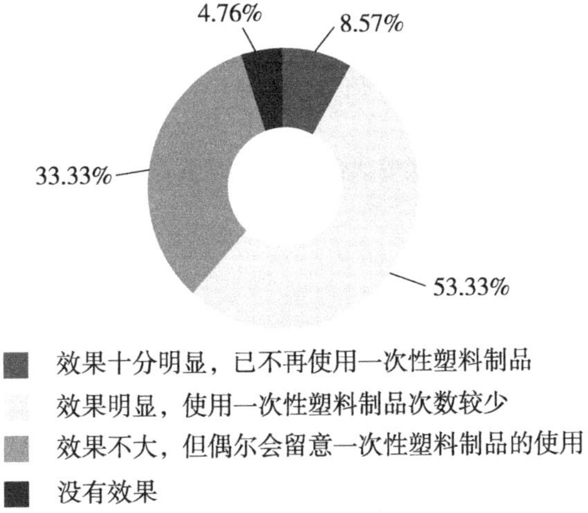

图 14 “限塑令”对一次性塑料制品使用频率影响

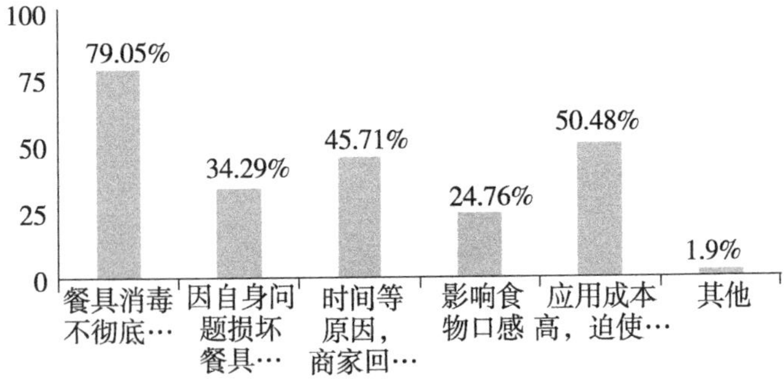

图 15 餐饮行业中非塑料餐具使用问题统计

大多数消费者都表示“限塑令”的实施，有效减少了使用一次性塑料制品的次数，表明“限塑令”在餐饮行业的减塑行动中发挥了积极的作用。但是，作为塑料的替代品，非塑料餐具的使用仍然存在一部分问题，其中消费者反馈较多的包括“餐具消毒不彻底，存在卫生问题”“应用成本高、迫使商家提高价格”等等，需要我们餐饮行业商家在落实限塑行动时，也要根据消费者的问题和建议及时调整“限塑令”的落地举措。

4. 调研结论

（1）大部分调查者对“限塑令”政策的具体内容了解程度较低。

总体上看，社会群体比在校学生对“限塑令”的了解程度更高，原因在于社会群体由于生存压力较大，而学生群体生活费大都来源于家庭，经济压力较小，因此会更少关注“限塑令”。由此可见，对“限塑令”了解程度较高的群体关注的原因除了在于环保意识的提高，还在于塑料制品的使用限制提高了生活成本，因此在推广环保措施的时候政府也应当不断解决由此产生的成本问题。

（2）“限塑令”政策的推广带来了较多积极影响，效果较为明显。

大部分人在选择餐具时会更倾向于选择可循环利用的餐具或者材质环保的非塑料一次性餐具，可见环保意识有了较大提升，应当继续推进。但由于大部分调查者一周内点外卖的频率较高，因此除去塑料餐具的替换，外卖配送时的包装袋材料的选择也需要加大改进力度，提高对违规生产和使用塑料包装袋的监管，减少塑料包装袋的使用。

（3）总体上看，塑料替代品的使用体验中等偏差，消费者满意程度较低。

调查者认为可降解吸管的问题主要存在于价格和口感两方面。相较于塑料吸管，替代吸管的价格偏高，口感降低，虽然对于购买意愿的影响较小，但是问题既然存在就不应被忽视，如何让消费者获得更好的使用体验，降低购买成本，提升便利性是仍然需要不断探索的议题。

（4）非塑料餐具的普及程度一般，普及率较低。

该现象在非正式餐饮和小微型餐饮中问题尤为明显。由此可见，“限塑令”推广需要更加精进，更进一步加大对各类不易受到监督的餐饮的调研和普及，大方面和小方面同时抓起，同时推进，共同改善。

（5）非塑料餐具的卫生问题是调查者主要担心的问题。

现在由于大部分在餐厅为节约成本，使用的是可循环使用的餐具，因此可能存在清洗、消毒不彻底的情况，需要加强检测，并对合格的餐厅给予达标证书，减少消费者的担忧和对部分餐厅的误解。

（二）实地调研

在5月18日下午，我们小组进行了以“探究餐饮业‘限塑令’执行过程中的成效、问题与解决路径”为主题的实地调研。我们希望调查饮品店吸管的使用情况和餐厅的打包袋以及包装是否同样符合“限塑令”的规定。我们小组就学校周边的餐厅以及饮品店展开了实地调研。

在对一定数量的样本餐馆调查之后可以发现，“PLA吸管”的普及程度较高，几乎每一家饮品店都可以看见“PLA吸管”的身影，但一些餐厅和快餐店却没有准备这样的吸管。在“停用塑料吸管”规定上，不同的店铺有不同的做法。

瑞幸咖啡同时采用了纸吸管和PLA吸管。在我们进一步询问后，店员表示公司规定为咖啡类饮品提供纸吸管，其他饮品提供PLA吸管，如果点了咖啡的顾客特别要求不用纸吸管，店员也会提供PLA吸管。另外，瑞幸咖啡的包装袋、杯托等全部为纸质材料，较好地符合了限塑令的规定。

图 16 瑞幸咖啡的纸吸管、PLA 吸管以及杯托实物

麦当劳的处理方式比较新颖。他们的可乐、橙汁等冷饮在杯子上设有直饮口，不需要使用吸管；奶茶等饮料则使用纸吸管；咖啡等热饮还是使用扁口塑料吸管。由于咖啡类产品的订单量小，使用扁口塑料吸管的机会少之又少，并且没有合适的替代品，所以公司决定继续使用。另外，冰激凌类产品使用的餐具由以前的塑料勺变成了现在的木勺，但这一改变却受到了吐槽，由于木勺材质脆，很容易折断，这让消费者的体验下降了很多。外卖食品的包装袋为纸质，饮品则使用 PLA 材质的包装袋包装。

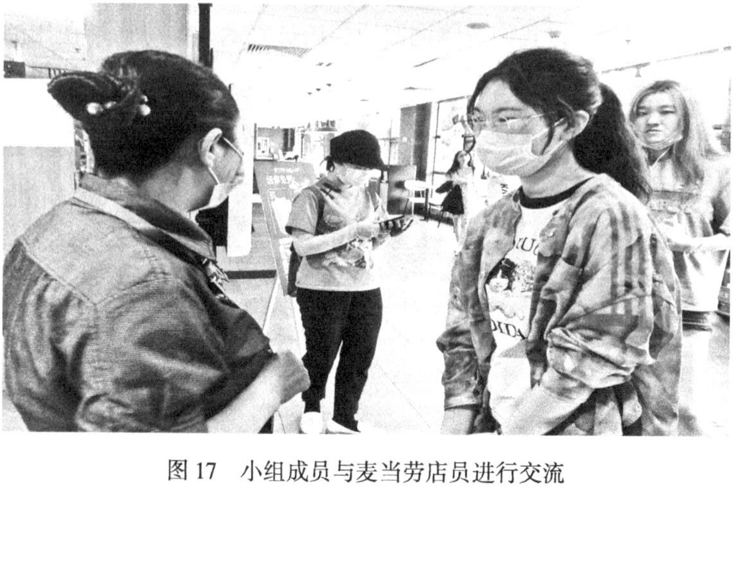

图 17 小组成员与麦当劳店员进行交流

一点点奶茶只提供 PLA 吸管，并且在店内有专门宣传 PLA 吸管对环境有利的内容，但其包装袋和杯托等均为塑料制品，对环境的危害也不容小觑。另外，一点点旁边的便利店罗森表示只提供可降解的购物袋，价格稍贵，但对环境更加友好。

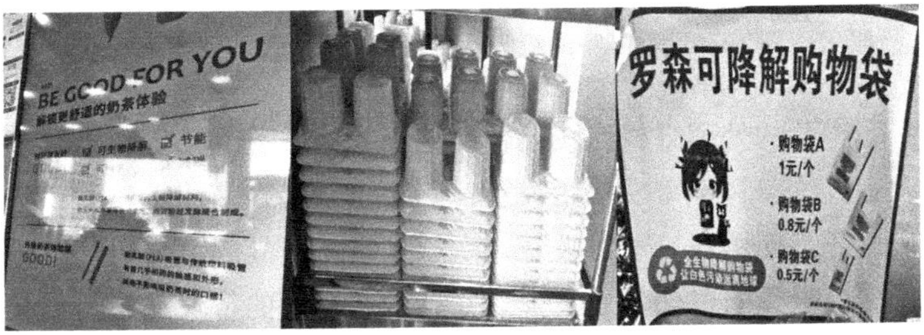

图 18　从左至右依次为一点点对 PLA 吸管的宣传内容，塑料杯托和罗森可降解购物袋的定价

同时，我们对购物中心里面的普通餐饮饭馆也进行了进一步的走访，并发现了一些问题。目前，许多餐厅仍然在使用塑料的打包袋以及包装盒。在我们具体询问后，店员表示一些可循环使用的塑料包装并未明令禁止，但是使用纸质包装成本实在太高，故很多小规模饭馆仍然会继续使用塑料包装。

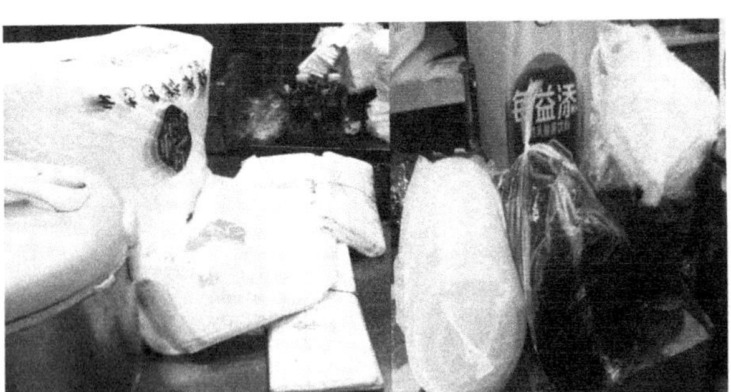

图 19　调研过程中发现的一些塑料制品

我们小组之后又走访了其他一些不同种类、不同规模的餐饮商家。调研结果显示，规模较大的品牌店铺对“限塑令”的了解程度、执行力度以及执行效果普遍优于个体小企业和小店铺，究其缘由，即为执行成本过高。PLA材质在吸管、小型包装这样受力不大的地方能够很好地发挥作用，但在受力比较大，以及温度较高（>45℃）的情况下就会因为本身材质问题存在一定局限；与此同时，木制品也由于韧性差遭受消费者诟病。为了让更多的餐厅、饮品店等餐饮行业更好地执行“限塑令”，最终还是需要研发出无论是在环境上、成本上还是消费者的体验上都能较好取代塑料的材质，于此之前，需要商家们自觉履行限塑令的规定，群策群力，创造新的方法来减少对塑料制品的依赖。

（三）实践结论与建议

通过对于数据的收集和线下商户的走访，我组对于首都“限塑令”的实施情况有了初步的了解并得出了如下结论和建议。

第一，限塑令实施以来塑料的使用有所减少，但是并没有达到一个非常令人满意的状态。这一方面体现在首都各餐饮店铺，外卖快递，都在或主动或被动的减少塑料包装改为环保材料，另一方面体现在，限塑令虽然在推行但是却很难真正落实到位，特别是一些流动摊贩，监管难度大，在经营过程中对于塑料制品的使用较多。

第二，首都群众对于限塑令的了解有限，环保意识还需要进一步提高。我组的数据样本绝大部分来自学生群体，然而通过分析发现，被访者往往缺乏对于限塑令的了解，往往因为现实政策的推动被动接受限塑令相关信息，从而产生消费行为，除学生群体外的其他群体也同样存在相似的状况。在限塑令影响到自身便捷的时，大部分人会产生抵触情绪。因此，首都群众的环保意识也亟待提升。

第三，政府和相关科研部门需要采取更加有效的方式使“限塑令”走入人们心里，并研究新型环保材料为普通大众提供更好的消费体验，为广大商户提供更为低成本的环保型包装材料。政府部门需要加强主体责任，明确部门职责，全面提升政策执行者的素质，建立多元化的监督机制。另外，限塑令的实施更离不开法律的保障，建立完善的法律体系，护航限塑令的长期执行，是政府需要考虑和解决的关键性问题。

综上所述，首都“限塑令”的实施有喜有忧。在餐饮业的执行过程中仍然存在政府、商户、消费者三个层面的问题。限制塑料的使用对于首都生态文明建设具有关键性作用，是国家实现“碳中和”的重要抓手，我国“限塑令”推行之路仍然任重道远，但是未来可期。

三、实践感悟与思考

为了解近几年北京生态文明建设的普及以及实施情况，我们小组组织开展了以“限塑令”为中心的实践调研。在此次调研过程当中，本小组成员通过查询资料、问卷调查以及实地走访等方法由点到面的了解北京各企业中“限塑令”这一政策的落实情况。

经过调查，限塑令政策虽然推广的范围极宽、时间长，但是迄今为止真正能够将其落实到实际中的，一般都是行业规模较大的餐饮企业，而占据餐饮市场行业半壁江山的中小餐馆、摊贩大多难以落实该政策。那么，造成这一现象的原因是什么呢?

“限塑令”自2008年正式提出，国家明令限制塑料制品（主要是塑料购物袋）的生产、销售与使用。该政策实施初期效果显著，无论是大型餐饮企业还是小商家、摊贩等都积极去遵守执行，但随着时间的推移和国家政策力度的逐渐加大，“限塑令”的实施为何却出现愈发“疲软”的现象呢?

根据调研结果显示，主要存在三个因素阻碍了政策的深入实施普及。其一是执法难，仅对首都北京而言，北京市市场规模庞大，但是执法人员极其有限的，数量有限的执法人员根本无法做到要求所有的买卖限制塑料制品，一些商家表示后期对“限塑令”并无强监管。二是成本较高，相较于塑料制品，其替代产品如 PLA 可降解材质、木制品等可降解制品，成本都远高于塑料制品，对于大型企业或许可以承受，但是对于中小餐馆而言却难以承受如此高的成本，长时间内很难坚持。三是消费者的习性，塑料袋方便、便宜的特性使得塑料袋几乎渗透到了消费者生活的各个方面，这也使消费者养成难以割舍的消费依赖。

“限塑令”只是生态文明建设当中的一部分，但仅从这一部分中，我们即可看出推进生态文明建设的困难。近几年来，为推进生态文明建设，政府方面陆续出台了一些相关政策目标，如“十四五”规划《建议》《关于构建现代环境治理体系的指导意见》等等，这些政策从各方面对推进生态文明建设提出要求，但是除政府政策支持之外，生态文明建设还需要商家和消费者的配合。

政府需出台政策引领方向，宣传环保教育，加大对违规行为的惩罚力度，鼓励相关企业积极研发新型可降解材料；餐饮商家需要遵守社会道德，承担企业责任，积极响应国家号召；而消费者需要不断转变消费观念，积极响应政府号召，去遵守、习惯政策，从身边点滴做起。只有消费者、商家、政府三者共同努力，才可以将“限塑”政策及生态文明建设落到实处。

参考文献：

[1] 李国庆．限塑令升级下塑料污染治理的思路［J］．人民论坛，2021（Z1）：78-80.

[2] 聚焦绿色生态建设美丽中国新限塑令下纸质包装的机遇和挑战沙龙［J］．造纸信息，2020（09）：7-15.

[3] 丁瑶瑶．新版“限塑令”对“白色污染”发起新冲锋［J］．环境经济，2020（17）：20-23+1.

[4] 王菲菲．我国“限塑令”政策执行的困境与路径选择［D］．天津财经大学，2016.

教师点评

2020年，国家发展改革委、生态环境部公布《关于进一步加强塑料污染治理的意见》，如何大力倡导绿色生活理念，让公众在日常生活中做到自觉“限塑”，防治“白色污染”，日益成为社会关注的问题。该实践报告选题适当，切合现实的需要，有一定的应用价值。实践方法比较正确，通过设计调查问卷，对调查数据进行统计分析，并将分析结果通过图表的形式表现出来，直观形象，整体感觉比较明晰。调研所得结论具有一定的参考意义。

垃圾分类是一种“新时尚”

——以海淀若干小区为例

团队：八百拜拜小分队

成员：李雨鑫　曹思颖　刘嘉妮　杨颖安　陈依珑

温鑫怡　李怡丹　谷含夷　唐晨萱　郭少雯

一、实践方案

（一）背　景

“满足人们日益增长的优美生态环境需要”是党的十九大报告提出生态文明建设的重要目标。创造优美的生态环境，一个极其重要的方面就是要形成节约资源和保护环境的生活方式，而进行垃圾分类投放则是其中的关键措施之一。习近平总书记在中央财经领导小组第十四次会议上强调：普遍推行垃圾分类制度，关系 13 亿多人生活环境改善，关系垃圾能不能减量化、资源化、无害化处理。

为了响应习近平总书记的号召，北京市人大常委会制定了《北京市生活垃圾管理条例》，这是全中国第一部生活垃圾管理方面的地方性法规。2019 年 11 月 27 日，北京市十五届人大常委会第 16 次会议表决通过北京市人大常委会关于修改《北京市生活垃圾管理条例》的决定。修改后的《北京市生活垃圾管理条例》对生活垃圾分类提出更高要求，于 2020 年 5 月 1 日起施行。

该条例实施的目的是为了加强生活垃圾管理，改善城乡环境，保障人体健康，维护生态安全，促进首都经济社会可持续发展。垃圾分类的意义是对垃圾进行有效处置的一种科学管理方法。人们面对日益增长的垃圾产量和环境状况恶化的局面，如何通过垃圾分类管理，最大限度地实现垃圾资源利用，减少垃圾处置的数量，改善生存环境状态，是当前世界各国共同关注的迫切问题。

自管理条例实施以来，截至今年3月份，2021年第一批北京市生活垃圾分类示范小区、村，共有236个小区、村创建成功，截至目前，全市共创建三批、602个示范小区、村。同时，根据有效数据显示，家庭厨余分出率、垃圾减量率等重要指标快速提升，市民践行垃圾分类新时尚的自觉已初步养成。但是，根据12345热线近期接到的市民投诉，一些街道和小区仍存在问题和不足。部分居民表示，把垃圾分类做好，除了居民自觉投放之外，建议社区也要充分考虑大家的投放需求，例如：桶站的位置是不是绝大多数居民都认可的，是不是也应该适当安排志愿者从旁指导投放。总体来说，垃圾分类任重道远，需要全民参与、全民配合，才能让垃圾分类发挥其真正的意义。

（二）本次调研的目的和意义

我们本次社会调研是调查海淀区各小区垃圾分类的实施情况。选择海淀区的原因是因为根据上一次人口普查的数据统计，海淀区在人口密度和小区密度上都位于北京地区最前列，最大的人口基数也决定了海淀区会产生大量的生活垃圾。并且根据中国经济社会发展统计数据库的数据比较，海淀区的经济发展在近年来也一直位于全市首位。因此，选择北京市海淀区作为调研对象具有很强的代表性。通过对海淀区各小区垃圾分类情况进行调研，我们相信得出的结论可以为进一步规范垃圾分类管理提供参考。

（三）实施方案

本次活动的实施方案包含调查方式、调研流程、问题设计、预期结果四环节。

1. 调查方式

本次实践的调查将采用线上调研以及线下访谈相结合的方法。运用此方法，一方面，能保证获得足够多的问卷样本，增加调研结论的科学性；另一方面，可以取得具有更强针对性与生动性的实地数据，增强实践活动的可信度。

2. 调研流程

本次调研的线上问卷开放时间为 5 月 7 日—5 月 19 日，主要由小组成员通过微信渠道邀请填写、群聊及朋友圈转发等方式进行。

本次调研的线下访谈进行时间为 5 月 2—3 日，由小组成员分批进行：

A. 第一批调研

（1）小组成员：李怡丹、曹思颖、刘嘉妮、李雨鑫、杨颖安

（2）调研时间：5 月 2 日

（3）调研地点：北京市海淀区部分小区外大街

（4）调研流程：

a. 选取调研目的地，设计调研问题，确定调研组别及日期；

b. 根据准备好的访谈问题及预期的访谈类型，进行线下访谈，并及时整理相关记录与实践素材；

c. 根据收集整理的实践素材进行调研结果分析。

B. 第二批调研

（1）小组成员：陈依珑、谷含萁、温鑫怡、唐晨萱、郭少雯

（2）调研时间：5 月 3 日

（3）调研地点：北京市海淀区部分小区内及大门处

（4）调研流程：如上

3. 问题设计

本次调研问卷以“关于北京市垃圾分类情况调查”为主题，涵盖现状调查、态度调查、想法调查三大方面，共设置 12 个问题，其中单选题 8 个，多选题 5 个，第 9 题为第 8 题 A 选项的触发问

题，具体如下：

A. 现状调查：

(1) 您所在的小区是否有进行垃圾分类？

(2) 您所在的小区是否限定垃圾分类的时段？

(3) 您的小区物业在垃圾分类实施过程中是否有引导作用？

(4) 您在扔垃圾过程中是否遇到过什么问题？

B. 态度调查

(5) 您对垃圾分类的参与程度是怎样的？

(6) 您对垃圾分类的态度是？

(7) 您认为妨碍您分类投放垃圾的原因是？

(8) 您是否担任过垃圾分类（宣传、监督等）相关的志愿者？

(9) 你观察到大家对于垃圾分类的态度是？

(10) 在垃圾分类后您能否感受到生活质量有所改善？

C. 想法调查

(11) 您认为目前的垃圾分类状况能够真正地有利于生态文明建设吗？

(12) 您认为垃圾分类政策现存的问题有？

(13) 您对垃圾分类管理制度的进一步建设有什么建议和期许？

值得指出的是，在进行实地访谈时，访谈问题将以上述调查问卷为基准，秉持广度普及、适度针对、高度凝练的原则向受访者提出。

4. 预期结果

本次线上调研预期发放问卷数量为800份，线下调研预期访谈人数为30人，其中涵盖：小区居民（幼年、青年、中年、老年），小区保卫、后勤及物业人员，街区清洁员工。

二、实践过程

（一）垃圾分类概况

1. 北京垃圾分类新规概述

北京自2020年5月1日起实行《北京市生活垃圾管理条例》。《条例》中规定将生活垃圾分为四类：厨余垃圾、可回收物、有害垃圾、其他垃圾，但是在实际运行中，根据规定可以按需设置垃圾桶，不一定要四个桶备齐。同时，《条例》中也对监督实施进行了规范。《条例》指出，本市实行生活垃圾分类管理责任人制度。其中城市居住地的垃圾分类中，小区、胡同、街巷垃圾分类由物业管理单位负责，而单位自管的由单位负责；农村居住地垃圾分类由村民委员会负责。可以看出，多数垃圾分类监管都是自监自管，要求要有一定的自觉性，同时也会增加各监管单位的运营的成本，有一定的道德风险。

2. 各小区执行情况实地调研（垃圾分类宣传告示）

小组在北京A小区、北京B胡同、上海C小区进行了实地考察，主要从宣传、执行两方面考察垃圾分类效果。其中上海C小区作为对照。

A小区

实地观察发现A小区垃圾分类点宣传栏有垃圾分类标语和垃圾分类指引，对四种垃圾做了简要的罗列，有助于指导居民进行垃圾分类。此外，我们发现垃圾分类栏有一栏是关于垃圾分类单位、负责人、联系方式等信息，且该栏对各种垃圾的投放时点做了规定。但是在实际垃圾分类时，我们发现所谓时段制和监督制有名无实，垃圾桶其实是全天摆放，也没人监管；垃圾桶只有可回收和其他垃圾，没有厨余垃圾桶，不符合社区的垃圾分类需求。此外，观察各桶垃圾发现实际存在随意丢弃、分类不清等现象，居民垃圾分类意识还很薄弱。

B 胡同

实地观察发现 B 胡同有专门垃圾分类驿站，标识明显，内部有相关宣传栏。拍摄时为下午 14：00，没有看到有垃圾桶摆放在驿站外面，干净整洁，应该是按照定时定点投放。但不清楚具体垃圾分类的垃圾桶类别和是否存在混丢现象。

C 小区

对比 C 小区（上海某小区）垃圾分类，可以发现北京的垃圾分类执行力度比上海弱。C 小区垃圾站定时定点投放垃圾桶且有专人监督协助分类。此外，上海垃圾分类更为严格，要求厨余垃圾和装垃圾的塑料袋也要分开丢。此外，在宣传时部分小区免费送家用分类垃圾桶，从源头上提高居民垃圾分类效率。

（二）问卷调查结果及分析

为了完成本次社会实践的调查目标，我们选择了问卷调查的方式。调查问卷共设计 13 个问题，包括被调查者对垃圾分类情况的了解现状调查、态度调查和想法调查三个部分。调查问卷的发放涵盖了北京市海淀区的各居民小区的住户，有效问卷数量 1184 份，样本数量较大，可以通过样本分析对整个海淀区的垃圾分类情况作出比较切合实际的结论。

以下将按照问卷内容的部分划分分别对其结果进行展示与分析。

1. 态度调查

序号	题目	选项	比例
1	您所在的小区是否有进行垃圾分类?	是	77.27%
		否	22.73%
2	您所在的小区是否限定垃圾分类的时段?	没有，全天都可以扔	70.45%
		有，部分垃圾只能在规定时间内扔	20.45%
		不清楚	9.09%
3	您的小区物业在垃圾分类实施过程中是否有引导作用?	无	29.55%
		有相关通知、宣传告示	68.18%
		有值岗志愿者	34.09%
		有惩罚措施	0%
4	您在扔垃圾过程中是否遇到过什么问题?	没有遇到过问题	11.36%
		有，不清楚垃圾该分到哪一类	68.18%
		有，垃圾桶过满	36.36%
		有，垃圾桶标志不清晰	11.36%
		其他	2.27%

从调查结果我们可以看出，海淀区大部分小区都进行了垃圾分

类，这说明随着垃圾分类政策的发布，海淀区的政策落实比较彻底。另外，七成的居民表示全天都可以进行垃圾的分类投放，两成的居民表示只能在特定时间段进行垃圾的分类投放，这可能是小区对居民垃圾分类的自觉性信任度不够，所以在特定有监督的时间段才允许进行垃圾分类投放，以保证垃圾分类效果。这一点在第三个问题的结果中得以验证，大部分居民区对垃圾分类进行了相关通知与宣传，甚至设立在岗志愿者，这有助于提高居民垃圾分类效率。

问卷调查结果中也暴露出一些问题。首先，被调查者所涉及的小区都没有对垃圾分类设立相关的惩罚措施，使得居民垃圾分类的事前警告性不强，不利于提高居民的重视程度。其次，一些小区的垃圾分类的基础设施建设还不完善，存在垃圾桶标志不清晰、垃圾桶过满而不能及时清理等问题。最后，对于垃圾分类相关知识的宣传教育不足，近七成的受访者都表示在垃圾分类过程中存在不清楚垃圾应该分到哪一类的情况。

2. 态度调查

序号	问题	选项	比例
5	您对垃圾分类的参与程度是怎样的？	主动且呼吁身边人参与	20.45%
		主动参与	59.09%
		迫于监管被动参与	11.36%
		不参与	9.09%

续表

序号	问题	选项	比例
6	您对垃圾分类的态度是?	非常支持认同	56.82%
		如果有要求会照做	43.18%
		太麻烦了，没必要	0%
7	您认为妨碍您分类投放垃圾的原因是?	不知道如何区分	22.73%
		会区分，但是认为清洁工和管理部门不会分类处理	36.36%
		会区分，但太麻烦	47.73%
		会区分，但身边人都不分类，自己也没必要	18.18%
		其他	2.27%
8	您是否担任过垃圾分类（宣传、监督等）相关的志愿者?	是	18.18%
		还没有，有机会愿意尝试	59.09%
		没有且不愿意	22.73%
9	你观察到大家对于垃圾分类的态度是?	积极遵守	75%
		随便乱扔	25%
10	在垃圾分类后您能否感受到生活质量有所改善?	有	47.73%
		没有	52.27%

对第二部分态度调查的结果进行分析，我们发现近八成的居民

愿意主动参与垃圾分类，并且总体上大家都持有积极的态度，同时，超过七成的人担任过相关志愿者或者虽然没有经验但是愿意尝试的结果也表明了居民们的积极态度。

但是，居民的积极态度并不代表垃圾分类得到了有效的实施。问卷结果显示所有人都愿意配合垃圾分类政策，同时，也有将近一成的居民态度积极但并没有参与垃圾分类。分析现有的实施困难我们发现，超过两成的居民并不了解具体的垃圾分类方法，即使了解，也可能因为麻烦、认为后续处理可能不当或身边人不分类而放弃分类。最终导致了只有半数左右的人感受到了垃圾分类后生活质量的改善。

3. 想法调查

序号	问题	选项	比例
11	您认为目前的垃圾分类状况能够真正地有利于生态文明建设吗？	是	52.27%
		不确定	47.73%
		否	0%
12	您认为垃圾分类政策现存的问题有？	宣传力度不够，公民意识薄弱	77.27%
		政策制定有缺陷，无法有效分类	63.64%
		设施不完善，想分类也难	63.64%
		技术落后，分类也无法有效回收	56.82%
		其他	2.27%

续表

序号	问题	选项	比例
13	您对垃圾分类管理制度的进一步建设有什么建议和期许?	完善垃圾分类设施和后续回收手段	75%
		加强垃圾分类标准的明确性，完善相关设施	81.82%
		加强相关的宣传和科普	77.27%
		感觉没什么用，建议取消	2.27%
		其他	0%

从居民的想法调查我们可以肯定，没有居民明确认为垃圾分类对于生态文明建设是毫无意义的。但是不可否认，目前的垃圾分类政策仍然存在很多问题和较大改进空间。一方面，大多数居民认为目前的宣传力度不够，公民的垃圾分类意识较为薄弱，希望能够加强相关科普；一方面，多数居民感受到周边设施并不完善，或者并不信任后续的回收效果，希望能够优化垃圾分类的硬性设施和后续回收手段；另一方面，许多居民也发现了垃圾分类制度的缺陷，比如垃圾分类标准不够明确、管理力度太弱等等，希望能够完善相关制度。

4. 问卷调查结果综述

通过这次对北京市海淀区部分住户的问卷调查，我们基本了解到了目前海淀区垃圾分类政策的实施情况。值得欣慰的是，海淀区的政策落实情况较好，并且通过通知宣传、设置志愿者的方式，调动了居民的积极性，使得大多数居民都愿意配合垃圾分类政策。在主观层面上，海淀区的垃圾分类效果较好，做到了让居民们都有了垃圾分类的意识。

但是，在客观落实上，海淀区仍然存在较大的改进空间。设施不够完善、政策落实存在漏洞、相关知识没有普及到位等等问题都大大削弱了垃圾分类政策的实施效果，让许多居民都很难显著感受到垃圾分类带来的收益。因此，我们小组认为，关于垃圾分类的政策还可以进一步细化，通过完善设施、加强科普等方式达到事半功倍的效果。我们相信，只要继续坚持实施和优化垃圾分类的政策，就能够真正做到有利于生态文明建设，达成资源利用、减少污染的最初设想。

（三）访谈结果

1. 访谈记录

采访一

采访对象：一位社区清洁工

采访时间：2021 年 5 月 5 日下午

采访地点：北京市海淀区某小区外的大街上

Q1：请问大街上清扫的垃圾会参与垃圾分类吗？

A：我们都是直接倒车里运回垃圾站，会派专人重新进行分类，具体怎么分我们也不清楚。

Q2：那大街上的垃圾桶的分类情况如何呀？

A：大街上垃圾桶都还是传统的，分成可回收和其他垃圾，但也没法监管丢垃圾的人有没有分类，具体怎么处理的要问垃圾回收站的人了。

采访二

采访对象：一位带孙辈游玩的老奶奶

采访时间：2021 年 5 月 5 日下午

采访地点：北京市海淀区某居民小区

Q1：请问奶奶，您所在社区垃圾分类的运营模式是怎样的？效果怎么样呀？

A：我们的垃圾桶分厨余垃圾和其他垃圾两种。会有志愿者来站 2 个小时的岗指导居民分类丢垃圾，一般党员比较多，就是问问

大街上的垃圾桶

有没有厨余垃圾，有的话提醒下丢在哪个垃圾桶。每天会有专门打扫卫生的保洁员对垃圾进行进一步细分，他们全年无休，都是当日清运的，所以我们小区的垃圾分类是做得挺好的。

Q2：那您认为您身边居民参与垃圾分类的积极性如何？

A：老年人比较认真，分得很细致，年轻人工作比较忙，还有很多外来房客，都是上班族，相对来说分得不那么清楚。

Q3：请问您对政策垃圾分类政策持有什么样的观点呢？

A：垃圾分类肯定让丢垃圾变复杂了，家里要多放几个垃圾桶，挺麻烦的，但国家号召我们垃圾分类，肯定是要贯彻支持的。社区宣传说垃圾分类对环境有好处，城市的生活垃圾每天那么多，总不能留给孙辈一个大烂摊子去收拾。

采访三

采访对象：一位白发老大爷

采访时间：2021 年 5 月 5 日下午

采访地点：北京市海淀区某居民小区

Q1：能介绍下您所在社区垃圾分类的运转模式吗？

A：我们小区垃圾分类开展有一段时间了，居委会会组织小区居民当志愿者去垃圾站义务值班，值班的都是老年人居多，上岗前会培训，教授一些垃圾分类相应知识（例如：玉米核不是厨余垃圾）。如果看到垃圾中有误分的，志愿者就拿夹子给拣出来。

Q2：那垃圾分类的实施情况如何呢？大家都会认真进行分类倒垃圾吗？

A：大部分人都会分好类来倒垃圾，少部分人会嫌麻烦，看有值班的就会好好倒，没人值班就不管了，甚至不把垃圾扔入桶，就往边上一放。这一方面还是和个人素质有关系，另一方面垃圾分类习惯的养成还需要时间。整体垃圾分类的实施情况还是不错的，先进社区街道的评比会参考垃圾分类情况作为指标，所以居委会挺关注垃圾分类的，人力投入也大。

Q3：请问您对政策垃圾分类政策持有什么样的观点呢？

A：垃圾分类是有用的，为了便于集中管理，垃圾桶统一集中放置在远处，不同于以前每栋楼前有自己的垃圾桶，利于保持居住环境的清洁卫生，减少蚊虫。虽然短期来看垃圾分类造成了一定的麻烦，但等培养成习惯了也不觉得太困扰了。

北京市海淀区小区的垃圾投放处实景一览

2. 访谈感悟

整体而言，北京的垃圾分类实施得相当全面且有序。我们走访了众多小区，都有各自的垃圾分类管理制度。

从垃圾分类的运作模式来看，各小区都有统一的垃圾投放处，安排了志愿者进行指导和监督，还有保洁员进行后续的细化分类和处理。此外，根据部分受访者的回答，部分地区已将垃圾分类情况作为量化指标纳入考评体系，大大提高了各社区街道对垃圾分类的重视程度，因此小区内垃圾分类的实施情况较为理想。而大街上的垃圾桶由于无人监管，且垃圾桶的类别区分不明确，其分类实施情况令人担忧。笔者认为，想要进一步推行垃圾分类制度，是否可以考虑取缔或者更换大街上的垃圾桶，提高大街上垃圾分类实施的强制力度。

从居民对垃圾分类的态度来看，整体上北京市民都对垃圾分类持支持和肯定的态度，尤其是老年人，不仅会认真细致地对垃圾进行分类，也会积极配合社区的志愿者工作。年轻人与流动人口，或许因为生活压力大、工作繁忙，对垃圾分类缺乏耐心。实际上，垃圾分类并不难，只需要养成习惯，此处笔者呼吁，有必要加强针对性的宣传力度，提高年轻人对垃圾分类的重视程度。

三、实践感悟与思考

杨颖安：

自《北京市生活垃圾管理条例》开始施行以来，北京在全市范围内开展了各式各样的垃圾分类措施与活动。在本次社会实践的过程中，本小组通过线上问卷调查与线下实地走访相结合的形式，在亲身经历观察的同时与北京市各小区居民面对面交流，对首都垃圾分类实施情况有了更深层次、更多维化的了解与体会。

垃圾分类不是一蹴而就的，更不是只依赖于部分人的努力与付出就可以做好的。在调研中我们可以感受到大多数市民积极支持的态度，却也观察到了未达预期的结果。人们赞成垃圾分类对改善生活质量、环境卫生的作用，但却不是每一个人都愿意付出同等的努力。当一个人不遵守分类规则随意丢弃垃圾，先前认真执行的居民的付出就会前功尽弃，并且要耗费更多的人力时间来弥补。正是由于环保意识与执行力度的不足，才使得最终的效果不尽人意。唯有人人将垃圾分类变成一种习惯，才能达到“1+1>2”的效果。

垃圾分类是一项全民参与的浩大工程，光靠人们的自觉显然不足以支撑其良好运作。因此，必要的监管力度和惩罚措施必须跟上。监管部门不痛不痒的态度和志愿者睁一只眼闭一只眼的行为给人们的“懒惰”找了一个理由。

在这次实践活动之前，可能垃圾分类对于校园中的我们而言仅仅是几个不同样子的垃圾桶和宿舍门前保洁阿姨挑拣整理的身影。此次调研让我们深刻意识到垃圾分类的重要意义，让我们从垃圾分类的旁观者变成了参与者。作为当代大学生，作为祖国未来的接班人，更应当做到以身作则、从自身出发，将垃圾分类从要求变为习惯。相信通过全市上下的共同努力，在不久的将来，我们一定能够将北京市真正发展建设成为一个环境优美、社会安全、文明进步、生活舒适、经济和谐的宜居城市。

曹思颖：

事实上垃圾分类并非是近几年才开始执行的事情。从小我们就知道不同颜色的垃圾桶代表不同的含义。但是往往发现，不同的标志下其实只有一个垃圾桶，或是在回收时大家都一股脑都倒入同一辆垃圾车。在那时，垃圾分类几乎是形同虚设。

2020 年 5 月 1 日北京市正式开始施行修改后的《北京市生活垃圾管理条例》，如今已过去一年。不久前刚召开一周年总结部署大会。市委副书记张延昆肯定了实施一周年来全市垃圾分类工作取得的成绩。这些改变并非只是纸面上的一些数据，在北京的居住的这段时间里以及外出探访的过程中，我们都切身体会了生活中的变化。通过调查与实际走访，我们也看到很多小区内部都已设有统一的垃圾投放站点和四种分类垃圾桶，并且规定厨余垃圾的投放时间。同时，每天会有专车定时定点回收垃圾等等。

在这次社会实践活动中，我们切实感受到了做好垃圾分类对我们生活带来的生活质量的提高和社会环境的改善，我们深刻地意识到了垃圾分类的重要性，这是一项功在当代，利在千秋的工程。身为当代青年，我们更应该以身作则，携起手来，将一件一件“垃圾分类”的事情办实做好，积极提倡垃圾分类，从正确分类、投放、处理垃圾开始，为建设绿色生态文明贡献自己的一份力！

教师点评

垃圾分类看似小事，实际涉及千家万户，关乎着生态文明建设全局。该实践小组以北京市海淀区若干小区为对象，对北京市垃圾分类进行了深入调研，不仅亲身体会了垃圾分类的实施状况，而且有针对性地提出了改进措施和意见。实践报告指出目前北京市的垃圾分类政策整体落实较好的，但在落细落小落实上仍有较大的改进空间。一是目前的宣传力度不够，公民的垃圾分类意识较为薄弱，需要进一步加强引导；二是多数居民感受到周边设施并不完善，或者并不信任后续的回收效果，导致分类落实不够，因此需要优化垃圾分类的硬性设施和后续回收手段；三是进一步完善垃圾分类制度，比如垃圾分类标准不够明确、管理力度太弱等等，提高垃圾分类效率。

创新“前端治理”让污染治理更有效

——以北京东方化工厂为例

团队：绿野十二仙踪
成员：汤景仪　白飞凡　吴金程　秦玮艺　李亚楠　裘靖依
刘一鸣　王嘉屹　刘冠群　布海丽其木·艾麦尔
次玉珍　李婧潇

一、实践方案

（一）实践背景

图 1-1　绿心公园图片

1. 政策背景——推进生态文明，建设城市副中心

中国特色社会主义进入新时代，生态文明建设亦开启新的篇章。党的十九大报告指出：“要加快生态文明体制改革，建设美丽中国”，解决现有环境问题、推进未来绿色发展、完善环境监管体

制已是生态文明建设重中之重。在党中央的领导和生态文明思想的指引下，中国人民凝心聚力，坚定不移走绿色发展之路。人与自然和谐共生的美丽中国，正在从蓝图变为现实。

作为大国首都，北京与党和国家的使命始终紧密联系在一起。北京致力于加强“四个中心”功能建设，落实首都城市战略定位，探索构建新发展格局的有效路径。其中，北京城市副中心建设作为京津冀协同发展战略的重要着力点，承担着与雄安新区双翼齐飞、推动首都新发展的重要使命。城市副中心的建设强调“坚持绿色发展、打造生态之城、提供更多优质休闲空间”的内涵，而北京市通州区东方化工厂的治理过程正是体现该内涵的重要措施之一。对此，本小组进行了深入研究。

2. 学术背景——利用所学专业知识，为环保贡献力量

随着环保需求的不断增强，保险产品也逐渐进入生态文明建设领域并发挥重要作用。作为中央财经大学保险专业学生，我们利用所学知识，将商业保险引入污染工厂的治理过程，为生态文明建设建言献策。

（二）实践目的

1. 深入实地，了解工厂治理过程及结果

小组通过搜集资料、实地探访等方式了解化工厂的拆迁、污染治理与再建设过程，梳理整个治理过程所采取的措施；同时，通过采访、问卷调查等方式调查了工厂最终的治理结果，为后续调查奠定基础。

2. 总结分析，梳理工厂治理思路

小组以东方化工厂的治理过程为支点向外拓展，了解相似案例中其他工厂的治理方案，以期总结出一个工厂治理可操作、可复制的模式，将其广泛应用于后续工厂治理工作中。

3. 深度反思，提出“前端治理”新途径

小组在梳理治理模式的基础上，将关注焦点从治理技术继续推进至社会制度层面，由“先污染后治理”的“后端治理”深入到

“控制、预防污染”的“前端治理”上。在该层面上，小组提出了相应的政策建议，并结合所学专业知识，将环境污染责任保险应用到治理过程中。

（三）实践意义

在了解东方化工厂的治理过程及治理结果的基础上，思考该治理模式如何推广应用到我国其他工厂污染治理中，并由污染治理层面深入污染预防层面，以期为生态文明建设建言献策，做出贡献。

（四）实施安排

下图展示的是本次实践的开展思路及时间安排。

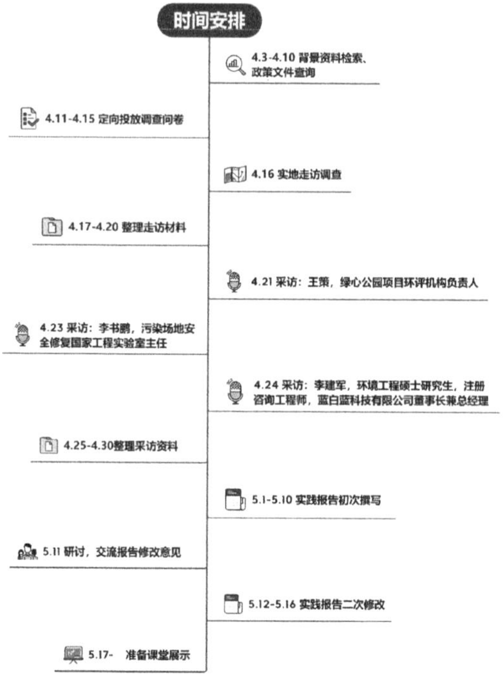

图 1-2　实践方案开展思路

线下走访绿心公园中，小组成员分成三路，分别沿公园主干道向不同对象采访了不同话题，具体采访安排与路线安排如图所示。

图 1-3　绿心公园地图

二、实践过程

（一）工厂造成的污染

通过线上的资料查阅、问卷收集和线下的走访调查，我们了解到化工厂虽然提供了大量的就业岗位，推动了通州的经济发展，但对当地环境造成了一定程度的污染，影响了周边居民的生活质量。

图 2-1　原化工厂厂区图

通过线下采访和问卷调研，我们了解到当地居民对化工厂污染的感受。在受访的 72 人中，97.22%听说过东方化工厂，且 65.71%在化工厂搬迁前就已生活在通州。一方面，有 78.58%的受访者认为化工厂的污染是汽车污染的 5 倍及以上，并认为相比空气污染、水质污染、噪声污染等，化工厂对土壤的污染尤为显著。另一方面，在问卷结果中，80%以上的受访者表示相比于一个正在施工的工地，化工厂对周边环境的影响更大，且其中有 55.72%的受访者认为化工厂带来的影响是超出自己接受范围的。由此可见，东方化工厂的存在不仅对周边环境产生了污染，而且对居民的生活产生了不良影响。

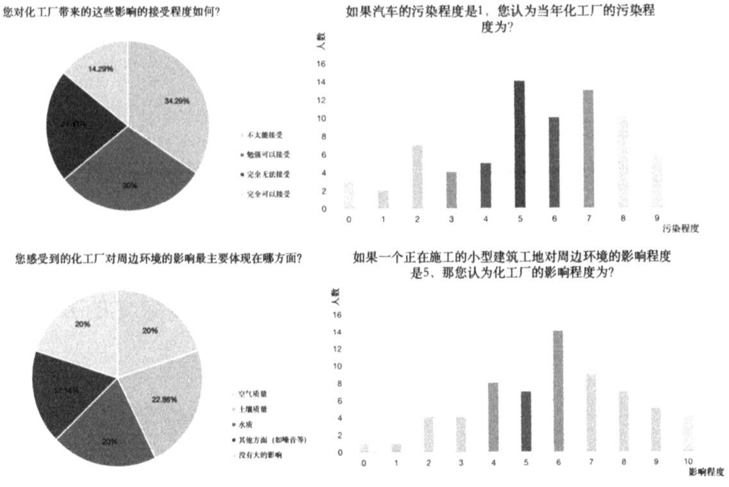

图 2-2　问卷分析图

（二）污染治理过程

为了解污染治理过程，一方面，我们联系到负责化工厂环境评估项目的公司，采访了项目经理王策先生；另一方面，我们研究了《东方化工厂污染场地修复及风险管控项目环境影响报告表》（以下简称环评报告）。在化工厂搬迁以后，主要是政府出资、第三方企业承包项目，对化工厂原址所在地进行环境修复。在实践过程中，我们以土壤修复为例，探究具体的治理过程，概括出了环境治理的思想、方法和最终目标。

图 2-3　线上采访照片

1. 治理方法

首先，承包企业将化工厂原址分为四类区域，分别是高、中、低风险和无风险污染区。其中，高风险污染区采用多项抽提、SVE 抽提和原位氧化的方法来去除污染物，中度污染区采用工程阻隔的方法控制污染物，轻度污染和无污染地区采用直接绿化的方法进行环境修复。

图 2-4　污染程度治理效果图

（1）多项抽提技术

通过真空提取手段，抽取地下污染区域的土壤气体、地下水和浮油层到地面进行分离及处理，以控制和修复土壤与地下水中的有机污染物。

（2）SVE 抽提技术

土壤气相抽提技术是利用真空泵使空气流经污染区域，将土壤孔隙中的挥发性和半挥发性有机污染物带走，经抽提井收集并处理后达到净化的目的。

（3）原位氧化法

通过向地下水污染区域注入氧化剂或还原剂，通过氧化或还原作用，使地下水中的污染物转化为无毒或相对毒性较小的物质。

（4）工程阻隔技术

用清洁土物理阻隔，避免污染物影响植物生长。

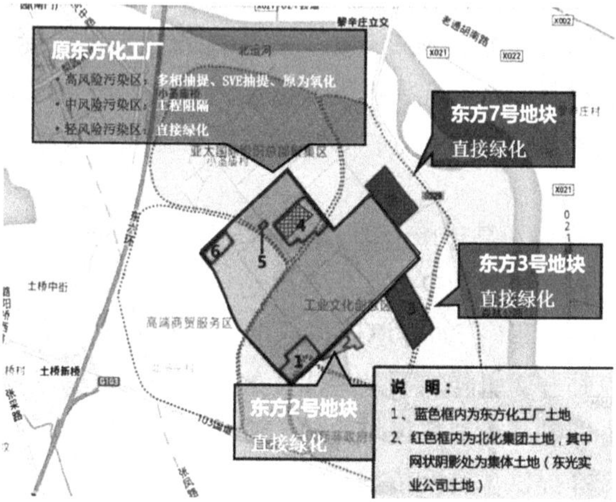

图 2-5　污染分区图

2. 治理思想

通过对北京城市副中心投资建设集团负责人张岩、东方化工厂环评机构项目经理王策等专家的采访以及小组的实践思考，我们总结了以下三个治理思想。

图 2-6　治理思想总结图

(1) 因地制宜是环境治理方法选择的基本原则。

因地制宜，一方面是指需要对不同的治理项目因地制宜，必须在开展治理之前对项目的具体实施场地进行环境评估。北京国寰公司负责化工厂的环评工作，所撰写报告中详细介绍了原址的环境情况，为后期治理方法的选择提供了依据。另一方面是指需要对一个项目中的各个区域因地制宜，不同的区域根据其污染程度采取不同的治理方法。

(2) 精准科学是环境治理方法选择的根本标准。

环评报告项目经理王策在线上采访中提到，“精准”就是“搞清楚污染源在哪里”，如环境评估的前期地勘工作，需要在项目区域不同的点钻井，采样探测各个深度的污染情况，并绘制出等浓度曲线，便能明确目标修复区域立体、准确的污染分布情况，为后期治理方法选择提供了精准依据。

“科学”则体现在“治理方法选择的科学性”上。“在选择治理方法以前，要查阅资料去了解世界上当前最先进、最有效率的方法是什么，并因地制宜选择方法。”例如原址的高风险污染区土壤中的主要超标的污染物（如苯、氯仿、萘）均为还原性较强的物质，因此原位氧化方法的实施效果最优。该方法通过注入重水将原污染物质转化为二氧化碳和水，同时，重水自身也变成无害的水，避免了二次污染。对“原位氧化”治理方法的选择，是在对目标区域污染情况有了精准把握后，结合技术发展情况做出的决策，体现了治污的科学性。

（3）长期可持续是环境治理的最终目标。

长期可持续是指环境治理不以治理项目的结束而终止。在采访治理周期时，王策提到“两年是修复工作结束，但是后边还有十年的更长一个时间段的观察。”十年的观察期保证了治理绝不是单纯的形式主义，而是一种对环境的真实、彻底的改造。

3. 土壤修复过程

东方化工厂在生产过程中，主要对当地的土壤和地下水造成了较为严重的污染和影响，而在环境治理和修复过程中，土壤和地下水的治理也是重点治理项目。因此我们利用环评报告中的数据，对这两项内容进行效果分析。

修复前重污染区土壤面积总计 30028 平方米。中度污染区总面积 57800 万平方米。土壤中的主要污染物为苯、氯仿、苯并芘、萘。土壤中铬元素、苯等因子超过筛选值，未超过管制值。1，2，3—三氯丙烷、萘、苯并蒽、苯并芘超过管制值。

地下水重度污染区修复面积 99500 平方米。修复前上游、园区、下游地下水均存在水质不达标的情况。上游地下水超标因子主要为硫酸盐、铁、锰、砷；园区地下水超标因子主要为 pH、总硬度、溶解性总固体、钠、氯化物、氨氮等等；下游地下水超标因子主要为氨氮、硫酸盐、锰。

而在两年修复后，上述指标均已达到合格水准。具体评价标准及数值见下图。

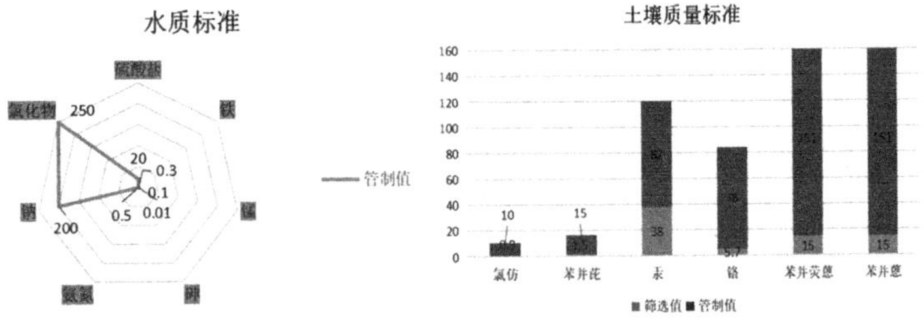

图 2-7　水质与土壤质量的评价标准及数值

经过治理前后土壤、地下水的状况的对比，可以看出在两年的工期内，各程度污染区的针对性方案均取得了足够显著的成效。这一对比也说明，治理方案本身虽为改善环境提出，却并不意味着实施过程不会产生任何废弃物质，只是这些污染能够被控制在合理范围内。

（三）工厂搬迁改建模式

图 2-8　改建模式总结

我们小组通过信息整合、问卷收集及实地居民走访，总结出东方化工厂搬迁改建的模式，希望能对其他工厂项目改建改造提供借鉴价值。

东方化工厂厂区合照　对公园厂区讲解员的采访

对公园保安的采访　对公园游客的采访

图 2-9　绿心公园实践照片

1. 停工停产，搬迁他地

东方化工厂停产后搬迁到了北京房山区和内蒙古。根据污染物排放情况的数据对比可以看出，化工厂资源、业务的迁入并未对房山、内蒙古的污染治理产生较大的压力，均能较好地完成各自治理目标。大气污染物、水污染物等指标均实现稳步、达标地减少，由此可见，东方化工厂的停产搬迁，并未对迁入地产生较大影响，首都的生态建设，并未以其他地区的生态牺牲作为代价。

2. 就业培训，保障再上岗

在绿心公园的线下采访我们得知，工厂停产搬迁并没有以工人的利益为代价推进生态建设，而是妥善解决了工人再就业的问题。通过政策文件，我们进一步了解到政府对于东方化工厂就业措施的落实。2012 年通州区人民政府颁布了《通州区坚持疏解并重优化副中心就业格局》，在解决劳动力再就业方面，通州区人力社保局积极推动人力资源的跨区域流动，以合理分配人力资源、挖掘更多就业岗位为目标，充分缓解因非首都功能疏解而带来的就业压力。

另一方面，我们通过线下采访得知，有两名原厂工人在遗址处当讲解员，其余工人或买断工龄，实现自主就业；或跟随化工厂，前往新厂就业；或被分配到了别的工作单位；或已达适龄，选择了提前内退，妥善解决了原化工厂的就业问题。

图 2-10　原化工厂职工再就业培训照片

3. 生态保育，恢复植被

东方化工厂拆除后，原先的土地需要建立新的生态系统，恢复生态植被。经实地考察，绿心公园根据原先土壤的污染程度进行了

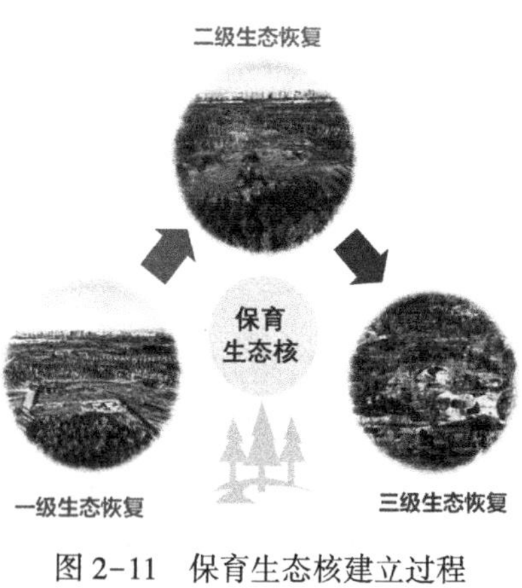

图 2-11　保育生态核建立过程

三级生态恢复。生态修复一级区域（重度污染区）按照“软隔离、少扰动、自修复”的理念，限制游人进入，让森林植被自然生长演替完成修复；生态修复二级区域（低污染区）以“留记忆、创生境”为理念，在设置植物隔离缓冲带的前提下适当引入游人活动，并且设计一条“演替之路”，实现科普参观的功能，在生态修复的基础上完成工业记忆景观的表达；生态修复三级区域（低污染区）通过地形堆筑，覆盖种植土进行绿化后对公众开放，设置以森林科普为主题的各项内容，适合少量人群参观游憩。

4. 因地制宜，合理利用

绿心公园的建设因地制宜，在保留原工厂历史记忆的基础上建立起森林公园的设施。例如，绿心公园将厂区遗留的轨枕等回收利用，用作景观要素布置于道路；将原化学品装卸栈桥中的混凝土枕轨，应用在台阶以及山体护坡挡墙中；将东方化工厂拆除的混凝土铺装作为石笼挡墙或座椅的填充；清理工厂遗留油罐池壁上外露的钢筋，对池底和池壁进行防水处理，作为小动物的饮水池。池壁还结合了“本杰士堆”，放置石子和树枝，种植藤本、多刺植物，为小动物提供筑巢和隐蔽的空间。

图 2-12　公园对化工厂元素的合理利用

5. 娱乐休闲，提升质量

通过问卷和采访，我们发现：一方面，化工厂的改建能明显提升居民的生活质量。72位受访者中，有54.17%的受访者认为公园的建成能显著提高生活质量。另一方面，80%的受访者认为化工厂搬迁后周围环境状况有所改善，如公园的植被覆盖率提高周围的空气质量。在周末的时候，居民带着孩子来到公园休闲游玩、健身锻炼——绿心公园已成为居民郊游踏青的好去处。

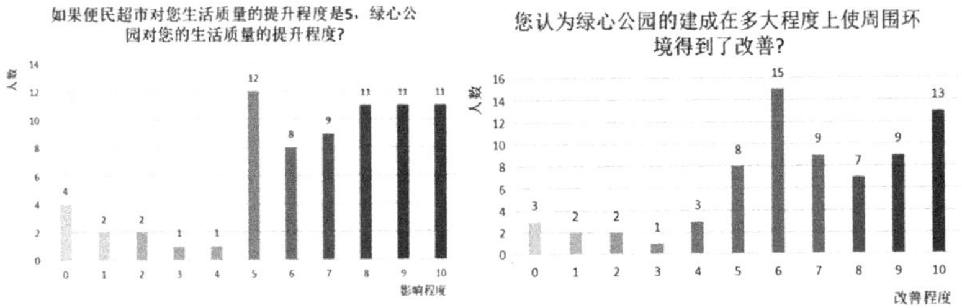

图 2-13　问卷数据分析

图 2-14　游客游玩照片

三、实践感悟与思考

（一）工厂污染治理趋势

绿心公园的出现并非偶然，它是首都生态文明建设过程中的一个缩影。2020 年 9 月，国务院办公厅在《关于加快发展流通促进商业消费的意见》中指出，推动传统流通企业创新转型升级，鼓励经营困难的传统百货店、体育场馆、老旧工业厂区等改造为商业综合体、消费体验中心、健身休闲娱乐中心等多功能、综合性新型消费载体。这与实践中工厂改建的具体思路与方向不谋而合，工厂改建也已经成为生态文明建设中的一种必要发展模式。

本小组也走访了首都其他工厂改建的应用场地，真切感受到了首都工厂改建的成果：北京胜利建材水泥厂因环境污染、经营困难改建为塞隆文创园，厂区中的水泥筒仓、老厂房以及入厂铁轨等作为工业遗迹，被完整保留了下来；北京第二热电厂因不适应城市供热和环境保护的要求改建为天宁 1 号文化科技创新园；北京首钢因空气污染、消耗水资源而搬迁，其工业旧址改建为冬奥会场馆，吸引一系列新项目、新业态在园区落地。下面我们主要从几个方面进行分析该模式的意义。

1. 循环利用工厂资源，保护生态环境

现有旧工厂大多产能落后、设备陈旧、缺乏充分的环保手段，且推倒重建会造成不同程度的环境破坏和资源消耗。因此，保护和循环利用旧工厂也是对城市环境资源的保护。

2. 工厂占地面积大，区位优势明显

随着经济社会的发展，城市版图不断扩大，而曾经的旧工厂所占土地则是城市中心区域寸土寸金的资源。例如上海从最初 2005 年的 18 个创意产业园中有 16 个是旧工厂改造项目，分布于静安区、卢湾区等城市中心区域。因此，区位优势是其经济价值的首要体现。

3. 改建老旧厂房，节约治理成本

对旧厂房的改造成本相对低于重新建造的成本投入，如大跨型厂房的改建成本一般会控制在总造价的 10—20%。此外，根据厂地块修复和风险管控技术方案，如上文所述将污染区域按程度分级治理，可实现节约治理成本的最大化。

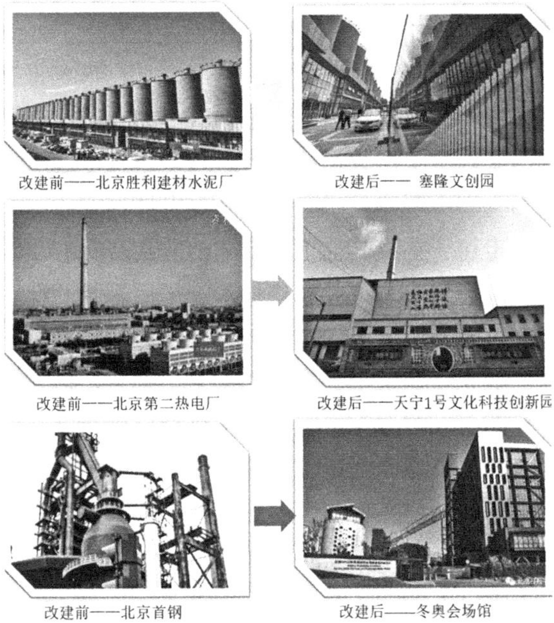

图 3-1　相似工厂改建案例的前后对比图

4. 发展工业文化，开发再生价值

老旧工厂作为中国历史发展的遗存，即是展现中国工业文化的重要窗口，也是延续城市文脉、拓展城市文化发展空间的重要载体。保护利用好老旧工厂，充分挖掘其文化内涵和再生价值，发展文化创意产业，建设新型城市文化空间，有利于提升城市文化品质，推动城市风貌提升，增强城市活力和竞争力。

（二）政策建议

通过实践调查和对北京蓝白蓝科技有限公司李建军董事长的采访，我们了解到，目前北京各个工厂的污染治理大多仍是由政府主导，企业缺乏主动进行污染调查、污染治理的动力。针对这种情况，我们提出了相应的政策建议。

图 3-2　政策建议总结

1. 建立第三方治理评价机制

由于污染治理的专业性和权威性，政府往往不能很好地对污染企业进行监督。因此，政府可以利用环保产业协会对企业的环保程度进行评价，通过第三方监管的方式对企业进行管制。评价指标可以包括技术、专业人员数量、运营资金等，对于成熟企业，可以要求其在这些指标上维持一定水平；对于成长型中小企业，可以采用长期目标来限定，比如要求其在十年之内获得一定数量的从业人员、运营资金等。同时政府须对第三方机构提供资金、政策、宣传等方面的支持。

2. 完善准入、退出机制。

北京市曾在 2013 年提高了行业的准入门槛——制定符合首都功能定位的产业准入指导目录，凡是不在目录的产业一律不允许在北京落地建设。与提高准入门槛相对应的，我们认为还应该强化退出机制。受市场因素影响，企业在经营发展过程中可能出现技术过时、设备老化、人才流失、资金链断裂等情况，这使得企业污染治理能力下降。例如，东方化工厂在建设初期并未造成较大环境污染，只是其环保设施随着时间的推移逐渐落后，最终造成了较大程度的环境污染。如果说准入门槛是个一次性的静态标准，那么退出机制便是重复性的动态标准。对于不符合评价机制标准的企业，政府应该给予警告，并限期整改；情节严重者，可以直接责令退出市场，并向社会公告。

3. 推行公众监管，引入媒体监督

我们进一步了解到，公众作为环境治理的参与主体，在过去由于知识缺乏、意识低迷、渠道封闭等原因而流于形式，未能起到显著的监督效果，具体表现为环保意识低下，不积极参与公众监管；维权意识低，对集体利益（公共环境）漠不关心；缺乏维权渠道等三个方面。

推行公众监管需要公众从自身做起，主动学习环境知识、尊重集体利益、参与环境监管。在信息时代下，媒体也为公众监管提供了新的途径。相对于政府较为“定期”“官方”的检查，媒体监督力量不定期、目标小、分布广、程度深，能让企业处于“随时被曝光”的危机之中，给企业提供较高的舆论压力，起到了较好的监督作用。

（三）保险前端治理模式

除了政策、体制建设等途径，保险领域也逐渐在生态文明建设中发挥出特有的社会力量。作为保险学专业的学生，我们希望能运用自己所学的知识，为工厂治理的模式与首都生态文明建设提供自己的思考与方案。

环境污染责任保险（下称环责险）是指以企业发生污染事故对第三者造成的损害依法应承担的赔偿责任为保险标的保险产品。投保人缴纳保费后，可将突发、意外的恶性污染风险转嫁给保险公司，保险人一方面承担了被保险人的环境治理成本，对污染受害者及时进行经济赔偿，另一方面也帮助被保险人做好防灾工作，发挥保险的前端治理优势。由现有的该保险实务知，在污染治理中引入环境污染责任保险有三方面的优势。

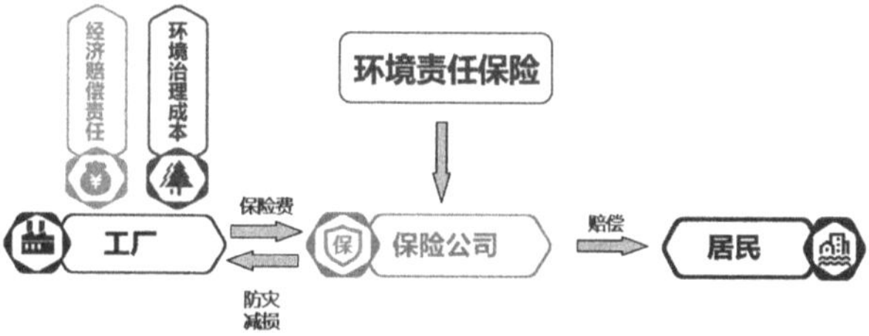

图 3-3 保险前段治理模式图

1. 提升前端治理，促进工厂监督

通过保险的杠杆机制以较少的资金实现大额环境风险管理。保险公司通过保费调整、防灾减损等方式，促使投保工厂自我监督，更新污染处理设备，防止污染事故的发生，充分发挥保险对环境污染的前端治理作用，同时提高工厂及时处理污染的能力，实现对污染治理制度的补充。

2. 分散工厂风险，保障稳定经营

单个工厂企业面对影响范围广、损失额大的污染事故赔偿通常难以承受，环责险则可将单个企业的损失风险转移给众多企业，同时也将部分风险转嫁给保险公司，保证企业稳定经营。

3. 使受害人及时受偿，减轻政府负担

环境污染事故中由保险公司承担对受害人应付的赔偿责任，减少受害人损失，稳定社会秩序。而由保险公司承担赔偿给付，提升了保费的增值能力，减轻了政府财政赔偿的负担。

但目前环责险仍存在政府支持力度不足、企业意愿有限、经营成本高、道德风险与逆选择等问题，社会各界仍在致力解决。

总体来说，环责险改变了现有污染治理体系中各方的角色定位。政府由占主导地位的赔偿者转变为出险时的协调者，保险公司成为了环保部门的监管防线，投保该险的企业工厂可增强排查自身隐患的治理意识和能力，总体上创新了社会管理模式。同时该保险的风险管理方法与环境治理相结合以实现市场化的环境风险管理，通过第三方的风险管理与服务的实施有效提高环境安全，做到了防止污染产生的保险前端治理，可行性较高。我们也期待环责险发展成为生态文明建设的“第三只眼”，推进社会化生态环境治理和保护，发挥出更大的社会效益。

（四）成员实践感悟与日记

小组成员李婧潇日记：

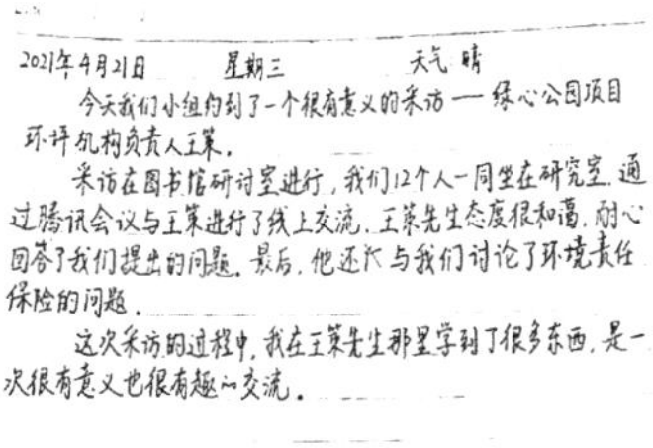
2021年4月21日　星期三　天气 晴

今天我们小组约到了一个很有意义的采访——绿心公园项目环评机构负责人王策。

采访在图书馆研讨室进行，我们12个人一同坐在研究室，通过腾讯会议与王策进行了线上交流。王策先生态度很和蔼，耐心回答了我们提出的问题。最后，他还与我们讨论了环境责任保险的问题。

这次采访的过程中，我在王策先生那里学到了很多东西，是一次很有意义也很有趣的交流。

小组成员裘靖依日记：

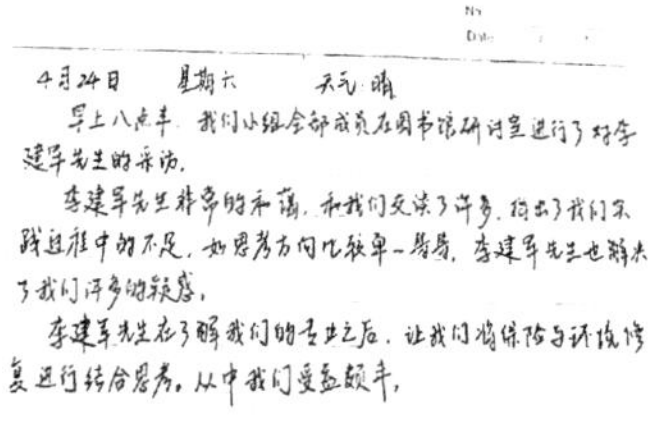
4月24日　星期六　天气 晴

早上八点半，我们小组全部成员在图书馆研讨室进行了对李建军先生的采访。

李建军先生非常的和蔼，和我们交谈了许多，指出了我们实践过程中的不足，如思考方向比较单一等等。李建军先生也解决了我们许多的疑惑。

李建军先生在了解我们的专业之后，让我们将保险与环境修复进行结合思考，从中我们受益颇丰。

小组成员汤景仪日记：

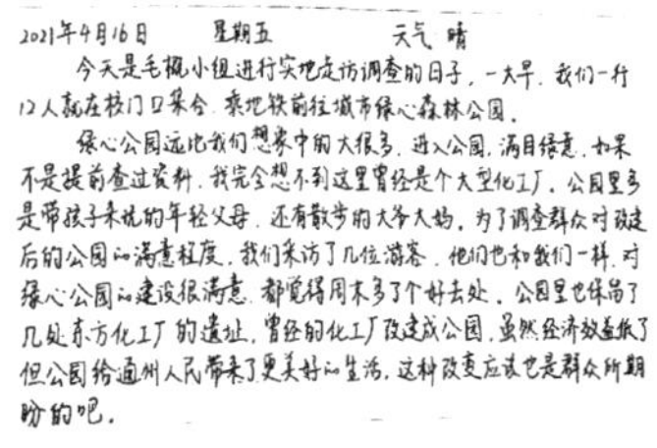
2021年4月16日　星期五　天气 晴

今天是毛概小组进行实地走访调查的日子，一大早，我们一行12人就在校门口集合，乘地铁前往城市绿心森林公园。

绿心公园远比我们想象中的大很多，进入公园，满目绿意。如果不是提前查过资料，我完全想不到这里曾经是个大型化工厂。公园里多是带孩子来玩的年轻父母，还有散步的大爷大妈。为了调查群众对改建后的公园的满意程度，我们采访了几位游客，他们也和我们一样，对绿心公园的建设很满意，都觉得周末多了个好去处。公园里也保留了几处东方化工厂的遗址，曾经的化工厂改建成公园，虽然经济效益低了，但公园给通州人民带来了更美好的生活，这种改变应该也是群众所期盼的吧。

小组成员白飞凡日记：

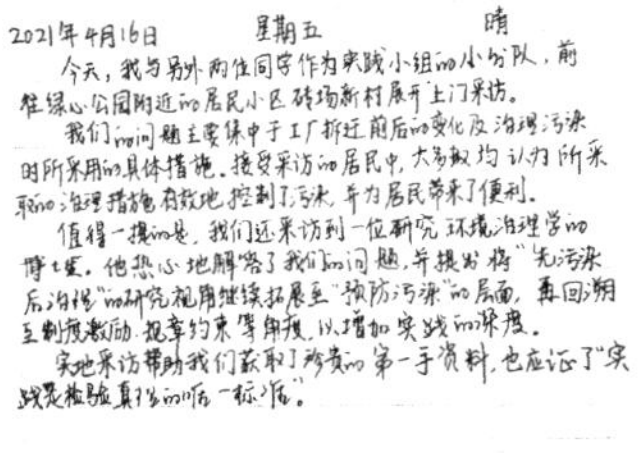
2021年4月16日　星期五　晴

今天，我与另外两位同学作为实践小组的小分队，前往绿心公园附近的居民小区砖场新村展开上门采访。

我们的问题主要集中于工厂拆迁前后的变化及治理污染时所采用的具体措施。接受采访的居民中，大多数均认为所采取的治理措施有效地控制了污染，并为居民带来了便利。

值得一提的是，我们还采访到一位研究环境治理学的博士生，他热心地解答了我们的问题，并提出将“先污染后治理”的研究视角继续拓展至“预防污染”的层面，再回溯至制度激励、规章约束等角度，以增加实践的深度。

实地采访帮助我们获取了珍贵的第一手资料，也应证了“实践是检验真理的唯一标准”。

小组成员李亚楠日记：

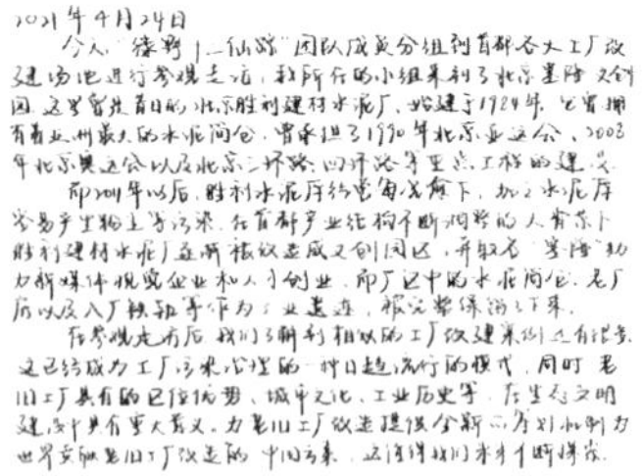
2021年4月24日

今天，“绿野仙踪”团队成员分组到首都各大工厂改建场地进行参观走访，我所在的小组来到了北京金隅文创园。这里曾是昔日的北京胜利建材水泥厂，始建于1924年。它曾拥有着亚洲最大的水泥筒仓，曾承担了1990年北京亚运会、2008年北京奥运会以及北京二环路、四环路等重点工程的建设。

而2011年以后，胜利水泥厂的它面临着衰落，加之水泥厂容易产生粉尘等污染，在首都产业结构不断调整的大背景下，胜利建材水泥厂正式被改造成文创园区，并取名“金隅”，助力新媒体视觉企业和人才创业。而厂区中的水泥筒仓、老厂房以及入厂铁轨等作为工业遗迹，被完整保留了下来。

在参观走访后，我们了解到相似的工厂改建案例还有很多，这已经成为工厂污染治理的一种日趋流行的模式。同时，老旧工厂具有的区位优势、城市文化、工业历史等，在生态文明建设中具有重大意义。为老旧工厂改造提供全新的方案和示例，为世界贡献老旧工厂改造的中国方案。这值得我们来不断探索。

小组成员布海丽其木·艾麦尔日记：

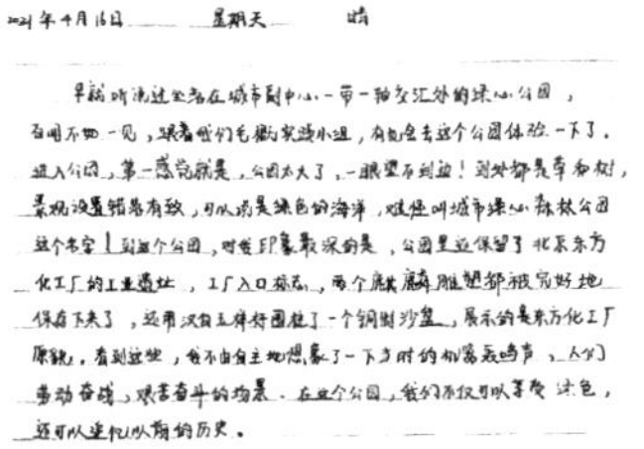
2021年4月16日　星期天　晴

早就听说过坐落在城市副中心、一带一轴交汇处的绿心公园，百闻不如一见，跟着我们毛概实践小组，我也要去这个公园体验一下了。进入公园，第一感觉就是，公园太大了，一眼望不到边！到处都是草和树，景观设置错落有致，可以说是绿色的海洋，难怪叫城市绿心森林公园这个名字！到这个公园，对我印象最深的是，公园里还保留了北京东方化工厂的工业遗址，工厂入口标志、两个麒麟雕塑都被完好地保存下来了，还用汉白玉碑材围住了一个铜制沙盘，展示的是东方化工厂原貌。看到这些，我不由自主地想象了一下当时的机器轰鸣声、人们劳动奋战、艰苦奋斗的场景。在这个公园，我们不仅可以享受绿色，还可以追忆以前的历史。

图 3-4　成员日记

（五）实践结论

本次实践立足于东方化工厂，归纳出工厂治理的过程、结果，并了解了其他工厂的治理案例和治理趋势，提炼出“因地制宜、精准科学、长期可持续”的治理思想，概括出“停产搬迁、就业培训、生态保育”的治理模式，并从“前端治理”角度提出政策建议，最后结合所学专业知识，引入“环境污染责任保险”来参与生态治理过程。小组成员期待通过此次实践为污染企业治理事业，乃至生态文明建设事业建言献策。

参考文献：

［1］李长利．东方化工厂污染场地修复及风险管控项目环境影响报告表［R］．北京：国家环境保护总局，2018.

［2］习近平．决胜全面建成小康社会，夺取新时代中国特色社会主义伟大胜利［G］．北京：人民出版社，2017.

［3］李文筱．我国环境污染第三方治理法律问题研究［D］．辽宁大学，2020.

［4］申珍珍．企业环境治理过程的主体关系研究［D］．苏州大学，2020.

［5］北京西城．改革开放40年，“北京第二热电厂”变身“天宁1号文化科技创新园”!［EB/OL］．https：//house. focus. cn/zixun/2eb013bdc572e98e. html，2018-12-09

［6］乔健．首都国企开放日｜“胜利建材水泥库”变身塞隆国际文化创意园［EB/OL］．http：//paike. qianlong. com/lb/chaoyang/201806/5521 _ 8. htm，2018-06-12.

［7］文创前沿．北京第二热电厂：变身“天宁1号”文化科技创新园［J］．北京文化创意，2018，（05）：4-11.

［8］北京市生态环境局北京市水务局．关于印发《2020年北京市应当安装水污染物排放自动监测设备的重点排污单位名录》的通知［N］．北京市生态环境局，2021.

教师点评

改造东方化工厂为城市绿心森林公园是通州区生态文明建设的标志性工程，是美丽中国在首都的生动实践。该小组以此为切入口，通过搜集资料、实地探访等方式了解化工厂的拆迁、污染治理与再建设过程，通过采访、问卷调查等方式调查了工厂最终的治理结果，在此基础上，由点到面，以东方化工厂的治理过程为支点向外拓展，了解相似案例中其他工厂的治理方案，总结出了“前端治理”的可操作、可复制的模式。整个实践问题意识明确、思路清晰。该小组实践的最大亮点在于将专业所学与社会实践自觉结合。小组所有成员系保险学院学生，因此在对调研结果进行梳理和总结时，他们充分运用所学专业知识，提出将环境污染责任保险应用到治理过程中，将工厂污染治理焦点从治理技术继续推进至社会制度层面，从而实现“先污染后治理”的“后端治理”深入到“控制、预防污染”的“前端治理”上，真正做到了将论文写在祖国大地上。

美丽中国战略视角下农村垃圾治理的模式探析

——基于对辛庄村的调研实践与思考

团队：美丽乡村调研团队

成员：吴苗苗　郭凌欣　田思成　冷佳凌　张贝凝　曲勇旦增　李玉楠　王心瑜　王美娟　杨梦真　李睿文　陈可蓉　时艺冉　陈　弯

一、实践方案

（一）实践背景

正值我国开启全面建设社会主义现代化国家新征程的历史节点，习近平总书记多次强调生态文明建设的重要性，先后提出了人与自然和谐共生，绿水青山就是金山银山，良好生态环境是最普惠的民生福祉，用最严格制度保护生态环境等多维度的全面生态观，指导生态文明建设进程。

协同推进人民富裕、国家强盛、中国美丽的理念渐渐深入人心，而这正是美丽中国的真正内涵所在。十九大提出了乡村振兴战略，将“产业兴旺、生态宜居、乡村文明、治理有效，生活富裕”作为目标。随着乡村振兴战略的实践全面开展，生态建设越来越处于乡村振兴的关键位置。

“乡村振兴了，环境变好了，乡村生活也越来越好了。要继续完善农村公共基础设施，改善农村人居环境，重点做好垃圾污水治理、厕所革命、村容村貌提升，把乡村建设得更加美丽。”习总书记的话点明，农村治理、乡村振兴与生态文明建设有着密切联系，二者相辅相成，是建设美丽中国的重要底色。而农村垃圾治理更是推动环境保护，促进乡村振兴、建设美丽乡村的重要抓手。

2015年出台的《全面推进农村垃圾治理的指导意见》明确提出开展农村垃圾专项治理工作，解决好农村垃圾乱扔乱放、治理滞后等问题。2018年出台《农村生活垃圾处理导则》则为农村资源配置提供了标准。多地已出台条例，结合本地实际推进农村垃圾治理，但农村垃圾治理仍存在资金、方式方法、管理等诸多难题。

为聚焦美丽中国和生态文明建设，结合乡村振兴战略，分析我国的垃圾分类进程与城市农村发展差异，我们选取了北京市辛庄村为调研对象，开展实践活动。

（二）实践目的

本次实践的目的是基于对辛庄村的调研实践与思考去探析美丽中国战略视角下农村垃圾治理的模式。在此大方向下，本团队还将通过文献调查、实地走访和问卷调查等方式深入研究辛庄村推行垃圾分类中遇到的难题、解决方法、群众反馈等等多方面的情况。对比全国各地的垃圾分类情况对辛庄村做出评估，并且借鉴先进国家农村垃圾治理的成功经验，取长补短，为建设美丽中国献出一份力。

（三）实践意义

本次实践贯彻落实中共市委八届八次会议精神，纵深推进生态文明城市建设，顺应了时代发展潮流。通过本次实践，队员们深化了对中国共产党关于可持续发展战略的认识。

通过查阅相关资料，本团队的成员们都对垃圾分类的相关政策有了更深刻的理解，大学生是未来建设国家的中坚力量，关注时事热点有助于将建设美丽中国的历史任务接力下去。

通过实地调研活动，本团队成员亲眼见证了农村垃圾分类的先进典型，走入群众中去了解农村垃圾治理模式，贯彻了实践是检验真理的唯一标准的要求。

本团队就近选择了昌平区辛庄村作为实地调研的目的地，这顺应了北京市防疫控疫的要求，辛庄村也是农村推行垃圾分类政策的一个成功典型，具有研究价值，能够由此进一步探索美丽中国战略视角下农村垃圾治理的模式。

（四）实施方案

本小组从调研的基本思路出发，制定了以下调研方案：

1. 文献调查

查阅垃圾分类相关文献，了解实验背景，确定实践目的，为本团队调研聚焦的确定以及实地调研的展开奠定基础。并且搜集国内外先进经验与成功模式进行借鉴，为建设美丽中国提供有益建议。

2. 调研设计

充分考虑疫情、交通、典型性等情况后选定调研地点。并综合资料查询以及调研地点的人口结构等因素，采取深访、问卷发放、实地走访相结合的方式展开调研。在前期阶段，针对乡村生态文明建设与垃圾分类做好深访文本设计与调查问卷设计。

3. 实地调研

走访辛庄村，观察其垃圾分类实际展现的情况、垃圾后端处理情况，对乡村风貌进行取景。针对不同的村民进行口头采访，对镇或者村委会政层机关以及居民进行深访，同时广泛发放调查问卷。

4. 概括总结

对总结概括实地走访中获取的相关记录进行汇总分析。将辛庄村值得借鉴推广的地方、不足之处，借鉴国内外先进经验提出改进建议，撰写为实践报告。

二、实践过程

（一）采访过程总述

1. 有关辛庄村垃圾分类实地调查总结

（1）总体：

辛庄村位于北京市昌平区兴寿镇中部，2020年5月1日，北京全市正式步入垃圾分类时代，而早在2016年，辛庄村的垃圾分类工作就已经全面启动，成为北京最早实行垃圾分类的区域。几年来的努力取得了显著的成效，主要是街道干净整洁，没有明显垃圾，也没有堆积成山的露天垃圾点和垃圾桶。村内垃圾分类的体系完整、井然有序，垃圾分类政策得到了村民的高度认可与支持。

（2）村民：

①大多数不清楚垃圾分类的具体政策，但是知道要怎么处理自己家的垃圾。

②大部分会自觉分类，并且在规定时间内（上午七点和下午五点）将垃圾放在门口，由专业人员上门收取，规定时间以外放置在门口的垃圾会被巡查人员督促收回屋内。

③只去县里受过短暂的组织培训（有村民表示没去参加培训），主要是习惯成自然。

（3）其他外地来者（开店的店长）：

需要签订相关合同，必须进行垃圾分类。

（4）行政人员：

①难题：最开始村民接受程度不高，推行过程中才逐步接受（仍有小部分人不太配合）。

②宣传手段：标语、广播、相关歌曲、书记的亲自交流（最有效）。

③安排相关工作人员在各自负责的街道进行巡查，提醒村民垃

圾分类。

（5）垃圾分类回收站工人：

①垃圾分类站点明确划分了各类垃圾的区域，回收处理比较便利。

②大部分村民都按规定把垃圾分好类，减轻了一些工作量。

2. 深访实况记录

我们在辛庄村进行了实地观察与调研，并采访了辛庄村村民及村干部，试图从村民们的第一视角了解辛庄村垃圾分类工作的真实情况。我们分别采访了辛庄村村干部、药店与便利店老板、外来务工人员与社区老人。基于整理并分析采访内容，我们对辛庄村垃圾分类工作的实施情况与村民反馈有如下总结：

（1）从总体上来说，村民们对于辛庄村垃圾分类的工作持积极态度，并且对辛庄村在垃圾分类上取得的成就有目共睹、引以为豪，一致认为垃圾分类是一件大有裨益的工作，并希望可以在全国范围内普及。

（2）辛庄村的垃圾分类实施分为全村宣传培训、村民与专人实施垃圾分类与回收、村干部管理监督等部分。村民们在第二部分的参与度与完成度最高，受访者们表示村委会的合理安排使村民们的日常处理工作十分便利，垃圾分类工作也颇有成效。

（3）辛庄村会组织村民进行简单基础的垃圾分类与回收知识培训，村民们对于垃圾分类都有一定的知识储备与经验积累。

（4）辛庄村村民先自行在家中对垃圾进行简单的归类，每天早上将垃圾放在家门口，负责垃圾分类的专门人员会将垃圾收走，并在垃圾回收站进行细致的垃圾分类与回收。这样的垃圾分类是辛庄村村民们的日常活动，在实施几年后，已成为全村的习惯行为。

玻璃

硬塑料
玻璃
塑料制品
辛庄
XINZHUANG
垃圾分类新时尚

（二）数据分析

考虑到调研地点与调研对象的特殊性，我们设计并打印了纸质版调查问卷，在实地进行实践调研时对当地村民和工作人员随机发放问卷，并进行问卷回收。相比于线上问卷而言，线下问卷的回收统计与分析难度较大，我们通过对收集到的问卷信息逐个进行数据和文本的录入，并将文本数据按程度进行量化，使得问卷调查结果可视化。具体数据分析情况如下：

1. 关于辛庄村各年龄段对垃圾分类认知情况分析

表 1　年龄对垃圾分类的影响

年龄	对垃圾分类相关政策的了解程度（量化）	垃圾分类习惯	垃圾分类熟练程度
0—18 岁	0. 55	0. 6	0. 6
19—40 岁	0. 6	0. 75	0. 75
41—65 岁	0. 9	0. 88	1
66 岁以上	0. 575	1	1

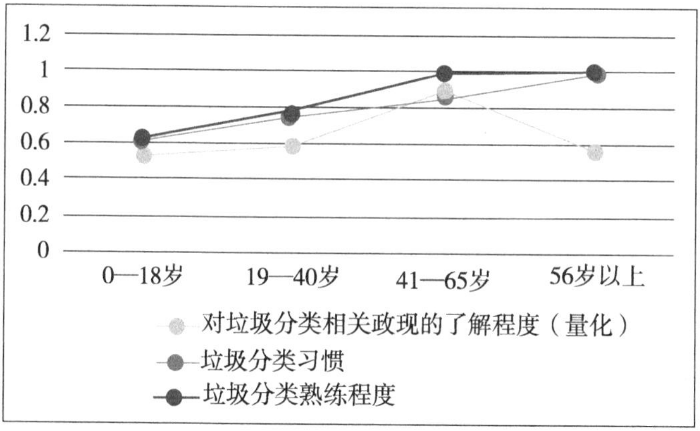

图 1　年龄对垃圾分类的影响

注：以上数据按程度量化，如“对垃圾分类相关政策的了解程度”中将不同年龄段受访者了解的政策的数量取平均数进行量化；“垃圾分类习惯”中将选项“有”和“无”赋值“1”和“0”并取平均值进行量化；“垃圾分类熟练程度”中将选项“能”和“不能”赋值“1”和“0”并取平均值进行量化

已经过处理具体数据可参照附件1。

辛庄村村民对垃圾分类政策的了解度最高的人群为45—65岁，其他村民对垃圾分类政策的了解普遍不高；村民年龄越大，垃圾分类习惯和垃圾分类熟练程度越高；未成年在对垃圾分类相关政策的了解程度、垃圾分类习惯和垃圾分类熟练程度都是最低的。

2. 关于辛庄村关于垃圾知识具体来源分析

表2 辛庄村关于垃圾知识具体来源列表分析

宣传方式	使用频率
村委会的宣传广告	21
专人的线下指导	25
网络	10
广播电视	8

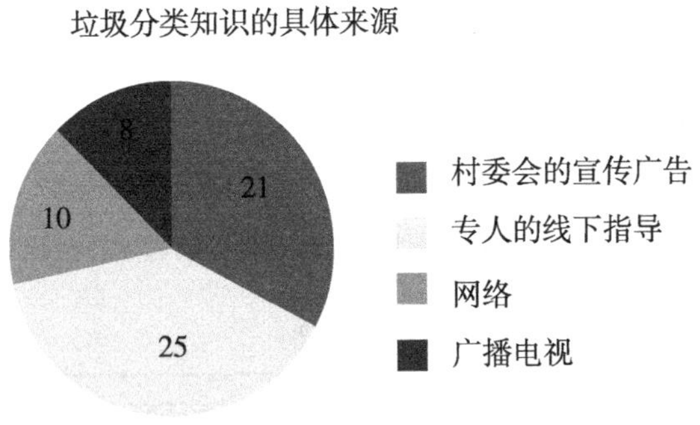

图2 辛庄村关于垃圾知识具体来源饼状图分析

辛庄村村民对于线下、距离较近的宣传方式接受程度更高，对于通过网络以及广播电视等媒介的宣传，接受程度较低。村民对于教学的认可度也高于宣传的认可度。

3. 关于辛庄村垃圾具体投放地点调查分析

表 3　辛庄村垃圾具体投放地点列表分析

投放地点	人数
无垃圾桶	0
传统无分类垃圾桶	0
分类垃圾桶	25
固定垃圾站	4

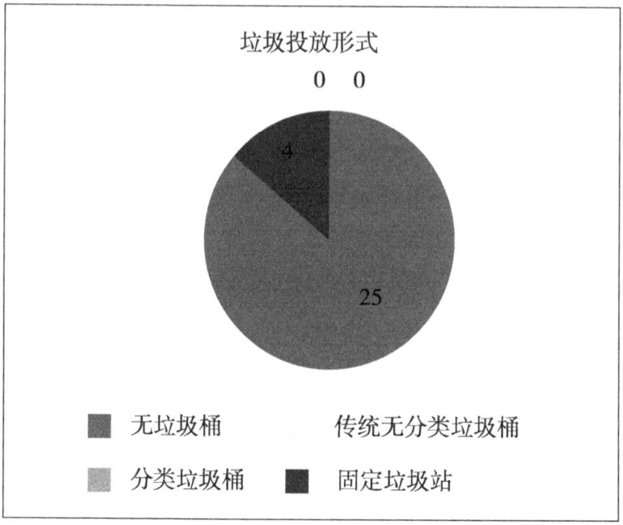

图 3　垃圾投放形式饼状图分析

辛庄村已经淘汰传统无分类垃圾桶和无垃圾桶的投放方式，垃圾具体投放绝大部分使用分类垃圾桶，少部分使用固定垃圾站，可以看出辛庄村垃圾分类基础设施的完备。

4. 关于辛庄村垃圾分类推行中的困难调查

表 4 辛庄村垃圾分类推行中的困难列表数据

困难类型	人数
分类设施不完善	3
居民意识不足	7
宣传力度不够	0
相关部门规划不足	1
垃圾分类占用大量时间	2

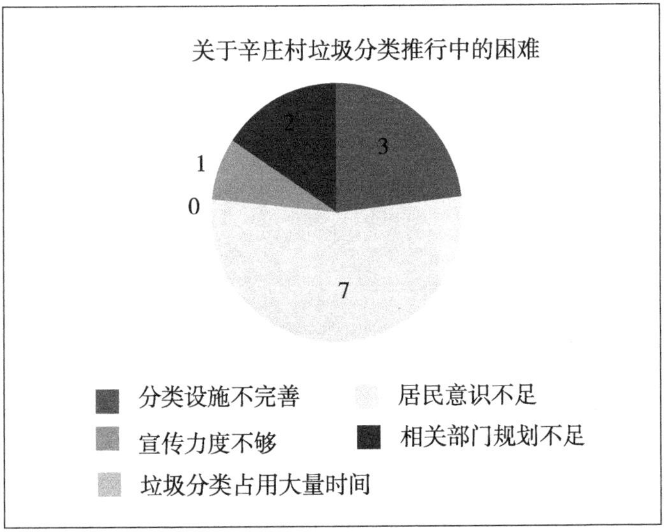

图 4 关于辛庄村垃圾分类推行中的困难饼状图分析

辛庄村村民认为目前实施垃圾分类的最大困难是主观因素——居民对合理投放垃圾的意识不足，占用大量时间也是影响村民垃圾分类的重要原因。

从客观因素来看，结合 2.3 的数据，村民认为除了分类垃圾桶的设置，还应完善其他分类设施。村民对于相关部门的规划大体满意，认同宣传效果。

5. 关于辛庄村垃圾分类推行中的主体重要程度分析

表 5 辛庄村垃圾分类推行中的主体重要程度列表数据

垃圾分类推行角色	人数
政府	19.8
垃圾投放者	23
宣传媒体	10.3
企业	8.3

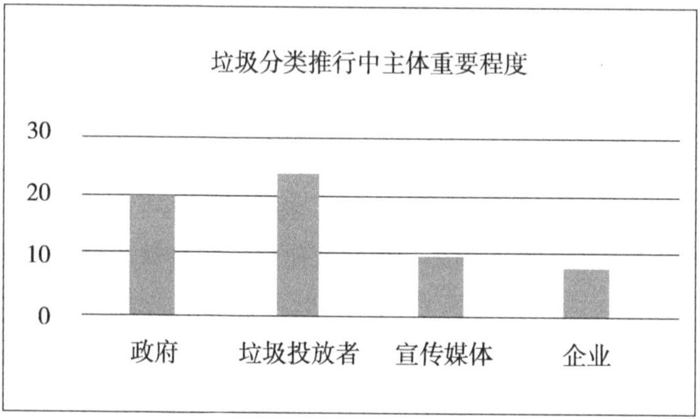

图 5 辛庄村垃圾分类推行中的主体重要程度柱状图分析

辛庄村村民认为垃圾投放者自身是最重要的主体，认为每个投放者的自我行为的规范会对垃圾分类产生重大影响；其次是对政府作为的期待和作用的认同。

结合 2.4 的数据，可以看出辛庄村村民对于宣传力度的满意程度很高，可以看出村民认为宣传媒体的工作并非垃圾分类推行中的重要任务。

(三) 总结概括辛庄村垃圾分类做法与效果

自新版《北京市生活垃圾管理条例》出台后，辛庄村积极响应，开展一系列垃圾分类的宣传、教育、实施活动，形成了一套符合本地实情的垃圾分类制度，成为全国垃圾分类推行的模范村。

1. 执行脉络

通过小组信息收集、实地采访、发放问卷等方式，了解到辛庄村垃圾分类的执行脉络：

一套充分将村民、志愿者、村干部三方力量联动的体系。

(1) 村干部起到发起、定向和宣传的作用。村干部及时接收新的政策情况，并迅速、完整、有效地向下传达，是辛庄村垃圾分类的“定海神针”与“方向标”。在实际操作中，村干部常常运用广播、歌曲、对话等方式提升村民的垃圾分类意识，促进全体村民积极参与进垃圾分类的活动中来。

(2) 志愿者起到联系村干部与村民，运转整个体系的关键作用。志愿者包括街道负责人和垃圾分类回收站工人。街道负责人会定时巡查，一般一人负责两条街道，提醒村民按照时间投放垃圾。如若村民不在规定时间内把垃圾放在门口，则会被巡查人员督促收回屋内。垃圾分类回收站工人则是负责每天早上七点半、下午五点，定时上门回收垃圾，并且负责垃圾处理的后续工作。

(3) 村民积极参与、主动配合，共建美好家园。村民的配合是垃圾分类活动的基础。垃圾分类的目的是为创造更好的生活环境，创造新时代文明绿色乡村，创建美丽乡村新家园。村民在村干部的动员，志愿者的督促下积极参与，并渐渐形成习惯，发展成主动配合、自愿进行的环保新风尚。

2. 先进经验总结

辛庄村垃圾分类的先进模式使得整个村庄焕然一新，真正实现了农村垃圾分类的全副整改。其垃圾分类新模式如今已在全国进行推广，多地多个村庄纷纷效仿。通过实地调研以及交流总结，我们对辛庄村的垃圾分类实战经验进行了总结：

（1）上下齐心，户户参与。通过集体培训、音频广播、入户宣讲等方式对村民进行垃圾分类知识宣传，提高村民接受程度，自觉程度。对于垃圾分类，目前已是全村参与、自觉践行。

（2）“两桶两箱”分类法。垃圾分类采取“两桶两箱”的方式，“两桶”分别装厨余垃圾和不可回收物，“两箱”则回收有毒有害物质和可回收物质，简化了垃圾分类时的辨别难度，方便了村民。并探索出了一条村民居家分类，志愿者定时上门收取，垃圾分拣站进行垃圾细分，市政府与专业回收公司分类收取的适用于农村的垃圾回收可循环模式道路。

（3）垃圾定时定点上门回收。撤点设桶，村内不再设倒垃圾的地方，改为定时集中收集。每天进行两次垃圾回收工作，早上七点以及下午五点，给村民规定时间投放垃圾，并设置负责人进行街道巡查，对村民进行提醒。

（4）环保站垃圾分类明细。每家每户进行“两箱两桶”的初步分类，环卫工人将垃圾回收过后在环保站放置并继续细分，种类细致明确，实现了社区内循环和社会体系内循环。

3. 现存问题

虽然辛庄村取得了巨大成就，但是与国内外其他地区相比依旧存在一些问题：

（1）仍有少数人没有积极参与到垃圾分类活动中。我们建议可以采用德国“连坐式”的惩罚措施。划定社区，社区内部相互监督、督促。如果发现未分类投放的情况，给予整个社区警告、罚款等，以此将监督的责任分散到每个人身上，促进村民自觉自发的行动起来，改变部分村民懒惰不负责的不良习惯。

（2）垃圾分类不够细化。相比较与外国垃圾分类，尤其以日本为例：横滨市把垃圾类别由原来的五类细分为十类，德岛县上胜町已把垃圾细分到 44 类。可见，辛庄村仅仅分为 4 类还处在较为粗糙的阶段。在未来应加大宣传，对垃圾种类进一步细化。

(3) 青年人普及度相比较低。我们在线下问卷调查中得知，在对垃圾分类相关政策的了解程度、垃圾分类习惯和垃圾分类熟练程度三个方面，辛庄村年轻人整体上没有年长者了解全面、行动彻底。我们建议更基础化、更年轻化、更全面的宣传方式，吸引年轻人注意与重视。同时在小学、中学等义务教育中增加关于垃圾分类的教育课程与讲座，使得垃圾分类意识从小培养起来。

(4) 分类宣传媒体形式较为单一。调研发现，辛庄村宣传垃圾分类以线下指导、村委会的宣传广告、网络以及广播电视为主，基本上是需要花较长时间才能接受一则新闻，缺乏其他短期实现目标的形式。在未来，应该结合利用新媒体主流媒体的宣传方式加大宣传，如在抖音拍摄相关小视频等。

三、实践感悟与思考

(一) 实践感悟摘要

本次社会实践我们以“首都生态文明建设”为主题，以“垃圾分类”为切入点，深入“辛庄村”实地调研垃圾分类处理情况，并走访参观垃圾后端处理情况，制作调查问卷，针对乡镇以及村委会政层机关进行深访。最后，结合第一手实践资料，参照国内外关于“垃圾分类”文献调查进行对比分析，形成本次的实践成果。

实践感悟部分主要从辛庄村实地调研、实地深访感悟两方面阐发。

实践思考部分主要结合上述实践调研成果，与国内外相关生态文明建设文献与研究成果对比分析后所得的结论。

（二）实践感悟

1. 辛庄村实地调研感悟

在实地调研中，我们深刻感受到了干群关系之紧密，其执行脉络之完善以及制度的健全。

辛庄村的垃圾分类制度是将村民、志愿者、村干部紧密联系起来的制度。其中许多措施与我们的学习高度契合，主要表现在：

（1）立足本村“村情”，实事求是

之前辛庄村村垃圾分类十分落后，建了许多“垃圾池”，给其带来了巨大的危害。于是，辛庄村积极寻求适合农村的垃圾回收可循环的模式。最终成功简化了垃圾分类时的辨别难度，方便了村民。

（2）一切从实际出发，充分发挥主观能动性

辛庄村转变传统思路，将村庄的厨余垃圾制成的酵素代替化肥，用于培植草莓，施行变废物为宝、有机种植。

（3）尊重客观规律，勇于创新

在用环保酵素种植的成功基础之上，辛庄村提出打造环保酵素产业链，计划通过建设酵素加工点，将厨余垃圾转变成不同功效的环保酵素产品，并且推向市场，以此发挥出环保和经济双重收益。

2. 实地深访感悟

我们在实践调查中对于当地的各个行政、生产、管理等“部门”进行深入访谈，在得到了更加细化的垃圾分类情况，对其具体实施过程中部分潜在问题有了新的发现。

深访问题之一：村民普遍只受过短暂的组织培训，对垃圾分类的具体政策不清楚，但是对自己应该怎样分类很清楚。从这点来看，民众对生活垃圾的分类是接受的。在对垃圾分类具体政策不太清楚的情况下，对于自己应该怎么分类却比较清楚，显然居民对于垃圾分类形成了一种习惯。所以即便只有短暂的组织培训，但形成习惯依旧不难。

深访问题之二：我们深访到的行政人员表示，村民一开始接受程度不高，后来才逐步接受了。小组经过调查发现，原因是基层工作人员真正将国家大政方针落实到人，通过广播、歌曲等宣传手段，以及书记的亲自交流（在访问了许多群众后得出这样的方式最有效），工作人员巡查等方式，提醒村民垃圾分类。

（三）实践思考

在充分把握与理解实践背景和实践目的情况下，作为大学生的我们深入实践地点，秉持实践调研精神探寻乡村生态文明建设、美丽中国建设、垃圾分类等时代命题并进行深入研究与思辨：

总的来讲，乡村振兴和农村治理，都是建设美丽中国的重要组成部分。农村是生态文明建设的重要阵地，农村垃圾治理更是推动环境保护，乡村振兴的重要抓手。

因此，在垃圾分类层面，辛庄村垃圾分类则是乡村振兴的典范。

垃圾分类作为环保的一项重要举措，是一件利好千秋万代的事业。在社会主义新时代，其涵盖面之广，时间跨度之长，任务落实之细都是空前的。

在我国，垃圾分类具有逻辑鲜明的历史推进进程。据调研资料显示，中国最早的垃圾分类实践出现在 1996 年 12 月 15 日。北京西城区大乘巷的居民在民间组织地球村的帮助下开始垃圾分类。而超大城市开展生活垃圾分类的历程可追溯到 2000 年。北京、上海、广州、深圳等 8 个城市列为全国首批生活垃圾分类试点城市。各个城市也纷纷出台相应的政策文件予以配合。两分类垃圾桶也逐步取代了过去的单桶式垃圾桶，占领了城市街道以及各个角落。

聚焦在北京，自 2000 年起北京市每年分配 2000 万元的资金用于垃圾分类工作，并在市、区县分别安排一定比例的专项经费以保障工作的开展。2020 年 5 月 1 日起，《北京市生活垃圾管理条例》实施，垃圾分类逐步常态化。

因此，以点带面，辛庄村垃圾分类的发展研究对全市乃至全国的垃圾分类常态化研究都具有重大的实践意义。事实上，在中国数量庞大的村庄中，垃圾问题普遍存在。由垃圾问题带来的环境污染问题和居民生活安全问题非常严峻。作为较先自觉开始解决这一问题的辛庄村克服了资金、组织、宣传等一系列的困难，调动全村村民参与进垃圾分类，实现了垃圾分类和资源循环利用的目标，为中国的乡村垃圾分类的落实提供了方案，为中国乡村环境的建设增强了信心。

“垃圾分类、生态文明，乡村振兴”，辛庄村的变迁像是中国发展的一个缩影。如今，辛庄村垃圾分类模式在北京、河北、山西、河南、浙江、江西等全国各地进行推广，助力“五位一体”中的生态文明建设，促进和谐美丽的新乡村发展。

党的十九大提出“努力建设美丽中国，实现中华民族永续发展”。农村垃圾分类，生态文明建设是建设美丽中国的重要维度。在本次实践调研过程中，我们深刻认识到坚持人与自然的和谐相处，走生活富裕生态良好的文明发展道路不仅是一条当下“不得不走”的路，更是实现我国高质量可持续发展的必由之路；深刻认识到“绿水青山就是金山银山”“既要金山银山，更要绿水青山”的理念是站在历史制高点上对未来发展道路高瞻远瞩的研判。

作为当代新青年大学生，我们站在历史新起点上。

2020 年，全面建成小康社会取得伟大历史性成就，决战脱贫攻坚取得决定性胜利。在党中央的带领下，全国人民咬定青山不放松，脚踏实地加油干，努力绘就乡村振兴的壮美画卷，朝着共同富裕的目标稳步前行！

2021 年，又恰逢中国共产党建党 100 周年，也是“十四五”规划开局之年，站在百年交会的历史节点，我国将开启全面建设社会主义现代化国家新征程、向第二个百年奋斗目标进军！

于此两个一百年的交会时期，我们深刻认识到乡村振兴、生态文明的重要意义，在实践活动中更是体会到“美丽乡村”、“美丽中国”的雄伟宏大。在未来，作为当代新青年，也将结合自身所学，尽自己最大的努力，相应时代号召，通过走进乡村宣传垃圾分类，实地调研，学术研究等多种形式推动垃圾分类，生态文明乡村振兴，美丽乡村，美丽中国的建设，展露时代风貌，体现时代的关怀！

参考文献：

[1] 陆健《比利时垃圾分类成功的故事》

[2] 肖明君．垃圾分类入法倒逼“垃圾减量”自觉［N］．济南日报，2021-05-06（F02）．

[3] 孟帆，黄江松．把生活垃圾分类这件“关键小事”做成大文章[J]．城市管理与科技，2021，22（03）：16-18.

[4] 堵锡忠，李娟．生活垃圾分类“北京实践”的特点分析［J］．城市管理与科技，2021，22（03）：19-21.

[5] 北京总队．确保生活垃圾分类落实落地［N］．人民武警报，2021-04-29（004）．

教师点评

正如他们在实践思考中所言，“大至乡村振兴，小至农村治理，都是建设美丽中国的重要组成部分。农村是生态文明建设的重要阵地，农村垃圾治理更是推动环境保护，乡村振兴的重要抓手”。也只有真正解决了农村的垃圾处理问题，才能实现建设美丽的伟大梦想。他们选择北京农村探索中国农村垃圾处理模式的实践非常有意义、有价值。

他们的实践调研比较深入，数据处理精细，对问题的思考和探索有深度，报告撰写态度认真，主题突出，思想性高，的确是一次成功的实践、一篇难得的佳作。

碧水常清，初心长留

——北京市水体治理主题社会实践报告

实践团队：红队
团队成员：钟秉睿　陈俊臻　何博宇　马行宇
潘　睿　彭翔宇　乔健超　王洪亮
王　硕　羊芳园　杨　甜

一、实践方案

（一）实践背景

习近平总书记在十九大报告中指出："坚持人与自然和谐共生，必须树立和践行绿水青山就是金山银山的理念，坚持节约资源和保护环境的基本国策。"对环境的治理既是关系国家前途的宏图大计，又是直接影响民生的重大课题。水是首都的"城市之魂"，是城乡发展承载力的决定性因素，也是生态环境的控制性要素。作为生态环境的重要组成部分，各类水体的治理是环境治理工作的重点之一，对首都生态文明建设和经济社会发展发挥着关键影响。

本小组聚焦北京市环境保护工作中的水体治理工作，一方面实地考察昌平区沙河流域的治理情况，一方面搜集资料了解"永定河水系治理"这一标杆项目，通过观察和对比，形成对于北京市水体治理工作现状的微观认识，并凭借专业知识提出改进建议。

1. 北京市水体治理工作事关重大

多年以来，随着首都城市建设的快速发展，现有水系的基础设施越来越难以适应城市的发展要求。城区面积不断扩大，汛期雨洪汇流时间缩短，洪峰流量加大，现有工程很难满足滞蓄排泄雨洪的需要；沿河私搭乱建、违章建设、侵占河道、破坏景观等问题也亟待治理。弃置的垃圾和污水直接排入河道，导致城区河湖淤积日益增加；水面污物漂浮，河水黑臭，许多区域水体污染不断加剧，由此引发了一系列矛盾和问题。水污染大大降低了城市水环境的质量，对群众的生活造成不容小觑的影响。

同时，在北京市决胜全面建成小康社会、落实新时期首都城市战略定位、推进京津冀协同发展和非首都功能疏解、朝着建设国际一流和谐宜居之都战略目标迈进的关键阶段，保护水资源、防治水污染、改善水环境、修复水生态，维护河湖健康生命、实现河湖功能永续利用，不仅事关首都水安全，而且关系到首都城市安全运行和发展稳定的远大格局。

2. 北京市水体治理工作的开展现状

解决水体治理实际问题的过程中，在思想上，北京市以习近平新时代中国特色社会主义思想为指导，深入贯彻党的十九大和十九届二中、三中、四中全会精神，坚持推进治理工作。

在方法上，北京市以河长制为重要抓手，全局上下以全面落实河长制、构建水系治理长效机制为核心，持续深化治水管水体制机制改革，全面提升首都水环境建设水平，不断推进首都水治理体系和治理能力的现代化。

在执行上，北京市以改善城乡水环境质量为核心，强化各区主体责任，实现水环境治理由城镇地区向农村地区延伸，由解决集中点源污染向消减面源污染延伸，由黑臭水体治理向小微水体整治延伸，由注重工程建设向更加注重运行管理转变，以农村污水收集处理、小微水体整治、合流制溢流污染和面源污染治理为重点，进一步补短板、强监管，持续改善水环境质量，不断满足人民群众对优美水环境的需要，为建设国际一流的和谐宜居之都提供有力支撑。

3. 北京市水体治理工作取得一定成果

北京市的水体治理工作经过多年推进，已经取得了一定的成果。其中，以永定河流域为代表的治理项目成效明显。永定河是京津冀地区的重要水源涵养区和生态廊道。历史上，永定河经历了由清泉河到浑河、由水灾多发到极度缺水的转变，生态环境发生显著变化。永定河上游、中游地区的农业垦殖、森林砍伐、矿业开采、水利工程建设以及下游地区的海河漕运、筑堤固坝等，是永定河流域生态环境变化的重要驱动因素。对于永定河的治理，北京市采取多省市联动，修复与建设并举的策略。首先是完善堤防工程，有效遏制了洪涝灾害；第二是污染治理，采用湿地净化和生态补水等多种方法；三是营造生态景观，改善两岸居住环境。至 2017 年，永定河水质部分标准达到 II 类，大部分指标为 III 类，少数指标为 IV 类，新增陆地植物 67 种、水生植物 21 种，每年增加固定二氧化碳 9187t，释放氧气 6764t，滞尘 92. 5t，发挥了明显的生态效应。

本小组实地考察的水体位于昌平区，区政府在结合了沙河流域小微水体复杂多样，农村地区沿水沿河分布的特殊情况，将沙河流域的治理工作围绕沙河水库展开。

沙河水库连接着东沙河、北沙河、南沙河等昌平区东北部大部分水系，虽非水源地，却具有泄洪、灌溉功效，下游就是温榆河和大运河。根据文献记载，2000 年左右，沙河水库还是昌平定福皇庄村民的一块宝地，人们下河抓鱼捞虾，洗衣游泳。2010 年后，这里就变成了“臭水沟”，生态环境急剧恶化，水质达到劣 V 类，无法提供鱼虾等生物的基础生存环境，周边植被也受到极大的负面影响。河道中废物满布，每年都能清出超过 1 万立方米的垃圾。造成沙河水库环境恶化的直接原因是生活污水和垃圾直接排入河流，根本原因是周边居民基础生活设施建设的缺失。尽管水务局部门投入大量人力物力进行垃圾打捞和水质改良，却治标不治本，成效颇为有限。为从根本上解决问题，昌平区政府制定了《昌平区污水治理三年行动计划（2013—2015年）》方案，污染源头治理和河道治理两手抓，采取对水生植物种植、安装太阳能曝气装置、药物治理等方式对河道生态进行修复，有效改善河道水质；同时建立专业保洁队伍，对东沙河、南沙河、北沙河、温榆河、沙河水库等重点河道、水库水面环境的水面浮萍、垃圾等进行打捞，清理河道沿线垃圾，推进垃圾减量禁排。至2017年，沙河水库的生态治理取得阶段性成果，整体环境已恢复到2000年左右的水平，水质达到II类标准。水质的改善也大大增加了生物多样性，大量鸟类被吸引而来，“鹰击长空，鱼翔浅底”，沙河水库成为摄影爱好者和市民郊游的好去处。在治理河道的基础上，昌平区进一步推进建设生态公园，一方面强化生态文明建设，另一方面也发挥其经济效益，反哺生态治理。

随着城市化的推进，农村地区的水体治理意义愈发重要，要巩固城市水体治理工作成效，必须坚决将水体治理推向农村。由于农村地区的经济发展水平相对较低，主要的污染问题是污水排放，包括借河水清洗衣物时的清洁剂污染，日常生活废水的倾倒，以及畜禽养殖污染的处理问题。近年来，北京市人民政府加快农村地区生活污水的治理，到2020年底，污水处理设施完全覆盖了城乡接合部地区、重要水源地村庄和市级民俗旅游村庄。对已实现末端截污的村庄，各区逐步开展村内污水管网完善工程；对100户以下或居住分散的村庄，因地制宜、分类施策，采用户厕改造、小型一体化设施等处理模式，同时控制养殖污染和面源污染，推进畜禽养殖污染防治，持续提高粪污综合利用率达到90%以上；各区积极推进化肥农药减量增效，深入推进测土配方施肥和农作物病虫害统防统治与全程绿色防控，推动化肥农药使用量实现负增长。

而对于在治理工作中容易被忽视的小微水体，在北京市政府的引领下，昌平区积极治理市河长办台账涉及昌平区小微水体154条段，其中2019年度治理任务为59条段，目前已治理完成；2020年度任务为55条段；2021年度治理任务为40条段，治理工作正在积极推进中。

（二）实践目的和意义

自2019年，北京市第1号总河长令正式签发以来，北京就开展了以小微水体整治为重点工作的2019年度“清河行动”。在巩固“清河行动”成果和持续开展“清四乱”行动的基础上，向农村小微水体（农村地区沟道、坑塘、马路边沟、公园池塘等）整治进军，实现“无垃圾渣土、无集中漂浮物、无污水排入、无臭味、无违法建设”的五无目标。而昌平区政府也实施“治水治岸”两步走，全面整治区内小微水体。而目前在梳理的183条小微水体中，除去无问题小微水体29条段，已整治的120条段，而剩下34条段将预计在2021年年底完成。

本次实践目的是探究自总河长令正式签发以来，昌平区小微水体治理工作的成效和小微水体现状。小组选择的小微水体位于昌平新城滨河森林公园（南北沙河段），该公园位于地铁昌平线巩华城站旁，是周边居民的主要的聚集场所和游乐场所。同时作为生态公园，鸟类、鱼类等栖息于此，园内水体状况直接影响着公园的生态功能。该公园的水体治理情况可以作为微观窗口，在一定程度上反映小微水体治理整体情况。同时，昌平新城滨河森林公园（南北沙河段）与沙河水库相邻，小组兼程考察沙河水库及南北沙河流域的水体治理情况，通过文献描述与现实情况的对比、沙河与园内水体状况的对比，总结出水体治理工作的真实收效及其在不同水体间的效果差异。

本次实践将文献研究与现实考察相结合，立足治理工作的实际效果和对象差异，以财经学子的视角从身边发掘问题、总结经验、提出建议。实践的主要意义在于结合水体治理工作的理论和现实，利用专业知识提出、思考、解决问题，为北京市小微水体治理工作和生态文明建设工作提供建议。实践活动能够增强作为新时代大学生的小组成员对现实的关切，提高生态文明建设的参与意识和自身素养，同时为治理工作提供基于微观视角的建议。

（三）实施方案

1. 前期调研

5月中上旬：小组讨论确定实践主题，通过查找翻阅相关资料开展调研工作，初步了解北京市城市小微水体治理工作，同时进一步确定实践目标和实践方法，做好实践前期路线规划、安全措施等准备工作。

2. 实地考察

5月23日前往“昌平新城滨河森林公园”（南北沙河段）开展实地考察活动，以观察沙河流域水域治理情况和公园内小微水体治理情况为主要目标，确定完善对北京市城市小微水体治理情况的认识。

3. 实践总结

5月28日—6月2日：整理实地取样、照片等相关资料，具体分析讨论北京市城市小微水体治理工作成效，完善实践成果，得出实践结论。明确人员分工，汇总小组成员实践感悟，完成实践总结和实践报告。

二、实践过程

（一）文献研究

小组成员依照实施方案安排，搜集了有关永定河流域、沙河水库、“昌平新城滨河森林公园”（南北沙河段）水体治理的政府文件、学术文章、网络评论等文献资料，利用文献研究方法总结出文献描述的水体治理状况，并深化对实践背景条件的理解和把握。文献研究工作在实地考察出发前全部完成，为实地考察和报告撰写做了充分的理论准备。

（二）实地考察历程概述

实地实践前，小组通过实践准备和资料搜集，结合当前的疫情防控形势，商议决定于 5 月 23 日前往昌平新城森林公园的南北沙河段水系开展本次实践活动。

5 月 23 号早上 8 点整，小组除因事无法外出的三位同学外，一行一共 7 人前往昌平新城滨河森林公园实践，公园位于沙河水库附近。此行的主要目标是观测沙河水库附近水体的水质、直观了解治理情况。

图 1　昌平新城滨河森林公园（南门）地理位置（图片来源：必应地图）

小组成员搭乘地铁昌平线到达巩华城站，出站后，就近从公园西门进入。小组成员在距西门数十米的一段河流附近，发现存在垃圾填埋处理不当的现象，其中类似塑料制品、工程建筑用品等难以降解的垃圾裸露在地表，对于周围的水域的美观度以及水体质量产生了不良影响。

图 2、3　公园草坪上的生活垃圾

在公园深处，小组发现，一段濒临干涸的河床区域存在大面积的淤泥，其中有大量腐化的藻类植物。此处区域虽然属于支流，但若在雨季降水量达到一定程度的时候，极易造成雨水冲刷淤泥进入水域，从而造成水体污染的问题。

图 4　河床中的淤泥与藻类

在行进过程中，小组发现了一处类似湖中岛的区域，土丘表面沟壑纵横，存在一定的安全隐患。虽然公园门口清晰地设有禁止随意丢弃垃圾的游客提醒，但在湖边仍然有人为丢弃的垃圾，并且位置不易清理，可能对公园环境清洁人员的工作造成一定的困难。

图 5　水池附近的生活垃圾

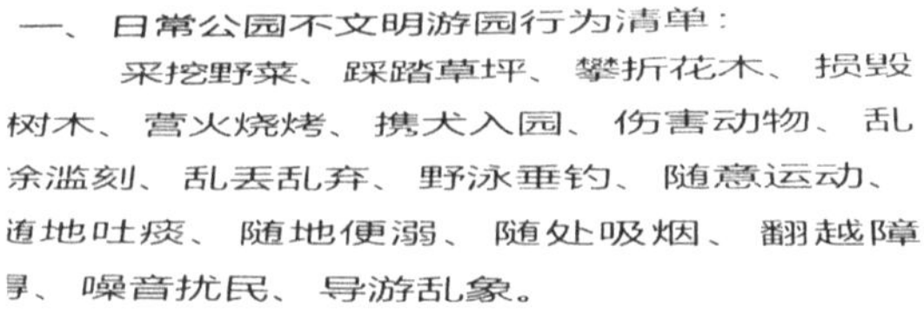

一、日常公园不文明游园行为清单：

采挖野菜、踩踏草坪、攀折花木、损毁树木、营火烧烤、携犬入园、伤害动物、乱余滥刻、乱丢乱弃、野泳垂钓、随意运动、道地吐痰、随地便溺、随处吸烟、翻越障碍、噪音扰民、导游乱象。

图 6　公园中的不文明清单标识

随后，在途经一处木质的桥梁时，小组成员发现面板处存在断裂，而且还有铆钉等尖锐物的凸起，存在安全隐患。依据断面处的痕迹可知断裂时间已久，但公园管理处仍未派遣人员维修。

图 7　断裂的木板

除上述发现外，小组成员还记录了公园内标牌不当现象，比如指示牌残缺，禁止轮滑的标识明显被擦除或损坏，但并未及时更换。这样的残缺，不仅让公园美观度下降，更有损警示作用，容易带来安全隐患。

图 8　损坏的指示牌

虽然园内环境有诸多欠佳之处，但小组也注意到一些值得称道的成果。为了更好地维持生态环境，公园人工栽种了许多杨树，起到了保持水土，控制水土流失，防风固沙，增加土壤蓄水能力的效用，为沙河水域治理夯实基础。

图 9　昌平新城滨河森林公园人工植树造林

在实践过程中，小组观察到公园中来往游客人数可观，园中多为亲子出游，老少偕行。这也表明昌平新城滨河森林公园（南北沙河段）环境优美，空气清新，得到周边居民的认可，也说明公园水域治理取得了一定的成效，为市民的户外生活提供优美环境。

图 10、11　公园中的游人

公园中的水域还是许多鸟类的栖息地。实践中，我们注意到在一片水潭旁围着许多携带专业摄影设备的人。经过询问，我们发现他们中有业余爱好者，也有专业人员，但他们都有一个共同的目的，那就是静候于此，等待捕捉鸟类栖息的踪影的时刻。

有鸟类栖息于此，表明湿地生态环境良好，有较丰富的食物来源，也意味着湿地生态平衡，公园水域的治理取得了一定的成效。

除水域治理外，公园亦十分关注人文方面的建设。

为了提醒游人注意安全，公园中树立了许多正规的安全标语。在河道旁，立着提醒游人“禁止垂钓、禁止游泳、禁止上冰”的标语牌；在树林边，分布着“禁止烟火”、“禁止采挖果实野菜”的立牌。

图 12、13 围聚在水潭旁拍摄鸟类的摄影师

图 14、15 公园中的安全标语

此外，公园的步行道旁常常设有一些写有亲切而温馨文字的立牌，这是政府推进“健步走”活动时设立的，在中途鼓励游人继续向前走，等到终点还会有夸赞走完全程的人的类似标语。

图 16　步行道旁鼓励游人运动的立牌

在公园南门（正门）附近，有小微水体公示牌，显示镇街级河长是沙河镇党委书记周金星和沙河镇镇长柳强，村级河长是白秋辉，并写有相关联系方式。经小组成员核实，公示牌信息属实且基本为最新信息。公示牌所示管护单位是园林绿化局，注明责任人茅江，联系电话缺失。

图 17　小微水体公式牌

从南门离开公园，小组成员抵达沙河沿岸，开展沙河河水水质调查，发现南北段沙河水质良好，河边有许多垂钓者，河面上空有白鹭飞翔。

图 18　南北段沙河

最后，小组在公园南门合影，结束实地考察。

图 19　小组合影

（二）过程总结

总体而言，公园小微水体治理存在许多问题：各类垃圾在水里漂浮，小组成员甚至在水中发现被丢弃的鞋子和塑料罐；生物多样性不足，在调查过程中，长达两个小时的徒步行走，却只发现寥寥无几的不同鸟类，绝对数量的不足也导致了种类的匮乏。生态系统是一个庞大而复杂的概念，其中的基础就是水体，而优质的环境也会对水体进行反哺，使其维持良好的状态，进而实现良性循环。因此必须要同时抓住各个环节，把握痛点，解决根本，整治水体，重视小微水体治理，才能让生态系统持续健康发展。

公园内沿途的树木覆盖率极高，而且针对不同种类和不同树龄的树木，公园管理人员对症下药，更好地实现了对树木的保护，从而实现了对公园湿地的有效治理。除此之外，公园内部空气湿润清新，说明公园在一定程度上实现了人流控制和对垃圾有效降解，提高了湿地环境的健康稳定和可持续能力。

本次实践也略有遗憾。到达森林公园后，小组成员积极探索取证，针对公园内部的植被生长和水体洁净情况拍摄了一定数量的照片，但受限于所携设备，小组未能捕捉到该公园内部动态生命体的详细情况，如飞禽、昆虫、两栖动物等。

三、实践感悟与思考

（一）小组成员感悟

实践结束后，小组成员立即总结实地考察和文献研究的历程和发现，形成了各自的感悟，经总结可归纳为如下要点：

1. 北京生态文明建设工作总体成效明显

自 2018 年全面推行河长制以来，主要水域得到了很明显的改观，这一点从实地考察中南北沙河较为良好的水质和河道环境得到了验证。来自北京的组员潘睿同学评价道：“多年生活在北京，也看到了家边上的河流从混浊甚至‘臭水沟’到清澈的变化，看着一个个生态公园落地建成，空气越来越好，而这一次实践则是通过网络搜集资料、阅读文献和实地调研的方式了解这一变化背后所付出的努力和治理智慧。建设生态文明，乃是人与自然和谐相处，可持续发展的根基，需要把政策落在实处，也需要大智慧，党和政府在这一方面，近些年来进步神速，达到了很高的管理水平。”

2. 小微水体的治理工作有待提升

从本次实践考察的昌平新城滨河森林公园来看，作为公园主要组成部分的湖泊状况不容乐观。组员乔健超描述道：“公园中的几个较大的湖泊蓄水都很少，像要干涸，而且似乎是‘死水’，不见水体循环流动。更有几个小水泊，完全被藻类覆盖，富营养化严重。”公园小微水体公示牌上标注的治理目标是：无垃圾渣土、无集中漂浮物、无污水排入、无臭味、无违法建设。而从实际情况看，水面垃圾和漂浮物的治理仍有较大的提升空间。同时，治理目标并未对水质做出成分上的要求，从公园的生态功能看，治理目标难以保障公园的生态环境。而与公园一墙之隔的沙河，水质情况与园内水体形成鲜明对比。乔健超同学感慨道：“走出公园，可见沙河川流不息，有白鹭高飞，也有人垂钓，我始终相信我们有能力让环境更加优美，但奔涌不息的大河旁，是否还有沉默的水泊，让游人失落?”

3. 实践增强了小组成员对现实的关切

经历了本次社会实践活动，小组成员均表示受益匪浅。王洪亮同学感叹道：“本次生态调研的时间虽不长，但让我切实地深入了解到身边公园的生态状况。在经过实地的观察和切身的感受后，我深刻体会到了生态环境治理的艰难。我们在日常生活中就要做到爱护环境，积极维护生态健康平衡，从而实现人与自然的和谐相处。”马行宇同学总结说：“社会实践为大学生提供了了解社会、了解民生，了解国情、锻炼毅力、培养社会责任感的广阔舞台，使我在参与社会实践活动中产生和深化对应承担责任的认识。走出校园，深入社会，到基层去，到群众中去，实现从理论到实践的关键性转变，在这一过程中，我加深了对社会现象、社会职责的了解，能够更好地把握社会发展的主流和本质，牢固树立起国家主人翁的责任感，在实践中受教育，增强责任感。”何博宇同学评论道：“我深刻认识到沙河水系治理的刻不容缓，任重而道远，也理解了水系治理工作的不容易，我们需要更加积极地响应习总书记‘绿水青山就是金山银山’的号召。”羊芳园同学感慨道：“在我们观察不到的地方，不论好坏，仍有另一种生活在继续，仍有不同的问题在发生。作为新时代青年，当于家为国，为解决这些不同的问题而努力，为远方的另一种生活而奋斗，毕竟，‘无尽的远方，无数的人们，都与我有关’。”

（二）实践结论与思考

1. 实践结论

本次实践以北京市水体治理工作为研究对象，以文献研究法和实地考察法为主要方法，分别选取永定河流域、沙河水库、昌平新城滨河森林公园（南北沙河段）的水体治理工作进行研究。针对永定河流域，小组通过对相关文献的梳理、分析和总结得出结论：作为北京市水体（域）治理的重点，永定河流域的治理工作规模大、期间长、资源集中，治理成效明显，群众满意度高，对全市的治理项目具有示范意义。针对沙河水库治理工作，小组通过文献梳理和实地考察得出结论：作为昌平区的主要水系，沙河的治理工作是全区水体治理的重点，对沙河水库及与之连通的南北沙河的治理取得了较优的成效，水体及附近生态环境得到恢复和保护，使附近居民享受到了生态红利。针对昌平新城滨河森林公园的小微水体治理工作，小组以实地考察为主要方式，得出结论：公园内的小微水体治理成果欠佳，水体质量堪忧，水环境生物多样性差，且治理工作的目标过低，难以保障周边近水区域的生态环境，公园的生态涵养功能没有得到实现。

2. 关于水体治理工作的现实思考和政策建议

永定河的生态治理实践告诉我们，水体的治理和恢复在技术上是高度可行的，其效果因实际执行条件的不同而相异。在政府主导、社会参与的水体治理模式下，借鉴经济学的定义和原理，水体治理的结果可以看作供给和需求的均衡。其中，因水体得到治理而受益的居民是均衡的需求方，政府是治理服务的供给方。在一个最简化的假设下，居民的需求曲线不变，则最终水体治理的均衡（供给曲线和需求曲线的交点）由政府的供给曲线变化决定，而政府提供水体治理服务的能力和意愿决定了供给曲线的变化。政府的意愿越高、能力越强，最终均衡时，居民获得的水体治理效果就越好。在现实中，与公园仅一墙之隔的沙河水库的水质较好，而公园内水体水质糟糕，这是由于承担治理责任的主体具有不同的意愿和能力。现实启示我们，就居民生活而言，小微水体尽管面积小，其影响却不可小视。政府应当提高对小微水体治理的重视程度，不仅仅治理易出政绩的大项目，还应脚踏实地地考虑人民的日常需求，加强对与生活息息相关的小微水体的治理工作。即使在财力物力有限的情况下，也应当通过征求民意等形式选出重点治理的小微水体，提升其治理层次，保证治理效果。同时，治理目标的确定和治理工作的考评应当更加民主化，接受群众的意见和监督，确保政策真正为人民服务。

参考文献：

[1] 张连伟．永定河变迁的历史回顾与反思［J］．华北水利水电大学学报（社会科学版），2021，37（01）：42-47+114.

[2] 韩中华，刘阳．将永定河打造成幸福河的实践与思考［J］．北京水务，2021（02）：7-12.

[3] 北京市昌平区人民政府，“昌平区大力推进水环境治理推动宜居环境建设”，http：//www. bjchp. gov. cn/cpqzf/xxgk2671/cpdt/1022455/4939520/index. html

[4] 中国水网，“北京沙河水库遭污水垃圾围困水质恶化成 4 类”，https://www. h2o-china. com/news/117237. html

[5] 北京市水务局，“以全面推进‘河长制’为抓手奋力开创首都水生态文明建设新局面——写在世界水日和中国水周之际”，http：//swj. beijing. gov. cn/zwgk/zcjd/201912/t20191223_ 1415304. html

[6] 北京市人民政府，“北京市人民政府关于印发《北京市进一步加快推进城乡水环境治理工作三年行动方案（2019 年 7 月—2022 年 6 月）》的通知”，http://www. beijing. gov. cn/zhengce/zhengcefagui/201911/t20191129_ 726752. html

教师点评

“建设美丽中国”是“五位一体”总体布局的重要内容，也是学生感兴趣的一个专题。党的十八大以来，以习近平同志为核心的党中央把生态文明建设摆在全局工作的突出位置，生态文明建设的决心之大、力度之大、成效之大前所未有。学生通过课堂学习，已经掌握了习近平生态文明思想的核心内容，认识到节约资源和保护环境对于我国长远发展的重要性。通过社会实践，学生能够把课堂所学用以分析美丽中国建设的实际问题。本组学生选取“水体治理”为实践主题，对昌平区沙河流域的治理情况和永定河水系治理项目进行了对比考察，选题新颖，思考深入，抓住了当前美丽中国建设的重点问题。学生也通过此次实践夯实了理论，锻炼了能力，拓宽了视野。

首都北京新能源汽车使用状况调查

团队：新能源汽车调查小分队
成员：牛程程　翟星宇　宋润荷　徐博雅　付昕宸　吴诗琪　黎梦雯　米　洋　滕梦源　袁鸿晟　赵霆钧（以上成员排名不分先后）

一、实践方案

（一）实践背景

二十世纪90年代以来，随着中国经济的腾飞，国人的出行工具由自行车、摩托车越来越向汽车转变。2001年底中国加入世贸组织后，中国汽车产业迎来了新的高速发展时期。2009年，中国汽车产销为1379.1万辆、1364.48万辆，成为世界第一汽车产销大国。

然而，在能源和环保双重压力下，传统的燃油汽车所面临的困境明显。过高的油价、受垄断的石油资源、严重的环境污染，都成为限制燃油汽车发展、助力新能源汽车推广的重要因素。随着产品技术的成熟度提高、基础配套设施的跟进，近年来新能源汽车得到了长足的发展。2015年上半年中国新能源汽车总销量达72711辆，成为全球最大的新能源汽车市场（侯福深，2015）。我们的目标是，“到2020年，基本建成适度超前、车桩相随、智能高效的充电基础设施体系，满足超过500万辆电动汽车的充电需求”（国务院，2015）。

北京作为首都，推广新能源汽车，减轻资源和环境压力的重要性不言自明。助推新能源汽车发展已经成为北京产业政策之一，北京也成为新能源汽车推广的试点城市。基于如上背景，本小组选取“首都北京新能源汽车使用状况调查”作为社会实践活动的主题。

（二）目的和意义

自2017年9月国家首次释放禁售燃油车的信号以来，关于新能源汽车的讨论层出不穷。尽管各种信号都指向未来中国将会实现出行工具的环保化，但中国始终没有明确的传统燃油车退出时间表（陈婉，2019）。

因此，本次实践将立足首都北京展开新能源汽车使用情况的调查，以尽可能掌握北京市当前的新能源汽车数量、新能源汽车与传统燃油车的比例、新能源汽车充电桩的投放情况等具体化指标，并据此反映和推测北京新能源汽车的总体使用情况，以对新能源汽车企业的生产以及国家的相关政策制定与传统燃油汽车退出时间表的确定上起到一定的参考作用。另一方面，调研的结果，如充电桩数量与现有的新能源汽车的比例情况将会对新能源汽车企业起到指导作用，供其作为未来数年生产汽车数量与投放充电桩数量的参考，以促进资源的更优配置，具有社会经济意义。此外，调研结果中所提供的新能源汽车现存量与往年对比可反映出北京市新能源汽车数量的增速和幅度，相关机构在此基础上可结合补贴政策力度进行分析从而反应北京市民对于新能源汽车的偏好程度，为政府指定相关的补贴政策和新能源汽车牌照发放数量政策提供一定参考。

（三）具体实施方案

1. 调查对象和调查单位

本次实践以首都北京的代表性商场、机场、学校为调查对象，具体调查单位包括西单大悦城、大兴机场、中央财经大学沙河校区、北京航空航天大学沙河校区、北京交通大学南路校区以及清华大学。

2. 调查内容

本文以所选代表性场所新能源汽车使用情况为内容展开典型调

查，基于调查的可行性及数据的可获得性，我们以被调查地区新能源充电桩的使用情况作为代理变量，基于市场环境、市场需求以及市场供给三个主要方面，进行相关资料的查询和实地考察。

（1）市场环境

为更好探寻新能源发展的背景，小组成员在调研前期根据主体查询了国家在新能源使用方面推出的相关方针、政策。

（2）市场需求

我们首先制定了相关问卷。考虑到大学生将是未来新能源汽车的主要使用者，对以大学生为主的群体进行调查能够在一定程度上反映与预测未来新能源汽车的前景趋势，因此，本次实践以其为主要对象进行问卷投放，从而获得该群体对新能源使用的需求和看法等数据。

（3）市场供给

在市场供给情况调查方面，我们主要通过新能源汽车充电桩的数量、品牌以及适用对象三个方面展开实地调查，并通过搜集相关资料对调研内容进行补充。

3. 调查方式与方法

（1）调查方式

在选择调查方式时综合考虑了以下因素。首先，由于时间、人力等方面的限制，在调查时所涵盖的调查单位不能过多，且所选调查单位需具备代表性，以满足调查效率的要求。其次，调查应当适用于研究新生事物或倾向性的社会问题，及时发现新情况，探究发展趋势，形成科学预见。此外，调查方式所对应的调查方法必须具备灵活性，以弥补采用该种调查方式进行调查时的不足之处。

基于上述分析，小组成员决定以适用性较强的典型调查为调查方式。典型调查是指根据调查研究目的，在若干同类调查对象中选取代表性对象进行调查，从而认识这一类对象的本质特征、发展规律，其所对应的调查方法多种多样，能够较好满足调查要求灵活性

（吴喜之，2009）。

（2）调查方法

为满足调查要求，本次实践采用多种调查方法。

①问卷调查法：调查者向被调查者发放调查问卷，回收后对数据分析利用，简单易操作，可大范围调查。

②访谈调查法：调查者对被调查者进行访谈，能够更加深入了解问题。我们采访了管理新能源汽车充电桩的人员，得到了关于新能源汽车的资料。

③实地观察法：调查者在实地通过观察获得直接的第一手资料。我们走访了西单大悦城和多所高校，拍摄了照片，并对充电桩进行了计数。

④文献调查法：调查者通过对文献资料的梳理，获取被调查总体的信息。我们阅读了大量新能源汽车的文献，对调查课题形成理论了解。

4. 调查时间

本次调查具体时间安排如图 1 所示：

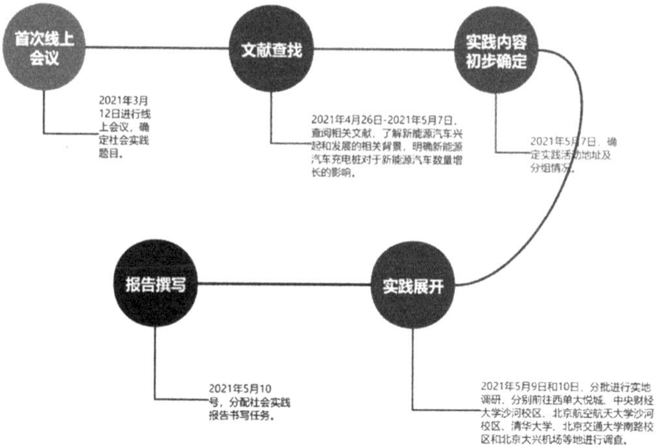

图 1 调查安排时间线

5. 组织实施计划

(1) 调查人员的组织

通过小组会议确定实践主题和小组分工，将任务细化分配至每一位组员。同时保证：

①在活动过程中，小组成员严格遵守上述的程序安排，按时完成每一个阶段性目标，定时总结。

②每次活动携带笔记本做好记录，可录音或摄像。保证人人参与。

(2) 调查人员的培训

小组成员在统计学课程中学习调查方式方法，同时部分小组成员参加过市场调研大赛，这些知识能够确保调研结果的准确性。

(3) 调查问卷

小组成员根据调查的内容制作了问卷，并发布在社交平台。收集具有价值的第一手资料，同时通过笔记、绘图等，使调查成果得以巩固深化。并就现有资料进行分析，去伪存真，总结出有用信息。

二、实践过程

本次调研的实践过程分为以会议安排为主的实践准备、实践具体过程和实践结果，具体如图2所示。

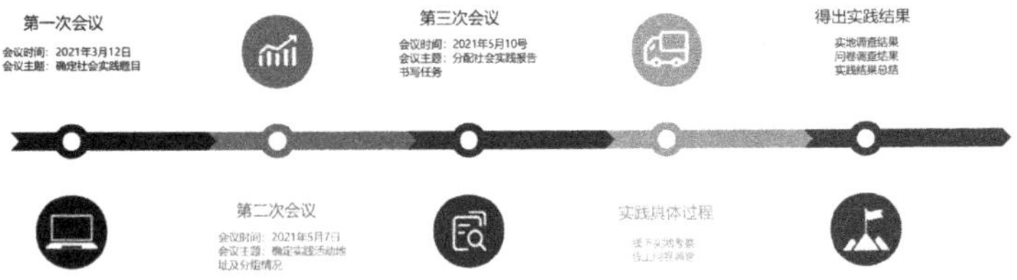

图2 实践过程

（一）实践准备

1. 会议安排

（1）第一次会议

会议时间：2021 年 3 月 12 日

会议主题：确定社会实践题目

会议记录：同学们针对本次实践题目发表了各自的想法，结合本次社会实践的主题我们确定题目为“首都新能源汽车使用情况调查”。

（2）第二次会议

会议时间：2021 年 5 月 7 日

会议主题：确定实践活动地址及分组情况

会议记录：本组成员决定以新能源充电桩的数量代表新能源汽车使用情况，包括商业区、学校、机场等公共区域。同时将小组成员分为两组，分别调查不同区域新能源汽车充电桩的情况，在会议结束后一周内完成实践活动，以照片或视频记录并分享实践结果，最后进行汇总讨论。

（3）第三次会议

会议时间：2021 年 5 月 10 号

会议主题：分配社会实践报告书写任务

会议记录：本组按社会实践报告主要部分，将小组成员分为三组分别负责三个部分，并于 2021 年 5 月 20 日前完成和汇总。

（二）具体实践过程

经过前两次会议的分组对实践人员、地点和具体方案的确定，各小组各自开展相对应的实践活动调研。

1. 线下实地考察

2021 年 5 月 8 日上午 10 时，实地考察的小组开展了实践前的讨论会议，进一步探讨并深化了实践目的，并确定了具体的实践方案。

2021 年 5 月 9 日上午 9 时，小组前往西单商业区并分组行动。

付昕宸搜索发现西单大悦城的地下停车场已经开设了开迈斯超级充电站，私家车主可以通过CAMS PLUS APP准确获悉场站内充电车位情况，只要用户在APP中绑定品牌车型，便可实现插枪后在APP中启动充电。同时宝马也在该地下停车场设立了专门服务其品牌新能源汽车车主的充电站。徐博雅、牛程程顺利找到这两座充电站，并在得到工作人员允许后进行观察和记录。宋润荷、吴诗琪、黎梦雯依次在现场采访了地下停车场的保安和相关工作人员，并通过电话采访了相关管理人员。依照保密的要求小组同学没有录音，但进行了信息记录，在采访中得知最近几年来新能源汽车逐渐流行，2020年新注册的新能源汽车超100万，地下停车场为了满足顾客的需要建造了专门的充电桩，我们还得知北京市各大停车场几乎都正在或准备建设充电站，这引发了我们的进一步调研。经过进一步的搜查和询问，以昌平区为例，到去年7月份便已有4处公共充电桩，单位所属的和私立的更是数不胜数，如中央财经大学的私家电动汽车充电桩以及北京航空航天大学校车的电动充电站。

同学们于当天晚上进行实践所获信息讨论与汇总，付昕宸同学进行整理。

2. 线上问卷调查

2021年5月8日下午2时，线上调查的小组在线上讨论并设计问卷问题，建立了《大学生对新能源汽车的了解情况》问卷并发布。问卷共8个问题，均为选择题（前5题为单选，后3题为多选）。问卷结果将在下一部分，即“实验结果”中详细展示。

同时五位同学调研得到北京航空航天大学沙河校区、清华大学、北京交通大学南路校区等校园的充电桩设立情况，路过北京市大兴国际机场的翟星宇同学还得到了机场充电桩的使用情况。

（三）实践结果

1. 实地调查结果

经过了一天的走访后，同学们发现西单大悦城的地下停车场有

6个宝马专属新能源充电桩，停车场B区有6座CAMS超级充电桩。中央财经大学沙河校区地下停车场有2个新能源汽车充电桩，地上停车场有2个。北京航空航天大学沙河校区仅有为校车充电的充电桩，清华大学、北京交通大学南路校区没有。路过北京大兴机场的同学观察到，机场内的充电桩仅为摆渡车使用。

图3 西单大悦城地下停车场，小组成员们在调研新能源充电桩的个数

图4 西单大悦城地下停车场的CAMS充电站

图 5　中央财经大学沙河校区地上停车场的充电桩

图 6　北京航空航天大学沙河校区的充电桩

图 7　北京大兴机场专为摆渡车使用的充电桩

2. 问卷调查结果

截止到 2021 年 5 月 17 日 24：00，共收到问卷 108 份，有效问卷 103 份。且有效问卷中均为大学生作答。

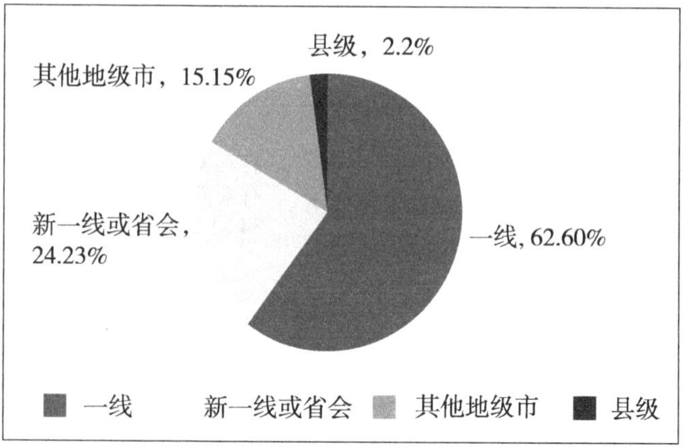

图 8　问题“您的现居住地为”饼图

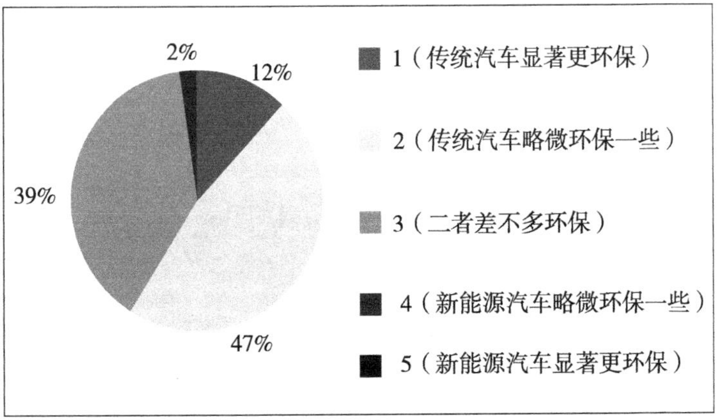

图 9 问题“您是否认为新能源汽车（如电动汽车）相对于传统汽车更加环保?”饼图

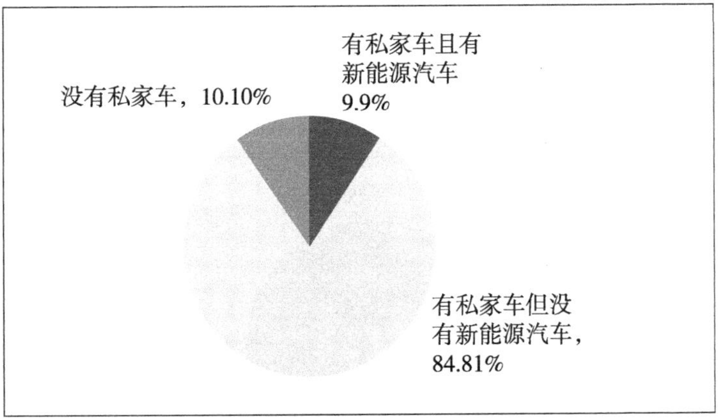

图 10 问题“您的家庭是否有私家车，是否为新能源汽车?”饼图

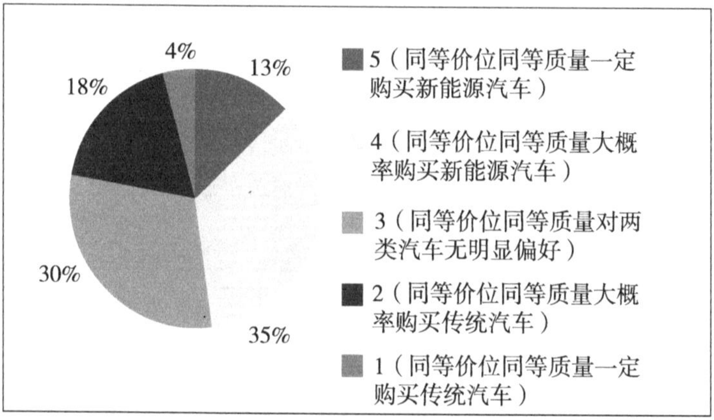

图 11　问题“您的家庭对新能源汽车的偏好程度是多少?”饼图

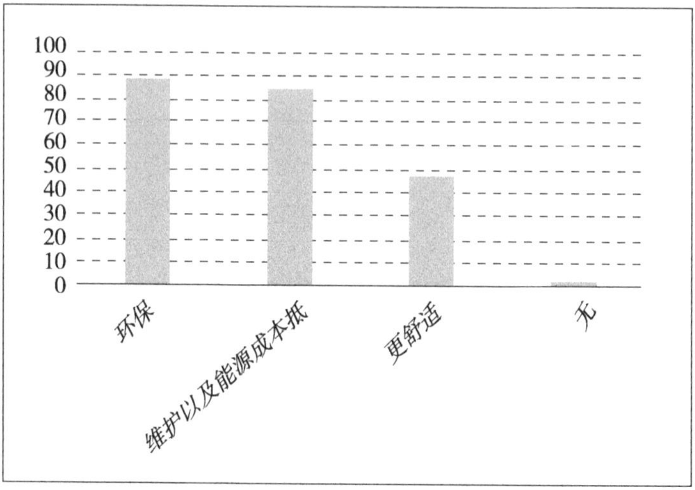

图 12　问题“您认为新能源汽车相对于传统汽车的优势有哪些?（多选）”柱状图

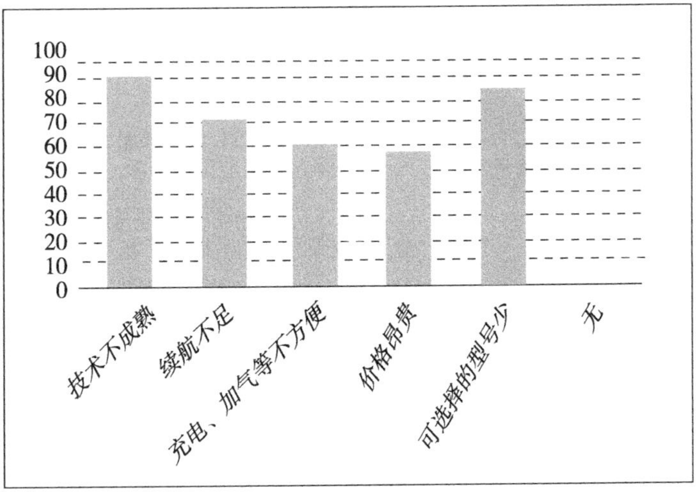

图 13 问题“您认为新能源汽车相对于传统汽车的劣势有哪些？（多选）”柱状图

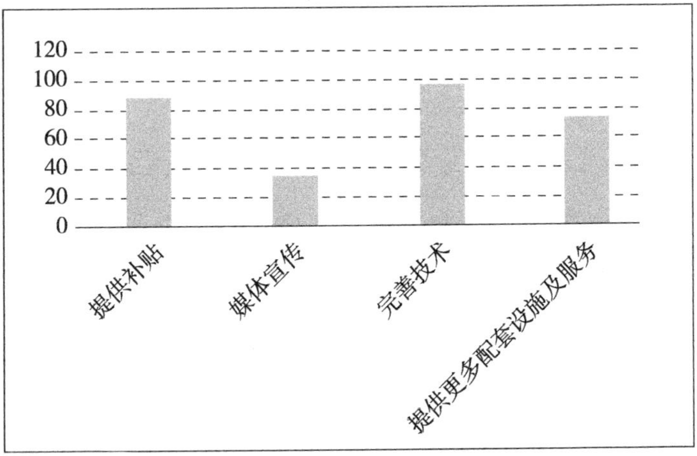

图 14 问题“您认为当今国家需要采取哪些措施来进一步促进新能源汽车的普及？（多选）”柱状图

根据结果显示，86%以上的调查者居住于一线或新一线及省会城市。80%以上的调查者认为新能源汽车普遍比传统汽车环保。81%的调查者家中有私家车，而家中有新能源汽车与家中没有私家车的人数几乎相等，占10%左右，这说明新能源汽车在大学生家中并不是很普遍。同等价位同等质量的情况下，大学生消费者普遍愿意购买新能源汽车（35%），有30%的调查者对这两类汽车无明显偏好。三分之一以上的调查者认为新能源汽车较传统汽车而言更加环保，需要维护及能源的成本低。五分之一左右的调查者认为新能源汽车较传统汽车而言可选择的型号少，技术不成熟，续航昂贵，15%左右的调查者认为新能源汽车价格昂贵，充电、加气不方便。对于“当今国家需要采取哪些措施来进一步促进新能源汽车的普及”这一问题，三分之一左右的大学生认为国家应该完善技术、提供补贴、提供更多配套设施及服务来促进新能源汽车的普及。

3. 实践结果总结

（1）查询相关资料和实地考察得知，北京每一处大型停车场几乎都有分布新能源汽车充电桩，但在学校内部数量较少，甚至有一些大学内并没有充电桩。

（2）现在市场上大多数的充电桩依然是由国家电网建设的，小部分由充电运营商建设。为了完成建设任务和后期运营，国家电网会与部分运营商合作建设充电桩以满足需求，这两家建设的充电桩占到了市场上充电桩数量的90%。还有一部分是厂家自建，数量非常少，多以家庭用充电桩为主，基本都与消费者签有协议。现在市场上主流充电桩品牌是e充电、中国普天、特来电、星星充电等，它们在充电插头的规格、充电功率和充电的时间快慢上有差异，但并不是所有品牌的充电桩都可以满足消费者的充电需求。

（3）为了适应新能源汽车的充电需求，我国积极推进充电设施基础规划建设，推动充电服务平台整合发展，切实保障新能源汽车的充电需求。

三、实践感悟与思考

（一）实践过程的经验不足以及改进

本次实践顺利进行，团队实践对过程中的经验及不足总结如下：

1. 前期计划的经验不足及改进措施

在前期计划分工时，难以做到实践时间的统一，无法找到统一的空闲时间，这在一定程度上阻碍了前期工作的推进。

改进措施：小组采用了线上与线下相结合的实践方式。召开线上会议使得进度的汇报、各个阶段目标的确立以及消息的通知变得更为方便，使得每个组员都能有条件参加会议。线下以组为单位进行活动，将空闲时间比较接近，研究兴趣相同的组员分为一组，每个小组独立完成分配的任务，大大提高了实践的效率。

2. 实践过程中的不足及改进措施

在实践过程中，组员们走访了的大部分地点相对陌生，往往会花费大量时间寻找充电桩，使得调查时间大大延长。在采访中，许多人也表示对新能源汽车并不了解，这使得最初的实践效率很低，收获很少。

改进措施：通过经验的积累，组内总结了一些充电桩高频出现地点，如地下停车场，校内临时停车场。在随后几次的走访中，组员直接前往充电桩出现的高频地点，这大大节省了搜寻目标所花费的时间成本。采访对象也变得更有针对性，如正在充电的新能源汽车车主和大学老师，这使得采访质量有所提升。

3. 后期整理总结的不足及改进措施

后期整理主要面对的问题是资料过多，难以归类。

改进措施：分组进行整理，每个组负责不同板块的内容整理，保质保量。

（二）发展新能源汽车的必要性

以石油为燃料的传统汽车工业，在改善人们生活的同时，也增加了国民经济对化石能源的依赖，加深了能源生产、消费以及环境之间的矛盾，发展新能源汽车将是解决的关键。

1. 发展新能源汽车是解决石油能源危机的重要举措

石油安全是我国能源安全的核心，关系国家根本利益和国民经济安全。自1993年开始我国成为石油净进口国，且进口量逐年递增，对外依存度由1995年的6.6%上升为目前的60%。较高的对外依存度以及变幻莫测的国际形势，大大增加了我国石油进口的风险，从而影响我国的能源安全和国家安全。此外，据美国能源基金会提供的数字显示，中国机动车目前每年消耗了全国石油总量的85%。因此，优化我国交通运输业的能源结构，降低交通运输业对石油的依赖度，成为当前急需解决的问题。通过使用新能源代替不可再生的石油资源，能够降低石油在我国能源消费结构中的比重，减缓我国对石油需求量的急剧增长，减少对进口石油的依赖，促进我国的能源安全。

2. 发展新能源汽车是降低环境污染的有效途径

新能源汽车所使用的锂电池是国际公认的环保电池。与传统汽车相比，电动车在行驶中接近零污染，具有极好的环保性能。特别是近年来，世界各国高度关注温室气体排放和气候变化问题，我国虽然是发展中国家，人均温室气体排放量水平较低，但由于我国人口众多，多年来国民经济持续快速发展，能源消费量已居世界第二位，未来所面临的国际社会的压力将逐步增大。我国如能在新能源汽车领域率先实现突破，将会改变我国在气候变化上的被动地位，并为全球解决日益严重的能源环境问题做出贡献。

3. 占领汽车产业制高点实现跨越式发展

加快新能源汽车的发展，对中国实现汽车产业的跨越式发展，从汽车大国迈向汽车强国具有战略意义。中国汽车销量位居世界第一，但是在发动机、控制等技术方面，仍然远远落后于发达国家。而新能源汽车属于新兴工业，虽然美日开展研究较早，但科技水平差距并非不可逾越。我国的汽车企业可以利用这一有利时机，大力发展新能源汽车，力求在新一代汽车技术上取得突破，在新能源汽车方面与国外汽车品牌展开竞争，从而实现我国汽车产业的跨越式发展。

（三）对新能源汽车发展现状的感悟

在当代社会，汽车工业是支柱产业之一，新能源汽车是近10年来国家始终努力的方向，也是我国汽车工业的重要转型方向（王頔和尹珍丽，2014）。

国家早在2008年即提出把混合动力作为过渡到完全使用新能源的可行方式。尽管国家为推进这一产业付出了大量的心血，其发展仍历尽艰辛。由于客观原因的束缚，在国际市场上我国的新能源汽车产业并不占据明显优势。中国新能源汽车产业起步较为晚，核心技术相对国际企业处于下风。同时，由于我国社会长期形成的传统观念以及配套设施不足等问题，新能源汽车的推广并非易事。在这期间，政府对新能源汽车的生产和销售等多个环节实行较大力度的补贴，同时通过教育改革、媒体宣传等方式，进一步推进大众对新能源汽车的了解，消除发展过程中的重重阻碍。通过多年的不懈工作，新能源汽车产业获得了长足的进步。2018年，天津市实现了自推广新能源汽车以来该类汽车零事故的重大突破，象征着我国新能源汽车技术以及管理方式日趋成熟。新能源汽车性能方面的快速进步迅速提升了市场热度。

如今，新能源汽车产业蓬勃发展，成为中国社会十多年来发展进步的一面镜子。新能源汽车生存环境的改善，反映了中国政府执政能力的逐步提升。同时，新能源汽车在居民所购买私家车中的比重上升，反映出中国社会观念的现代化迈出了关键一步，人民群众的生活质量有了进一步的提高。

（四）对未来我国新能源汽车发展的展望及目标

由于新能源汽车环保性和高效性的特点，未来新能源汽车的规模化将成为不可逆转的趋势。针对未来新能源汽车发展，我们提出以下展望及目标：

1. 未来新能源市场规模扩大

新能源汽车的发展已经成为汽车行业未来发展的必然。结合几十年来的历史经验，在未来中国的发展中，可持续发展将是我们必然贯彻的核心理念。为实现碳中和与碳达峰，新能源汽车将是未来发展的必然趋势，其市场规模潜力巨大。

2. 未来新能源汽车技术及配套设施更加完善

随着电池续航的不断发展和充电设备的便捷化，新能源汽车充电“难”等问题将逐渐被解决。目前，国家仍在推出各项政策，大力推进新能源汽车相关技术进步。随着各个企业、高校研究深入化，未来新能源汽车技术也会更加完善，最终形成完整、健全的产业链。

3. 未来新能源汽车技术智能化水平提升

目前，汽车智能化作为汽车产业的新趋向被广受关注。在部分地区，自动化汽车也开始进行试点。虽然在试验过程中出现了一些问题，但未来随着人工智能技术的发展，汽车智能化也终将实现。因此，新能源汽车的智能化是未来汽车行业的必然走向。

4. 建立与世界接轨的新能源汽车行业标准

我国新能源汽车发展迅速，但为了获得更加长远的发展，我们还需要建立与世界接轨的新能源汽车行业标准；提高技术水平，达到发达国家对新能源汽车的环保标准，从而打开世界市场，取得更加长远的发展。

参考文献：

[1] 陈婉.《中国传统燃油车退出时间表研究》发布传统燃油车还能开

多少年？[J]．环境经济，2019（10）：32-35.

[2] 国务院《关于加快电动汽车充电基础设施建设的指导意见》，2015

[3] 侯福深．《在 2015 中国（随州）专用汽车产业发展论坛上的讲话》，2015. 8. 29.

[4] 王岫，尹珍丽．经济新常态下我国新能源汽车行业商业模式探索．广西质量监督导报，2021. 李劭宸，项顶顶．新能源汽车发展现状研究［A］．黑龙江科学，2014.

[5] 吴喜之，《统计学：从数据到结论（第三版）》．中国统计出版社，2009

教师点评：

生态文明建设是一个系统工程，涉及生产、消费、环境之间的方方面面。新能源汽车生产和消费是一个解决能源生产、消费以及环境之间的矛盾的重要途径，同时也是提升我国汽车产业发展，实现跨越式发展的重要方式。本组同学的调查虽然受制于各种因素限制还有不足，调查结论也略显稚嫩，但是调查选取的角度是值得肯定的，他们的思考也应予以鼓励。随着新能源汽车的发展和使用的普及，首都环境质量也会有进一步改进。希望首都生态文明建设的成就不仅惠及本身，也为全国生态文明建设提供有益的经验和启示。

透过纸吸管看限塑令对北京市生态文明建设和居民生活的影响

团队：北京限塑小分队
成员：雷伊萌　梁楚楚　王禹辰　宋熙卓然　潘轶舟　徐诗琳
王悦嘉　李昀蔓　吴宇翔　陈希雅　梅书鸿　谢其霖

一、实践方案

（一）实践背景

1. 白色污染

白色污染（White Pollution）是对废塑料污染环境现象的一种形象称谓，是指用聚苯乙烯、聚丙烯、聚氯乙烯等高分子化合物制成的包装袋、农用地膜、一次性餐具、塑料瓶等塑料制品使用后被弃置成为固体废物，由于随意乱丢乱扔，难于降解处理，给生态环境和景观造成的污染。

我国现已成为全球最大的塑料生产国与消费国。随着电商、快递、外卖等生产生活方式转变和新兴业态发展，塑料制品特别是一次性塑料用品的消耗量持续上升。[1]

塑料带来的白色污染有多方面的危害：一方面是视觉污染，破坏城市整体的美感，影响市容；另一方面是潜在危害：第一，对农业生产造成负面影响，由于塑料难以降解，不仅会影响农作物吸收水分导致其减产，而且会污染土壤和地下水；第二，对海洋动物的安全造成很大威胁。误食塑料会危害动物的健康，严重时可导致死亡。根据美国国家海洋暨大气管理局的调查结果，每年至少有 10

万只海洋哺乳动物死于塑料碎片。第三，对人类的生命健康造成危害；另外还有混入生活垃圾的塑料无法被有效治理，造成火灾隐患，是臭氧层变薄等等。[2] 总之，加强对于白色污染的治理是很有必要的，并且也是生态文明建设中不可缺少的重要一环。

据调查，北京市生活垃圾的 3%为废旧塑料包装物，每年总量约为 14 万吨；北京市每年废弃在环境中的塑料袋约 23 亿个，一次性塑料餐具约 2. 2 亿个，废农膜约 675 万平方米。因此，在北京市采取合适的措施做好白色污染的治理具有很强的必要性。

2. 北京市限塑令

国家发展改革委、生态环境部在 2020 年 1 月 19 日联合出台了《关于进一步加强塑料污染治理的意见》，明确提出了要加大塑料污染治理力度。《意见》按照“禁限一批、替代循环一批、规范一批”为原则，明确了塑料制品替代、禁用的时间表和路线图，力争到 2025 年建立塑料制品全过程监管制度，使得塑料污染得到有效的控制。[3]

为进一步加强北京市塑料污染治理，北京市发展改革委同生态环境局研究制定了《北京市塑料污染治理行动计划（2020—2025年）》的行动计划，于 2020 年 12 月 24 日，经北京市委深改委第十四次会议审议通过，公布实施。

《行动计划》提出了三阶段目标，有序推进治理工作：第一阶段是到 2022 年，本市塑料污染治理政策标准体系初步建立，重点领域塑料污染治理措施全面实施，一次性塑料制品消费量明显减少，替代产品得到推广，充分发挥北京 2022 年冬奥会和冬残奥会示范引领作用；第二阶段是到 2023 年，全市重点场所、重点沿线塑料污染基本消除，重点用塑单位报告等基础性制度基本建立；第三阶段是到 2025 年，塑料污染治理制度全面建立，科技支撑体系更加完善，低塑生活的良好社会风尚基本形成，努力成为国际超大型城市塑料污染治理典范。

北京“限塑令”从十个方面提出了要求，主要内容包括：

· 发挥北京冬奥会在塑料污染治理方面的示范引领作用。
· 禁止部分塑料制品的生产、销售。
· 推动六大重点行业塑料污染治理
· 加强重点场所重点沿线塑料污染治理。
· 开展减塑生活创建。
· 形成良好社会风尚。
· 建立重点用塑单位报告制度。
· 全面强化科技支撑。
· 加强塑料污染治理领域监督执法。
· 加强组织推动。

下一步，市发展改革委、市生态环境局将会同市级有关部门、各区政府深入落实《行动计划》有关要求，多方式、多渠道，加大对塑料污染治理工作内容的宣传、培训，提高政策的知晓率和社会各界的行动力，持续完善本市塑料污染治理政策体系，引导市场主体、全体市民共同努力治理塑料污染。[4]

在《行动计划》中关于餐饮行业的部分提到，到 2020 年底，全市餐饮行业禁止使用不可降解一次性塑料吸管；鼓励餐饮企业使用符合相关卫生、安全标准的直饮杯、可重复使用的吸管等替代一次性塑料吸管。

3. 新型吸管

为了响应限塑令的要求，北京市的许多餐饮行业都选择了新型吸管来代替不可降解的一次性塑料吸管。这些新型吸管包括纸吸管、可降解的生物塑料吸管等等。

· 纸吸管，主要原料是木浆，这种材质使得纸吸管在自然界中能够很快被降解，有些还可堆肥处理。纸吸管的成本一般在一支 0.05 元，约为传统塑料吸管的 2 倍，属于传统吸管替代品中成本较低的。纸吸管的优点有方便，价格便宜，环保等等。但是纸吸管在使用体验方面的劣势较为明显，例如“一泡就软”，“一喝就散”，“一戳就烂”，“一遇口红就沾”等等，造成负面饮用体验。

· 生物塑料吸管，也称为“可堆肥处理”吸管，这种吸管由植物来源的塑料PLA（聚乳酸）制成，与传统的塑料相比，这种塑料的生产过程中消耗的化石燃料更少。从心理角度分析，这种吸管看上去同传统塑料吸管并没有什么区别，短期内可以让人们更好地适应这种可降解的新型吸管，但是长期来看，对增强人们的可持续环保意识并没有帮助。

· 其他新型吸管，众多材质的吸管并不如常见的塑料吸管或纸吸管那样受众广泛，而且现有的可重复使用材料不适合外卖、快餐等场景的需求，适应范围较小，但这些材料非常环保，在一些特殊场合，比如在家、在酒馆有很好的应用价值。如纯植物类的麦秆，竹秆吸管、工业类的玻璃吸管，金属吸管，硅胶吸管。

（二）目的和意义

1. 实践目的

本次实践的目的是透过纸吸管研究北京市“限塑令”的相关情况和颁布后的社会影响，为“限塑令”以及“禁塑令”的实施建言献策，提出通过社会实践得到的经过思考具有价值的结论和建议。

2. 实践意义

首先，帮助了解“限塑令”的实施背景、实施情况和社会反响，有利于推广环保理念。其次，通过社会实践能够有针对性地对“限塑令”在北京的实施情况得到自己的结论和建议，为“限塑令”的更好实施提供自己的思考和力量。最后，帮助小组成员了解相关知识，增强实践能力，为以后的社会实践增添经验。

（三）实施方案

1. 文献资料查找

第一步，分工查阅相关文献资料和法令等，得到对白色污染现状、"限塑令"内容和相关法令、新型吸管的现状、"限塑令"的社会反响的初步了解。第二步，整合资料，得到较为系统的关于"限塑令"的相关知识。

2. 网络问卷调查

第一步，全员讨论得出问卷分析目的。第二步，分工制作网络问卷。第三步，全员宣传分发问卷。第四步，分工进行数据分析，得到相关结论和建议。

3. 实地调查

第一步，针对性地搜集饮品店等商店的习惯使用情况，搜集它们的吸管以做备份。第二步，整合搜集到的情况，得到大致的一个了解。

二、实践过程

（一）问卷调查及成果

本组问卷采用线上调查的方式，由成员发放在校内各 QQ、微信群组，受访者自由填写问卷。最后总共回收了 87 份答卷，有效答卷为 87 份。

1. 受访者基本信息

分析由问卷得到的数据，进行描述性统计。将数据制成图表，可以得到下列展示受访者的基本信息。

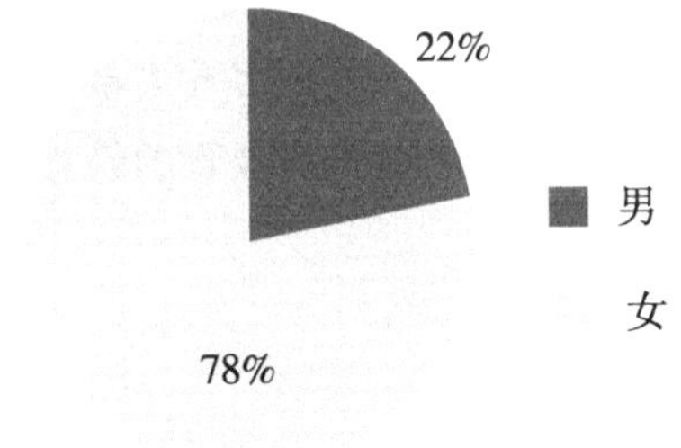

图 1　受访者性别比

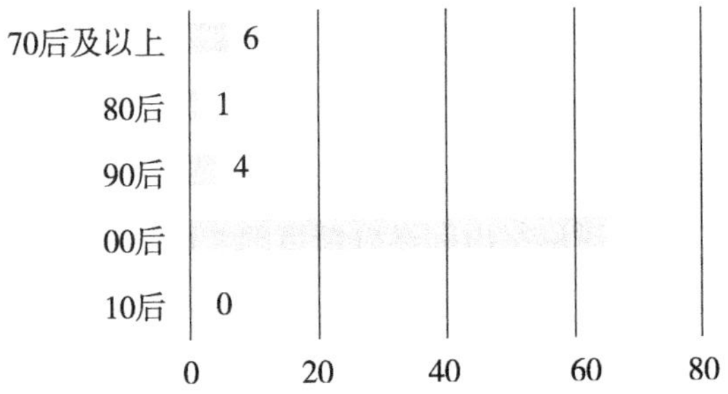

图 2　受访者年龄分布

由数据得出，绝大部分受访者以 00 后为主，并且其中 77%的受访者是女性。

2. 受访者对纸吸管及 PLA 吸管的了解程度

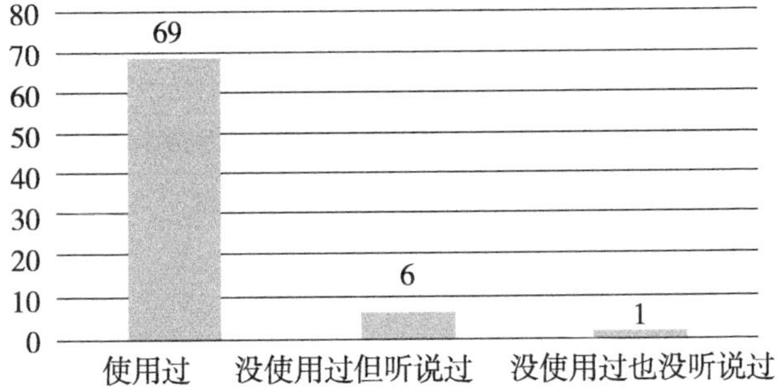

图 3　受访者对纸吸管了解程度

我们可以从图中大致看出，绝大多数人都使用过或听说过纸吸管，可见纸吸管确实有代替之前塑料吸管的趋势。

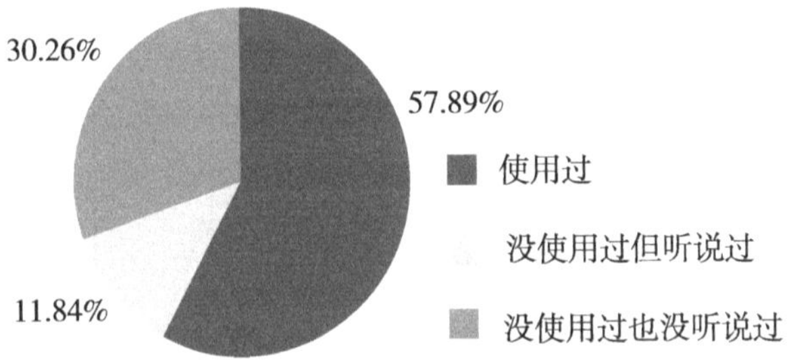

图 4 受访者对 PLA 吸管了解程度

问卷结果显示 70%的被调查者都了解 PLA 吸管这一概念，表明环保知识普及程度较高，但对比纸吸管 97%的了解度，这一数字还是明显偏低，表明这一环保理念亟须大力传播。而使用过 PLA 吸管的受访者仅占 57. 89%，表明 PLA 吸管的使用仍需普及推广。

3. 受访者使用纸吸管的感受

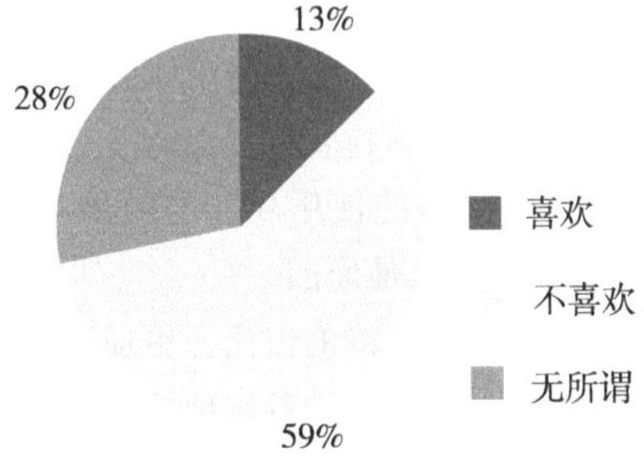

图 5 受访者对纸吸管的态度

由上表可以看出，在大多数人都对纸吸管有了了解的情况下，绝大多数人是不喜欢纸吸管的，而一部分人觉得无所谓，大约只有六分之一的人表现出来对纸吸管的喜欢。这体现出来了限塑令对于人们生活具有一定的影响。

在“不喜欢纸吸管”的主要原因调查中，收集到 86 份问卷中共60份有效作答。此处对结果进行普及率与响应率两方面的分析。

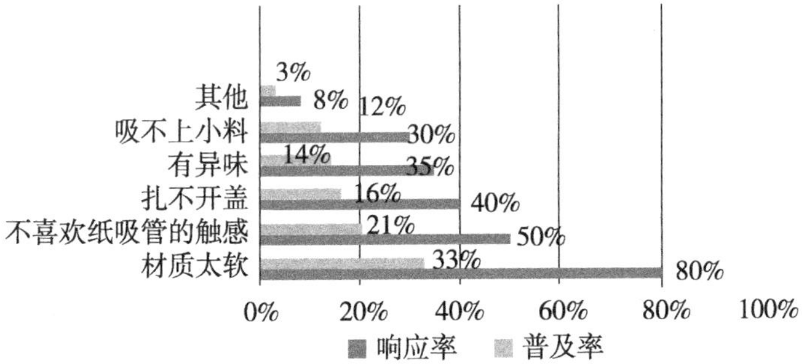

图6 不喜欢纸吸管的各原因占比情况

“普及率”是指调查项目在拟定介入范围已经占有的比率，此处是指选择某原因的被调查者数量占全体被调查者数量的比例。由上图蓝色部分所示，80%的被调查者选择了“材质太软”，占比最高，其次是“不喜欢纸吸管的触感”，占50%，表明大多数吸管使用者都较为介意纸吸管的较软材质和使用体验。同时，其他原因如“扎不开盖”“有异味”“吸不上小料”都约占三分之一，表明用纸吸管代替普通吸管时，基本的使用功能与效果有一部分折损。此外，也有8%的被调查者有其他原因。

上述“普及率”是一种人群的占比，更加强调样本中有多少比例选择某项。而“响应率”是一种各选项的选择相对占比指标，此处60位有效被调查者共选146项，则“响应率”为某种原因的被选次数占所有原因的被选次数之和（即146）的比例，可反映出各选项被选择的相对占比。“材质太软”的响应率最高为33%，其次是“不喜欢纸吸管的触感”，为21%，由此可见，纸吸管的材质特性和使用感是使用者们最为看中的。

4. 受访者对新型吸管作用的认可度

第五题调查受访者对于环保措施的态度。问题是“比照新型吸管（包括纸吸管和 PLA 吸管）带来的不便及其对环保的贡献，您是否认可它的使用”。结果如下：

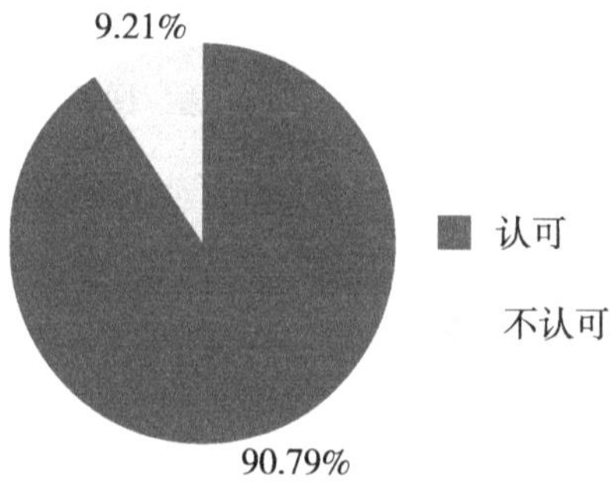

图 7　受访者对新型吸管作用的认可度

表示认可的受访者占 90%，表明大部分民众认可并支持新型吸管这一类环保措施的实践并表现出较高的包容度。而仍有 10%左右的受访者表示不认同，表明我们仍然需要加大环保理念的宣传普及力度，并努力提升新型吸管的使用感，对这一类贴近生活的环保实践更多关注使用感受和实用度。

5. 受访者对限塑令的看法及建议

问卷的第六题调查了被调查对象对于北京市乃至全国的限塑令的具体内容的了解情况，该问题一共设计了 5 个选项，前四个选项都是已出台的限塑令中的内容，在第五个选项中，对限塑令的内容稍加改动：将“到 2020 年底，全市餐饮行业禁止使用不可降解一次性塑料吸管、咖啡搅拌棒”改为“到 2020 年底，全市餐饮行业限制但不禁止使用不可降解一次性塑料吸管、咖啡搅拌棒”。此题主要考察调查对象对于具体法规的认知情况，调查结果如下：

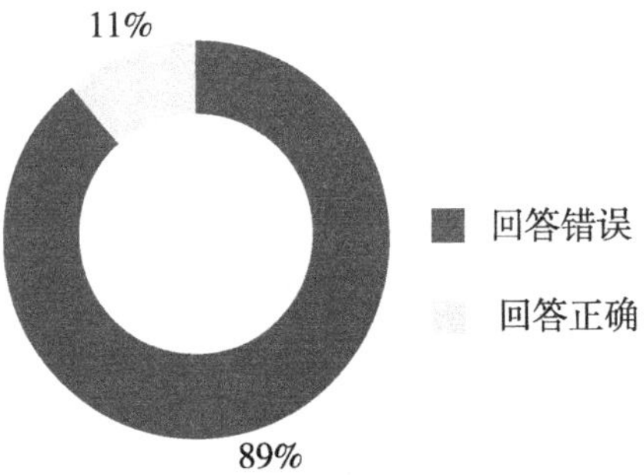

图 8 受访者对限塑令了解情况

由调查结果可以看出，虽然“限塑令”的严苛在舆论方面令消费者印象深刻，但是深入到具体法规层面，很多人其实并不了解限塑令的具体内容。从结果来看，不排除未填写本问卷的情况，只有约 10%的调查对象选择了正确选项；占比最多的调查对象选择了选项 3，即“对分拣成本高，资源化利用价值低的塑料废弃物，进入垃圾焚烧发电系统并加强管理运行，确保各类污染物达标排放”，说明被调查者对于分拣成本高，资源化利用价值低的塑料废弃物的处理方式并不了解。总而言之，从调查结果来看，对于“限塑令”的实行，人们处于一种只是知晓此条法令，但是并不深入了解的状态。

问卷的第七题调查了自限塑令颁布以来被调查者的生活是否受到影响。我们观察到，自限塑令颁布以来，社会舆论上既有支持的声音，也有批评的声音；既有严肃客观的讨论，也有诙谐夸张的调侃。那么限塑令对于人们的生活的实际影响究竟如何呢？我们的调查结果如下：

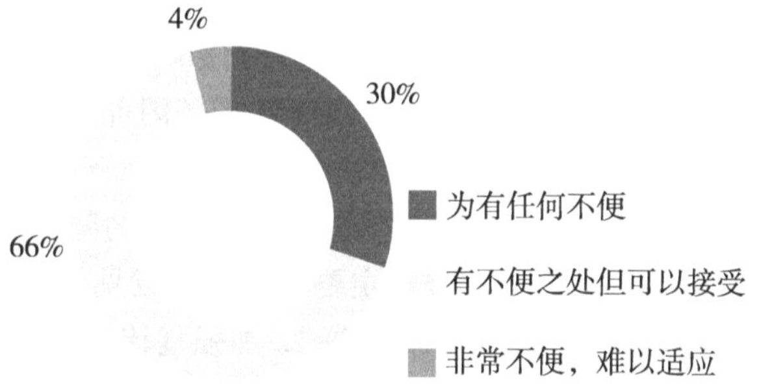

图 9　限塑令对人们生活的影响

由调查结果可知，约 25%的受访者认为限塑令并未造成任何不便，约 60%的受访者认为，限塑令确实对生活造成了不便，但是依然可以忍受。实际上，认为难以忍受限塑令所带来的变化的受访者只占 3.5%的比重，说明限塑令的实施在小有成效的同时，依旧是以一种较温和的方式进行，争取平稳地改变人们的环保意识，达到共建和谐美丽绿色中国的目标。

问卷还调查了受访者对限塑令成果的看法及建议：

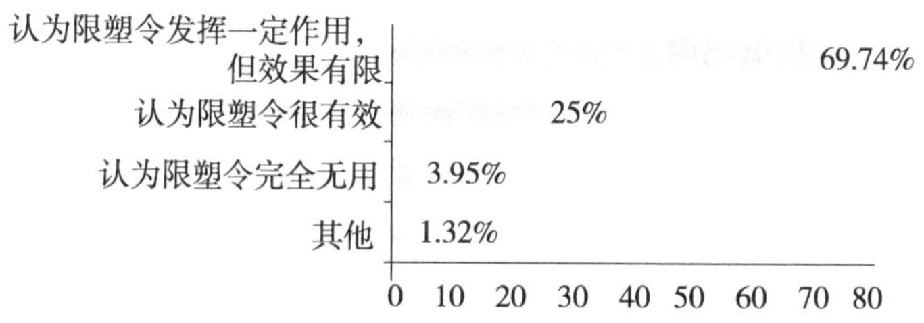

图 10　受访者对限塑令成果的看法

由调查结果可以得出，大多数被调查者都认为限塑令发挥了一定作用，但效果有限，一部分被调查者认为限塑令很有效，极少数被调查者认为限塑令完全无用或其他，这与问题 6、7 的结果是一致的，很多人对“限塑令”只是知晓法令的一些内容，但对具体的实施方式和成效没有深入了解，再加上限塑令一直以一种较为温和的方式实行，没有对消费者的生活造成较大影响，更多是针对厂家或商家，而我们的被调查者主要是消费者，因此得到了这样的结果。

问卷的第九题调查的问题是：您对白色污染的防治有建议吗？该问题是开放性问题，被调查者主要有以下的意见：1. 加强执法力度，完善惩罚机制，严格落实政策 2. 加强宣传教育，改变人们的心理，通过长期执行限塑政策使得人们形成习惯，主动使用环保材料 3. 研发更好的替代材料 4. 规范快递行业、餐饮外卖服务。

在问卷结果中我们还发现了一些特别的建议，比如，除了吸管用到的塑料，更应该关注塑料包装的污染问题，相比之下吸管更小，塑料包装的使用量更大。

很多被调查者都认为宣传教育非常重要，“限塑令”不应该只是一个禁令，最终应该实现的效果是：人们逐渐养成环保的习惯，主动使用环保材料，主动关心环保问题，从厂家减少生产不环保的一次性材料，到商家减少使用和提供不环保的材料，消费者减少购买不环保的材料，全社会自上而下关于环保问题达成共识，这样才能解决白色污染问题。

（二）实地调查及成果

5 月 13 日至 5 月 16 日，我们进行了在北京市的饮品店进行了实地调查，以进一步了解北京市限塑令中禁止塑料吸管一条的落实情况。得到的结果如下：

表 1　实地调查结果

品牌	吸管种类
快乐柠檬	纸吸管
鲜芋仙	纸吸管

续表

品牌	吸管种类
鲜果时间	PLA 吸管
茶百道	PLA 吸管
T for ME	PLA 吸管
一点点	PLA+PBS 吸管
珍仕菓	塑料吸管
爱咪欧	塑料吸管
茶百道	塑料吸管
Coco 都可	塑料吸管
麦当劳	直饮杯

经过调查我们了解到，大部分的店家已经用新型吸管替换掉了塑料吸管，但是依然存在一些饮品店提供塑料吸管给顾客使用。新型吸管中包括纸吸管和 PLA、PLA+PBS 可降解吸管，也有店家选择不再用吸管，用直饮杯取而代之，例如麦当劳等。

下图是我们实地调查的照片记录：

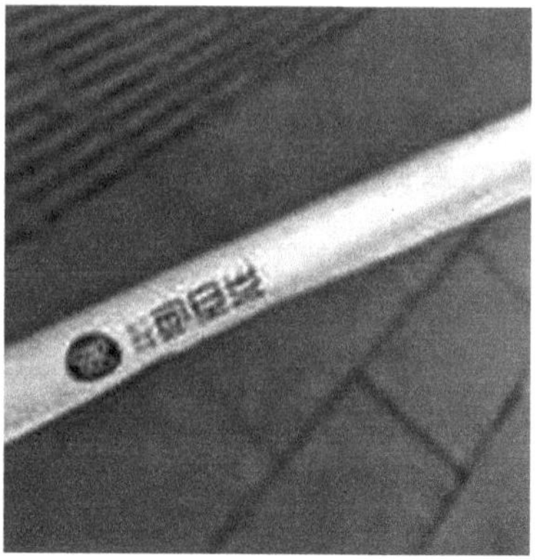

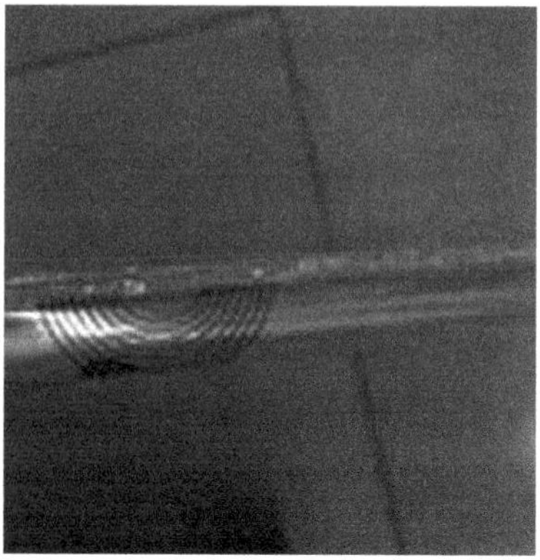

另外，我们还了解到塑料吸管的价格在 0.03 元/支左右，纸吸管约为 0.05 元/支，PLA 吸管等可降解塑料吸管约为 0.1 元/支。考虑到店家进购吸管的成本，纸吸管的成本与原来的塑料吸管相比增加了约 50%，可降解塑料吸管则是塑料吸管的三倍左右。因此我们认为，为了更好地落实限塑令并为消费者提供良好的消费体验，我们应重视新技术、新材料的开发与研究，尽量降低成本，使优质环保的可降解塑料吸管普及得更广。

三、实践感悟与思考

通过前期的资料查找，中后期的问卷调查及实地调查，我们得出了以下结论：

（一）对生态文明建设的影响

北京市限塑令的制定和实施对于生态文明建设具有重要意义。首先，在塑料吸管的使用方面，明确提出了禁止使用不可降解的一次性塑料吸管，鼓励直饮杯，新型吸管的使用，在较短时间内大大减少了塑料吸管的使用量，预计未来将会进一步减少，保护了生态环境；其次，除了吸管的限制外，对于部分塑料制品也明令禁止其生产和销售，全面整治塑料污染；最后，有助于提升群众的环保意识，形成良好的社会风尚。

当然，政策的完全落实还需要时间，北京市塑料污染治理任重道远，限塑令的完全实现不仅需要严格的监管，还需要全体市民的共同努力。

（二）对居民生活的影响

自限塑令政策生效，大部分的饮品店已经用新型吸管替换掉了塑料吸管，或是直接不用吸管。这些改变或多或少影响到了消费者体验，调查问卷显示大多数吸管使用者都较为介意纸吸管的较软材质和使用体验，不喜欢纸吸管的触感以及部分功能折损。但是依然存在一些饮品店提供塑料吸管给顾客使用，由此看出，限塑令的政策存在落实不到位，监管力度不够强的问题，以致部分店家依旧能提供塑料吸管。

除了纸吸管对消费者造成的不良体验，调查结果显示大部分居民认为限塑令确实对生活造成了不便，但是依然可以忍受，小部分访者认为限塑令并未造成任何不便。这说明限塑令的实施在小有成效的同时，依旧是以一种较温和的方式进行，其对生活的影响在可以接受的范围内，并争取逐步改进人们的环保意识。

对此，我们提出以下建议：

1. 加强对限塑令等相关法规的宣传，增进人们的了解。由于大多数居民对于限塑令内容还缺乏了解。因此在限塑令的具体内容上以及其实施带来的积极影响上两方面多多宣传，有助于增强人们的认知以及法律意识。

2. 加强执法力度，完善惩罚机制，严格落实政策。

3. 利用新技术，新科技治理白色污染。如对于纸吸管在使用功能上的缺陷，可以通过研发更好的替代材料尝试解决。

4. 规范快递行业、餐饮外卖服务。出台相应规章制度，减少塑料包装的消耗。

参考文献：

［1］消除白色污染我国再次明确时间表2020年将是很多塑料制品“大限”，20-06-0108：20.

［2］张朝娟．浅谈“白色污染”对环境的危害及防治［J］．科技与企业，2014（19）：72.

［3］雅延咨询．“禁塑限塑令”有关法规解读．

［4］北京市人民政府：《北京市塑料污染治理行动计划（2020—2025年）》解读．

教师点评：

近年来，随着人们生产生活方式转变和新兴业态发展，塑料制品特别是一次性塑料用品的消耗量持续上升，对环境造成比较大的污染和危害。因此，国家和北京市先后制定了塑料污染治理的意见和行动计划。本文以北京市餐饮行业为响应限塑令的要求，选择新型吸管来代替不可降解的一次性塑料吸管为例，对北京市“限塑令”的相关情况和颁布后的社会影响进行调研，为“限塑令”以及“禁塑令”的实施建言献策，体现大学生关注首都生态文明建设的社会责任感和使命感，是一篇角度新颖，学以致用的调研报告。

绿水青山就是金山银山

——密云水库实践报告

团队：朝密队

成员：徐欣然　陈永卓　李云新　刘晨雨　陆可意　罗　灿
余子贤　张　然　郑晓栖

一、实践方案

（一）活动背景与指导思想

习近平总书记倡导的生态文明思想中，坚持人与自然和谐共生、绿水青山就是金山银山、良好的生态环境是最普惠的民生福祉是其中的关键点。同时，我国生态文明建设进入了提供更多优质生态产品以满足人民日益增长的优美生态环境需要的攻坚期，也到了有条件有能力解决生态环境突出问题的窗口期。越到此时，就越考验地方政府的定力，越考验地方统筹协调经济发展与生态环境关系的能力。

密云区是首都重要的生态涵养区。其中，密云水库作为我国华北地区第一大水库，是首都最重要的地表饮用水源地，担负着确保首都水源安全的重要功能。习总书记于2019年初向其作出了“保护好密云水库等重要水源地”的重要指示。

北京市密云区作为国家生态文明建设示范市县和“绿水青山就是金山银山”实践创新基地，为贯彻落实习近平总书记提出的“节水优先、空间均衡、系统治理、两手发力”的新时代治水方针和

“以水定城、以水定地、以水定人、以水定产”的城市发展要求，密云区政府努力促成当地生态优势和经济发展优势互相成就，大力发展种植业、养蜂业、文旅业，力求让人民获得更大福祉。

（二）实践目的

1. 以密云水库为中心，调查首都生态文明建设情况，加深对“绿水青山就是金山银山”理念的认识，思考密云水库创新式节水治水保水为我国新时期生态文明建设带来的启示。

2. 了解库区人民为治水保水所做的工作，考察密云水库近年来水质的变化及其对当地居民生活方式、生产方式的影响。

3. 调查研究密云库区及周边生态农业、生态旅游等各类生态产业建设情况，深入了解密云水库生态涵养区由“大水缸”转变为“聚宝盆”的发展历程，考察首都统筹协调生态环境与经济发展关系的能力。

4. 了解密云地区生态和民生相应政策的推行和落实，向密云当地居民了解相关政策对生活的改善以及政策带来的变化。

（三）实施方案

1. 利用互联网开展实践准备工作：查询密云区生态文明建设的相关政策、建设重点，并就调研目标准备采访稿。

2. 实践团队分为三个小组前往密云区进行实地调研。

（1）第一组成员参观密云水库主坝——潮河大坝，采访碱厂村保水站网格员与碱厂村村民，了解密云水库生态保护的具体政策和环境变化；走访了解包括周边居民区生活污水处理方式在内的多项细节，考察密云水库周边生态文明建设情况。

（2）第二组成员走访密云区署地村，实地考察当地种植业发展现状，调查种植园日客流量大小及旅游淡旺季销售情况，了解种植业为推动当地经济发展所做出的贡献。

（3）第三组成员前往穆家峪镇上峪民俗村，实地参观神农养蜂专业合作社的养蜂基地，了解密云特色养蜂业对经济的推动作用，采访当地蜂农，研究当地生态文明建设与经济发展相结合的成果。

二、实践过程

（一）密云水库水资源与生态实地调研情况

第一组乘车前往密云水库的主坝之一——潮河大坝。我们沿大坝一路前行，观察沿途水库保护情况，并通过采访碱厂村保水站网格员与村民，了解密云水库生态保护的具体情况。

水资源存量质量双提升

我们实地考察时，正值密云水库开闸向潮白河补水。4 月 30 日，密云水库开闸放水，启动潮白河春季试验性生态补水，希望争取利用一个月的时间，实现潮白河 1999 年以来首次北京境内全线通水。密云水库能否承担起补水的重任，蓄水量是关键，同时密云水库的蓄水量与南水北调密切相关。2014 年南水北调正式贯通，其中北京段工程位于南水北调中线工程的末端，起点为房山拒马河，经房山区，穿永定河，过丰台，沿西四环路北上，最后至颐和园团城湖，再从团城湖调节池取水，通过京密引水渠反向输水到密云水库，全长 80 公里，途经九级泵站，爬高 100 多米，南水北调为密云输水 4.5 亿立方米的储量。密云水库从此有了新的源泉，极大地缓解了供水压力，也能更好地发挥生态建设作用。

在水质方面，我们沿途看到了北京市密云水库管理处潮河管理所，它不仅是水库行政管理人员的办公场所，还负责密云水库水质的实时监测和北京市用水水资源的初步处理。在密云水库，类似的管理所还有很多，这些管理所主要负责水利工程的运行管理、水质检测、水文资料收集与分析、水资源保护等，为密云水库的正常运行提供实时保障。目前水环境监测频次已经提高到一周一次，密云水库的水质稳定在地表二类标准，高于饮用水源标准。

美丽乡村助保水

沿水库大坝一路下行，我们走进了紧邻水库的碱厂村。轰鸣的机器声中，碱厂村正在进行污水处理改造工程的设备铺设阶段。根据施工工人介绍，污水处理的管道将会铺设到每家每户，最后污水统一接入终端进行处理。该项目实施后，可实现污水收集处理和中水回用，减少对地下水、地表水的污染，改善水库周边村庄生产生活环境，推进美丽乡村建设。密云水库一级保护区 41 个村的污水处理设施提质改造全部完成后，将为密云水库增加一道强有力的保护屏障。

垃圾分类在碱厂村也落实得非常好。我们观察到垃圾分类站干净整洁，悬挂着每日更新的公示牌，上面登记着垃圾回收状况和负责人信息。村民告诉我们，垃圾也都是每日上门分类回收，以杜绝污染水源的可能性。由于生态文明建设良好，碱厂村被评为“市级文明生态村”，碱厂村村民们一直坚定履行着保水的责任。

水库鱼富农更净水

走进村庄，水库鱼的招牌映入眼帘，当地的农家乐都将它作为招牌招揽顾客，马路边也有卖鱼干的商贩，水库鱼俨然成为密云水库的一张名片。而渔业捕捞的核心在于生物净水，在于促进水域生态平衡。农家乐店主告诉我们，政府会在每年 4 月上旬，向水库投放大量净水鱼苗。投放的鱼苗主要有两类，一类是以浮游生物为食的滤食性鱼，可净化水质；一类是草食性鱼，可以消化掉水草等水生植物；此外还有少量其他种类的鱼用以增加水体生物的多样性。政府还在水生生物的主要繁殖期和幼苗生长期设立禁渔期，进入禁渔期后，严格禁止捕鱼船只、无关人员进入库区。店主说，在非禁渔期，也只有持证渔民才能进行捕捞活动，渔具网眼尺寸也受到严格控制。

垃圾治理切实执行

当我们在密云水库附近观察时，看到了一艘橙色小船在水库中行驶。据当地人介绍，我们了解到，这是专门负责水库水面垃圾清理的垃圾打捞船，能够聚拢、打捞水面以及浅层水域的垃圾。船上的工作人员都是本地人，每天都会出船清理水库垃圾，风雨无阻。

据相关资料显示，2020 年密云区开展了安全整治“百日行动”，聚焦污水乱排、垃圾乱倒等十大问题，严格禁止垃圾倾倒，从根源上减少密云水库及周遭环境的垃圾，切实做到“对环境污染零容忍”。

治水责任分配明确

通过一块河长信息公示牌我们联系到了现任碱厂村村级河长赵启军先生。赵先生介绍说，碱厂村河道全长约八公里，作为一名村级河长，他每天的主要职责是统筹划分村干部各自负责的分段分片，巡查保水网格员是否在岗，以及检查河道环境卫生等情况。密云区把水生态环境改善和治理作为改善民生的重要工程，将全区 63 条河流、23 座水库以及小微水体全部纳入河长制管理，设置了村级、乡镇级、区级、市级共四级河长，对每条河道、河岸的保护责任落实到个人，管河、护河成效卓著。

我们还注意到，水库周围有很多穿着黄色马甲的工作人员，马甲上印有“穆家峪镇保水站网格员”的字样，我们有幸采访到其中一位网格员阿姨。交谈中我们得知，仅在短短一公里的区域内，就设有八名网格员，实行轮班制，网格员们每天从清晨六点工作到深夜十一点，主要任务是及时制止涉水违法违规事件，一旦发现，立刻阻止并上报。所有网格员均为本村村民，对所管网格人熟、地熟、情况熟，经过统一培训后持证上岗。网格员的设置不仅有利于密云水库环境保护，也解决了当地村庄的部分就业问题。

网格化管理方式最初于 2017 年在石城镇试点，密云区生态办希望通过这样的方式构建起职责明确、信息畅通、上下联动、覆盖全域的水源管护体系，促进水源保护工作向精细化、信息化转变，保障密云水库的安全。如今，围绕密云水库的七个镇全部推行网格化管理，273 平方公里被划分为 160 个保水网格，2150 名保水网格员常年在岗，建立护水、护河、护山、护林、护地、护环境的“六护机制”，全面实施“定格、定人、定责、定章”的网格化管理。

“累是累了点，冬天也确实很冷，但做这样的工作，我们都很乐意的。”采访中，网格员阿姨如是说道。

水库及周边变化巨大

谈及水库的变化，网格员阿姨感触颇多。她告诉我们，水库四周的围栏是十几年前才建成的，之前进入水库没有限制，不少人在水库里游泳、洗澡、钓鱼等，产生的垃圾也留在水库，水库的环境状况一度非常糟糕。直到后来在水库四周增加防护网，之后又增加了第二道防护网情况才得以改善。除限制人员进入之外，政府还把水库一级保护区划了 160 个网格，每一个网格都设有网格员。阿姨告诉我们，除人工监督外，防护网附近也安装了监控，全面防范污染水库环境的行为。

阿姨介绍，不仅是水库本身采取了一系列保护措施，周边地区也为水库的环境保护作出了巨大牺牲。为了保护首都用水安全和生态环境，密云水库周边 10 万亩押宝地全部退出以消除农业种植带来的面源污染。此外，密云区要求停止对水库旅游资源的开发，当时全国首家最大的游乐场停办了，水库坝上的各种餐饮娱乐设施拆除了，网箱养鱼撤出了，对水源有污染的工业企业关闭了。如今的水库，去除了商业气息，留存的是真正的生态自然。

（二）密云区种植业实地调研情况

第二小组前往北京集慧苑种植基地，由于基地大门未开，我们在基地外围观察了基地整体概况：基地设施完备，种植情况良好，环境较为优良。

接着，我们乘车前往北京密云区署地村附近的小石尖，对当地的种植业进行了实地考察。当地采用家庭承包制进行草莓、番茄等作物的独立种植，种植收益与家庭最终收益直接挂钩。经过对农户的进一步采访，我们了解到，当地种植业的发展主要由旅游业带动：前往密云水库的旅游团，大多会来到种植基地，将草莓、番茄的采摘作为旅游活动的中间娱乐项目之一，这很大程度上增加了种植园的客流量，提高了当地农村居民的收入。

最后，我们也对主要农产品的生长期、种植难度与劳务需求向种植负责人进行了询问，得知主要农产品的生长期在大棚控温环境下都得到了合理延长，种植难度也相对较低，相应劳务需求和难度较小——每人可以独立照料三到四个大棚的作物。

（三）密云区养蜂业实地调研情况

从密云站往东北方向出发，我们小组去到了位于密云区穆家峪镇的上峪民俗村，实地参观了神农养蜂专业合作社的其中一个养蜂基地，并采访了当地养蜂能手刘金良的母亲。

据刘母介绍，神农养蜂专业合作社打造了自主品牌“京荆花”，“京荆花”的主要产品为自然成熟荆花蜜。荆花蜜采自野生荆条花，波美度达 43 度，属于国内高品质的纯天然蜂蜜，并于 2020 年获得了“国民好蜜”金奖。

我们到访的蜂场有约五百群蜂，该蜂场以山里自然生长的洋槐花和荆条为蜜源植物，年产量约 15 吨。蜂蜜产品有多种包装，每瓶价格为 25—50 元不等，线上线下销售相结合，以线下零售为主。村里就设有快递点，发货十分便捷。荆花蜜销往全国各地，购买者以回头客居多，这得益于密云蜂蜜其对高品质的坚守，始终坚持不掺水、不加糖。

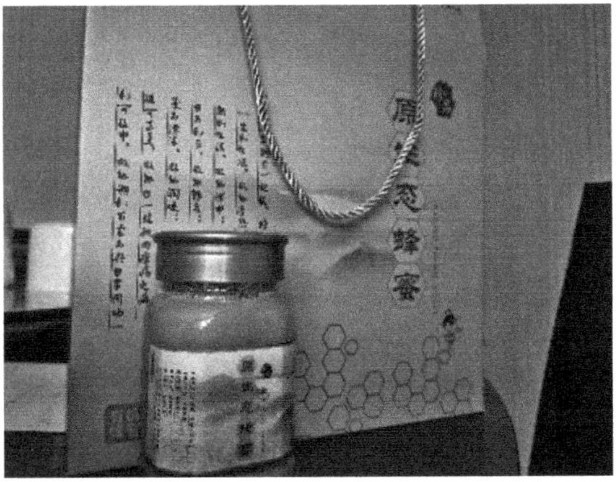

走到院子里，刘母又指着一辆红色的叉车说，前几天蜂场刚买了新的叉车，现在正在搭建新的铁架棚，准备进一步扩大养蜂规模。作为整体打造标准化蜂场项目的一部分，在政府的支持下，蜂场将铁架的高度升高，便于之后叉车运送蜂箱到取蜜车间打蜜，进一步提升运送效率和机械化水平。

临走前，刘母热情地招待我们喝蜂蜜水，我们品尝到十分清香甘甜的荆条蜜，给我们在炎炎夏日中带来一丝清凉。

结束实地考察回到学校后，我们整合各小组调查所得资料，对实地采访录音与拍摄的照片进行了整理与归类，结合所学知识对各部分材料进行分析，结合国家政策进行资料与政策的结合并进行小组讨论和思考，撰写实践报告。

三、实践感悟与思考

（一）密云水库成为首都生态文明建设先锋

作为华北最大的水利工程，密云水库是毛主席提出“一定要根治海河”行动的重要组成部分，见证着根治海河水系，海河旧貌换新颜的历程。它不仅对首都北京的防洪、供水、灌溉、发电等方面发挥着重要作用，在大力推行生态文明建设的新时代，也承担着保水净水，维护生态环境的责任。习近平总书记把密云水库称为无价之宝，可见密云水库在首都生态涵养中的重要作用。通过60年的不懈守护，密云水库的生态环境越来越好。我们实地考察所看到的、采访到的只是保水护水进程中的小小一角。水源涵养林、京津风沙源治理、平原地区造林等生态工程多管齐下；区、镇、村三级保水体系不断完善，构建全天候、覆盖全水域的网格化管护体系……随着近年来密云区相继实施的各项保水举措，密云水库水质不断提升，呈现出山清水秀、天蓝岸净的生态效果，成为为首都生态文明建设中璀璨的“燕山明珠”。

（二）科技兴农

科学技术是第一生产力。养蜂能手刘金良带回的“免移虫取浆技术”为密云区蜂王浆生产项目提供了关键的技术支持；新推广的多箱体养殖技术，相比传统的养蜂方法，使得产出提高了一倍，直接刺激了蜂农增产增收。目前，密云和全国七家科研机构合作开展了技术交流合作，全面致力于提高蜂农养蜂的科技水平。

（三）新兴运营模式充分调动生产力，提高居民幸福感

直接采摘的销售经营模式节省了种植园雇佣人力采摘与运输的成本，不仅减少了人工成本，相应带来的销售价格降低和近距离接触自然的乐趣也能够进一步吸引顾客。

密云农业种植基地在五一节假日等旺季期间，日均会迎来大约三十个旅行团的游客采摘，除此之外，种植园作物的销售渠道还包括线上销售与线下批发。据悉，线上销售以园主微信沟通与推广为主，线上电商运营平台为辅，我们也在淘宝、京东等电商销售平台找到了当地农产品销售店铺，如“密农人家”“密水农家”和“老农销售店”等线上店铺，都已拥有上万粉丝，销量较为可观；而线下批发则集中于旅游淡季，园主将未被旅客采摘的农产品批发给相关零售商，实现旅游淡季种植园农产品的收益最大化。这三种销售模式相结合，既保证了农产品价值的充分实现，也使种植园在淡旺季都有进额，切实提高了当地居民收入，增强了当地居民的收入的稳定性。

（四）将生态优势转化为发展优势

密云蜂业发展助力“脱低致富”。优良的生态环境、丰富的蜜粉源植物为蜜蜂提供了理想的栖息地和充足的食物，为密云发展养蜂业提供了得天独厚的自然条件。通过建立“公司+合作社+农户”模式，推动养蜂产业化、规模化。如今，“蜂盛蜜匀”已经成为密云区生态发展的标志性品牌。2020 年，密云区的蜂业综合收入约为 1.3 个亿，比 2019 年增长了 19.3%，蜂农的收入达到 7000 多万。2021 年密云区将推动蜂业与旅游、农业、健康产业融合发展，打造蜜蜂小镇和悬蜂谷，实现产业链的拓展和收入水平的进一步提高。

随着经济的不断发展，人均可支配收入不断提高，居民消费结构持续优化升级，人们追求更高质量生活的其中一个重要表现就是更加注重健康水平，这就导致了居民在养生保健方面的支出显著增加。而蜂蜜作为天然的保健品，绿色健康又能提高人体免疫力，恰能满足市场的需求。中国虽然是蜂业大国，蜂蜜产量位列世界前茅，却并不是蜂业强国，我国 2017 年蜂蜜产品国家质量监督抽查合格率仅为 83.7%。正如中国经济正在从数量型向质量型发展转变，养蜂业也应走“质量兴业”之路。只有为人民群众提供更多安全的、绿色的、健康的、高质量的蜂业生态产品，才能更加充分的满足人民日益增长的美好生活需要。

（五）生态与经济的协同发展离不开政府的大力支持

密云区的惠农政策补贴助力养蜂产业高质量发展。在 2018 年，由于旱情严重，密云蜂业几乎处于绝收状态，幸好有政府补贴，才使蜂农收回了大部分的养殖成本。除此之外，蜂农每年还可以免费得到政府提供的优质种王，实现了蜂种的优良化和本土化。政府提供蜂箱、补贴购买专业养蜂车等一系列惠农举措，切实减轻了蜂业向规模化、标准化、机械化迈进的成本负担。

在库区，政府张贴的标语与设立的指示牌随处可见，监督电话写在最显眼的位置，还有内外两层的保护网、网格化管理的实行，无一不彰显着政府对这块地表饮用水源地、水资源战略储备基地的上心。政府在密云水库的建设过程中，贯彻环保与民生共行，不仅仅重视水库环境本身，也高度关注当地民生。从网格保水员，到水库垃圾分拣工人、村内垃圾分类员，再到管水员、护林员……这些岗位全都由当地村民担任，真正实现了让村民在家门口就能赚钱。整个水库周边的居民，带着“保水即保家”的情怀，各司其职，共同保护着水库；政府也在进行经济上的支持，在持续为情怀助力。当情怀和物质相互支持，我们更加坚定地相信，水库的环境保护会一代一代地传承，水库是“大水缸”，也是“聚宝盆”。

北京市政府和密云区政府身体力行，将“绿水青山就是金山银山”的理念贯彻到实际工作中，为密云生态文明建设、密云水库生态保护作出了巨大贡献。生态文明建设是系统工作，要想实现长远发展，必须坚定不移坚持“两山”理论，坚持正确方向，因地制宜有选择性地发展产业，在日常工作中扎扎实实走生态发展之路，在发展中保护，在保护中发展。如今密云同时实现保水、发展与富民的共赢，堪称践行生态文明理念典范之区，这都离不开政府的大力支持，北京市政府交出的密云水库这张“满分答卷”对全国的生态文明建设都有着不可忽视的指导作用。

（六）绿水青山就是金山银山

密云区周边村镇基础设施十分完善，交通与绿化建设方兴未艾，未来发展前景广阔。作为国家生态文明建设示范市县，密云区依靠密云水库带动当地乡村的经济发展，大大提高了当地居民的收入和幸福指数，成功实现了山水田园引领致富之路，由“大水缸”转变为“聚宝盆”，充分诠释了“绿水青山就是金山银山”的真理，也为生态文明建设和经济发展协调共进，为“两山”转化、实现农民增收开辟了一条光明的坦途。

绿水青山就是金山银山，把祖国建设成经济繁荣、环境优美、生态良好的美丽家园，既是建设美丽中国的根本要求，也是亿万人民的共同愿望，更是每一个公民义不容辞的责任。我们要建设的现代化是人与自然和谐共生的现代化，既要创造更多的物质财富和精神财富以满足人民日益增长的美好生活需要，也要提供更多优质生态产品以满足人民日益增长的优美生态环境需要。只有满足人民群众对优美生态环境的热切需求，才能让每一位国人都能享受到“好山好水好生活”。

参考文献：

[1] 新华社新媒体 . 跟着总书记学历史：为什么说密云水库是无价之宝 . https：//mo. mbd. baidu. com/r/mjLqGLpdIY，2020-09-01.

[2] 北京密云官方发布 . 生态补水让密云水清岸绿景更美 . https：//mz. mbd. baidu. com/r/mU4e6IPibC，2021-05-10.

[3] 周林 . 密云水库今天零时开渔！15 万公斤水库鱼陆续上岸［EB/OL］. http：//ie. bjd. com. cn/5b165687a010550e5ddc0e6a/contentApp/5b16573ae4b02a9fe2d558f9/AP5d8ad055e4b021e796171460. html，2019-09-25.

[4] 宜居密云 . 两位保水人讲述保水政策和机制演进［EB/OL］. http：//www. bjmy. gov. cn/art/2020/9/18/art_ 10479_ 332506. html，2020-09-18.

[5] 新华社 . 从“大水缸”“后花园”迈向“聚宝盆”［EB/OL］. http：//www. xinhuanet. com/mrdx/2020-08/28/c_ 139324887. htm，2020-08-28.

[6] 首都之窗 . 密云区深入推进河长制 . https：//m. sohu. com/a/438187573_ 203914，2020-12-14.

[7] 央广网 . 密云水库：一泓碧水润京城 . https：//mr. mbd. baidu. com/r/

mU5FJw1wic，2020-09-02.

[8] 新京报．去年养蜂挣了多少？密云区委常委与蜂农聊收入｜幸福大街对谈 07. https：//www. sohu. com/a/447491878_ 114988，2021-01-29.

[9] 宜居密云．密云走出生态涵养区绿色发展新路子．https：//mp. weixin. qq. com/s/fIlB7XSwndoipOFKX3Ri-Q，2021-04-27.

[10] 千龙网．北京密云：网格化管理方式保护水源守护生命线，https：//m. sohu. com/a/211338999_ 161623，2017-12-19.

教师点评：

中国特色社会主义进入新时代，生态文明建设成效成为人民美好生活内涵的重要内容之一，水环境治理更是实现青山绿水的关键环节。该团队通过实地考察和深入调研，全方位了解了密云水库周边的水文及人文环境，不仅调研了密云地区对水环境改善做出的有效措施，同时对当地的农业经济发展进行了考察。该实践主题契合了“绿水青山就是金山银山”的生态文明理念，学生在调研的过程中，加深了对生态环境治理的认识。在此基础上，学生可以继续围绕我国生态文明建设实践做深入理论探讨，助力我国生态文明建设前景。

首都生态文明建设情况调查之垃圾分类调查

团队：毛概探险者

成员：崔凤旋　辜文轩　贾新蕾　常文琪　高子悦　杨冬萍

梁自丽　申　奥　李　怡　杨　涵　侯南希

近些年来，垃圾分类走进人们视野，并且对生活中的影响越来越大。垃圾分类是推进城市生态文明建设中不可或缺的一环，因此我们将实践选题确定为首都垃圾分类现状调查。在“实践周”期间，我们针对“垃圾分类调查”这一选题，对校内外垃圾分类的普及程度、具体实施情况以及垃圾分类条例颁布以来的影响等方面做了一系列调研。尤其对垃圾分类的相关工作人员、身边同学、周边居民等进行了实地采访。根据调查，我们对垃圾分类的现状有了进一步的了解和认识，同学们对垃圾分类也都有了自身的一些思考和想法。

一、实践方案

（一）实践背景

1. 公布

从时间节点上来看，2011 年，北京市出台了《北京市生活垃圾管理条例》，这是全中国第一部生活垃圾管理方面的地方性法规。2019 年 11 月 27 日，北京市十五届人大常委会第十六次会议表决通过北京市人大常委会关于修改《北京市生活垃圾管理条例》的决定。修改后的《北京市生活垃圾管理条例》对生活垃圾分类提出更高要求，并于2020年5月1日起施行。

从国际层面上来看，当前全球都在遭遇新冠肺炎疫情的影响和冲击，大自然给我们人类再一次敲响了警钟。在此期间，实行垃圾分类不仅有助于引导人们建立健康的生产生活方式，更有助于进一步推进和响应我国多次在重大国际会议上发出的承诺："中国将提高国家自主贡献力度，采取更加有力的政策和措施，二氧化碳排放力争于2030年前达到峰值，努力争取2060年前实现碳中和"①，进一步为全球生态文明建设贡献中国力量。

2. 实行情况

（1）顶层设计现状

"一、三、五、六"这几个数字，就是北京市垃圾分类的真实写照。其中，"一"代表"一中心"，始终坚持以人民为中心，对标国际一流和首善标准，高站位谋划、高质量推进、高标准实施。实现人民城市人民管、管好城市为人民。"三"代表"三关键"，以习近平总书记强调的"科学管理、长效机制、习惯养成"作为根本准则和行动目标，贯穿垃圾分类工作的全过程和各环节。"五"代表"五协同"，即立法协同、防控协同、央地协同、部门协同、社会协同，从而提高北京市在居民垃圾分类中的整体性和系统性，进而提高垃圾分类工作的有效性。"六"代表"六提升"，治理、人居环境、市民素养、基层治理、生态文明、社会文明这六个方面的治理水平和治理能力的提升。实现生活垃圾减量化、资源化、无害化治理，即"三化"②。

---

① 习近平．在第七十五届联合国大会一般性辩论上的讲话［N］．人民日报，2020-09-23.

② 孙新军，以首善标准推动生活垃圾分类形成"北京实践"［J］．城市管理与科技，2021.22（03）：6-10.

（2）实践情况——北京市城乡垃圾分类相关数据

截至2021年4月底，北京市在垃圾分类相关工作中取得了不小的进步。一方面，对于城市居民而言的“居民三率”，即知晓率、参与率和准确投放率分别达到98%、90%、85%；另一方面，厨余垃圾分出率、生活垃圾回收利用率、其他垃圾减量率分别达到20%、37.5%、25.68%①。

另外，在关于垃圾分类相关的基础设施建设上，北京市政府也有大量投入。对于常见的居民生活垃圾，北京市政府计划在今年年内建造182座可回收物中转站，回收诸如废旧玻璃及泡沫箱等固体废弃物。加之可从“京环之声”网站上查询到的16家处理有关居民生活垃圾的机构，足见在新基建背景下，北京市对于垃圾分类方面的投入力度。

此外，北京农村地区的垃圾分类工作也值得关注。以北京市海淀区门头村为例。该村依托相关微信小程序，实现对于垃圾分类工作的“积分化”处理，即根据可回收垃圾的种类不同，积累的积分不同，且不设置上限。根据中国文明网上关于北京市海淀区的垃圾分类工作的新闻报道，门头村探索将瀚河园小区作为积分兑换试点小区，激励居民从家庭源头开展垃圾分类。“门头村物业党支部书记赵春鹏告诉记者：自2020年5月以来，瀚河园驿站回收总次数已达48419次，回收积分值1878646分，回收厨余垃圾达52669.972公斤。”②

“据了解，投放1.5公斤厨余垃圾等于25个积分，每天上限50个积分。可回收垃圾根据不同物品，积累的积分不同，不设置上限。每月固定时间在小区东门广场兑换礼品。在2月的积分兑换活动中，

① 全民垃圾分类参与率达90%北京这一年生活垃圾分类治理体系基本建成［N］.北京日报，2021-04-28.

② 北京海淀：做好垃圾分类是乡村治理“必答题”“加分项”，北京海淀文明网，http：//www.wenming.cn/dfcz/bj/202103/t20210324_5989335.shtml，2021-03-24.

每1000积分可兑换袋装500克洗手液一袋，1500积分可兑换1.28千克餐具净一盒，用户可登录微信小程序，点击积分兑换。”①

“赵春鹏给记者算了一笔账：一个普通的三口之家，一个月积累的厨余垃圾可兑换一袋洗手液。赵春鹏说，‘把垃圾投放在驿站，不仅美化了环境，还可以兑换礼品，大家都很开心。’居民们告诉记者，以前是积分奖励提升居民垃圾分类的积极性，如今，自觉分类已经成为居民的习惯”。②

根据现行的条例规定，我们决定对首都的垃圾分类情况进行实地的调研考察，最终形成实践报告。

（二）实践目的

根据《毛泽东思想和中国特色社会主义理论体系概论》课程要求，我们对于北京市的垃圾分类情况做了调查。基于实事求是的原则，我们实地探访了垃圾分类宣教中心、垃圾分类驿站，同时进行了问卷调查，收集到了一手资料。我们希望能够通过这些调查走访的资料了解到最真实的首都垃圾分类现状，对现状进行分析总结，对调查结果进行反思感悟，让大学生了解北京垃圾分类的现实状况，并针对存在的问题提出解决方案。

（三）实践方案

首先，在本次社会实践中我们对小组成员进行了分工。本组成员总共十一人，我们将组员分为两个小级：论文组与漫画组。论文组将会进行现实状况调查以及实践报告的撰写工作；漫画组因为组员都来自视觉传达设计专业，所以我们决定发挥专业特色，对垃圾分类这一选题进行“四宫格条漫”创作。

---

① 北京海淀：做好垃圾分类是乡村治理“必答题”“加分项”，北京海淀文明网，http：//www.wenming.cn/dfcz/bj/202103/t20210324_ 5989335.shtml，2021-03-24.

② 北京海淀：做好垃圾分类是乡村治理“必答题”“加分项”，北京海淀文明网，http：//www.wenming.cn/dfcz/bj/202103/t20210324_ 5989335.shtml，2021-03-24.

其次，确定分工后我们进行了社会实践内容的规划。我们采取就近原则，先对学校校园的垃圾分类情况进行了调查，同时对部分昌欣物业的工作人员进行问卷调查，然后我们会对校园中的同学进行路人访问调查，了解同学们对于垃圾分类知识的掌握以及对于校园垃圾分类现状的一些看法。

接着，第三个实践阶段我们将会外出到校外进行社会实践调查。我们预计将会参观海淀区中关村街道垃圾分类宣教体验中心，亲身体验和了解垃圾分类的相关科普知识。结束后我们将再去参观垃圾分类处理驿站，了解垃圾分类流程以及首都垃圾分类的具体实施现状。同时，我们也会抓住这一次的外出实践机会，向外界（宣教体验中心工作人员、垃圾分类处理厂工作人员、周边居民、参观群众等等）进行首都垃圾分类现状的了解程度以及对现状的认知看法的调查。

最后，在实践结束后，我们将会对文献、网络资料、采访调查报告进行小组内的整合筛查，从中筛选出我们需要的资料进行梳理，然后根据实践内容进行实践报告的分工撰写。

二、实践过程

（一）小组分工

关于社会实践——垃圾分类调查，我们首先对本组十一个成员进行具体的分工。由于组员都来自视觉传达设计专业，我们决定发挥专业优势和专业特色，十一个成员被分为两个大组，漫画组和论文组。漫画组的三位同学对垃圾分类这一选题进行“四宫格条漫”创作；论文组的其他八个同学也会进行资料调查以及实践报告的撰写工作。在明确了具体的成员分工之后，我们进行了社会实践调研。

在本次社会实践中，由于垃圾分类十分复杂，门类也有很多，需要掌握基本的垃圾分类知识，不定期的还会举行垃圾分类知识的调查。为了确保本次的垃圾分类的实践社会调查能够顺利进行，一方面实践队员们在调查开展的前一天就对垃圾分类的知识进行了了解，知道了其他垃圾、有害垃圾、厨余垃圾、可回收垃圾等大致分别有哪些物品；另一方面我们进行了具体社会实践内容的规划。通过调研和学习垃圾分类相关要点和知识，我们对本次实践对象——垃圾分类又有了一个更深层次的了解。

（二）校园实践

根据就近原则，我们首先对校园垃圾分类情况进行了调查。根据观察可以发现校园垃圾分类还是存在许多问题的，例如，大部分宿舍楼下的垃圾桶没有颜色区分，同学们没有在源头上进行垃圾分类，大部分需要保洁二次分类；垃圾桶附近经常会发生垃圾堆放的情况，在大风天气会导致垃圾满天飞，不利于校园环境的美化，也增加了保洁人员的工作量。我们也发布了垃圾分类调查问卷，调查了部分同学对于垃圾分类的了解以及对现行校园垃圾分类管理规定的相关看法。

以下是调查问卷部分内容及统计结果：

1. 根据最新垃圾分类标准，日常生活垃圾可分为几类？

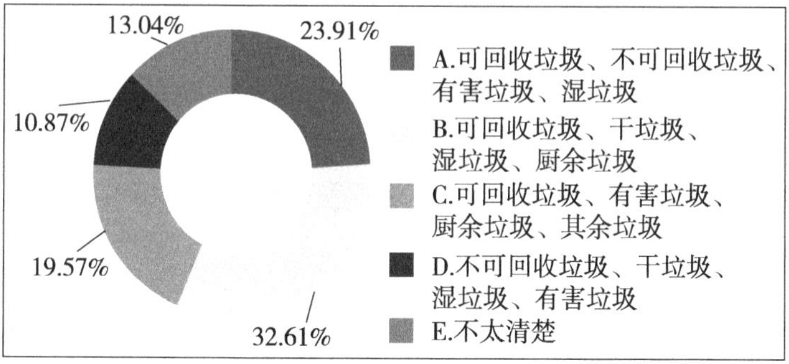

2. 在日常生活中您会有意识进行垃圾分类吗？

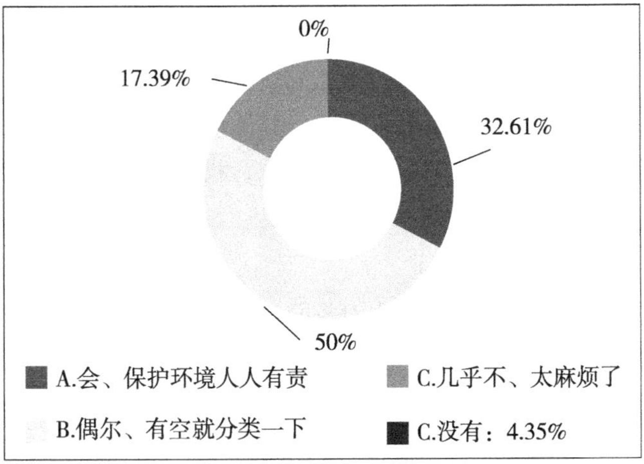

3. 您对本地区的垃圾分类法律法规了解多少呢？

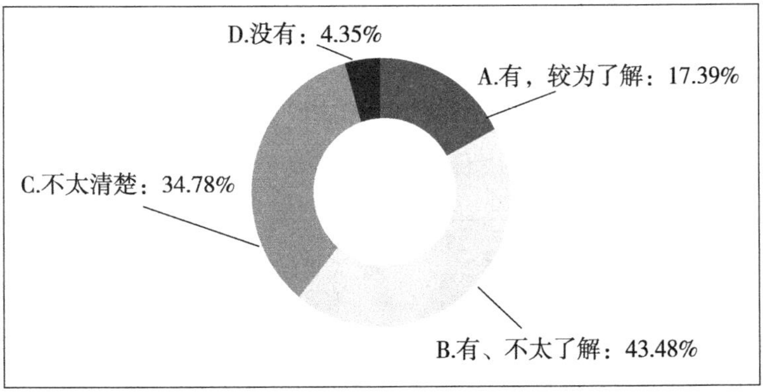

4. 您认为所在地区的垃圾分类宣传是否有效呢？

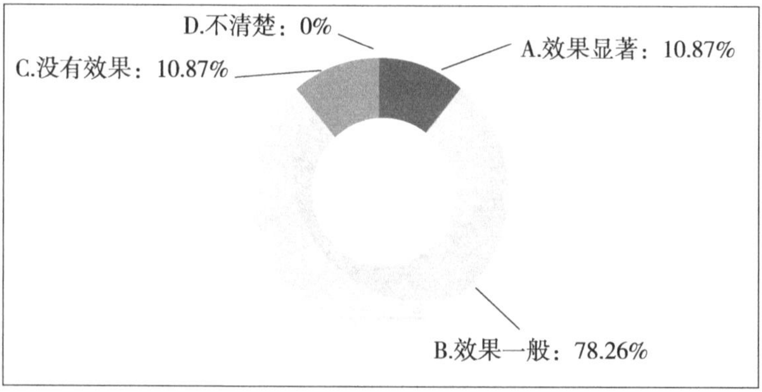

5. 您更倾向于接受哪些宣传教育方式呢？

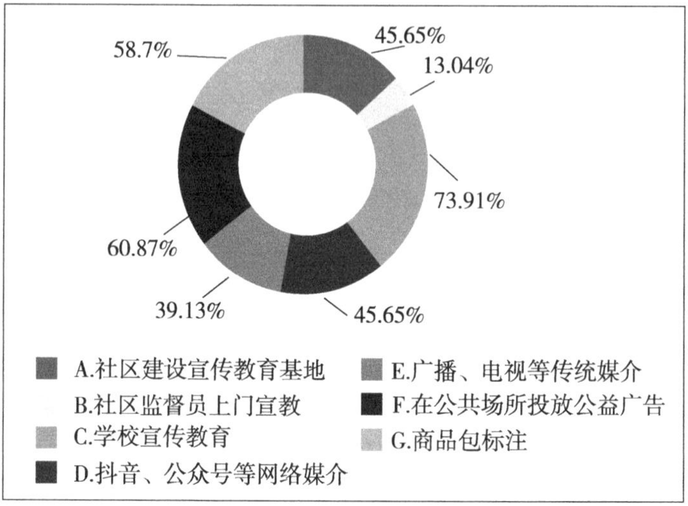

6. 您所在地区是否有因垃圾分类受到表彰或惩罚的举措？

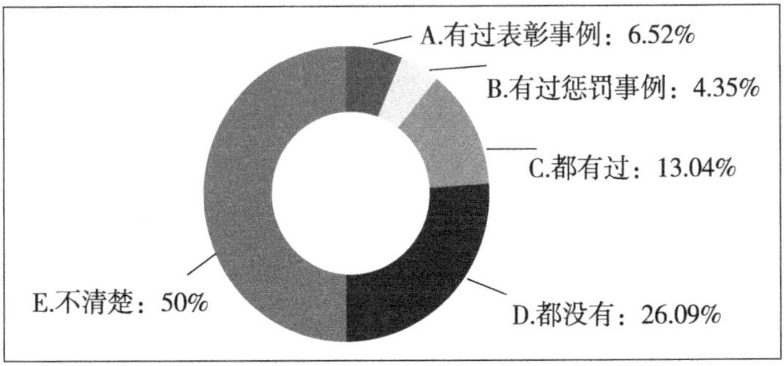

7. 您认为该做法效果如何？

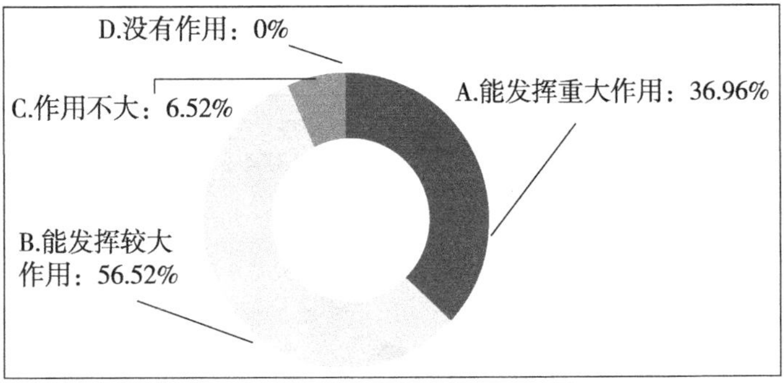

8. 您认为以下哪些方式对实施垃圾分类最有效？

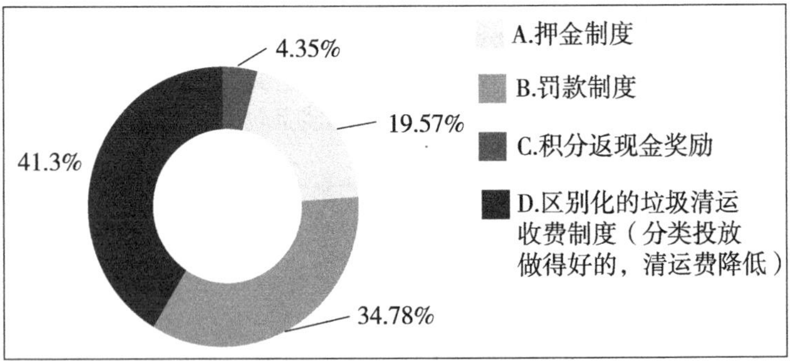

9. 您认为谁应是垃圾分类的主力军？

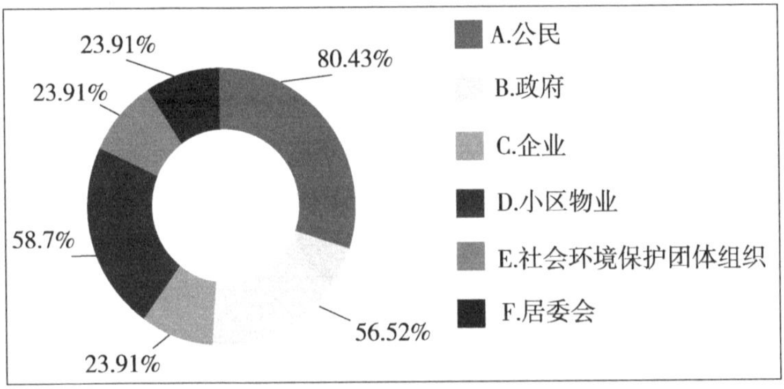

10. 您认为上述主体之间的配合程度如何？

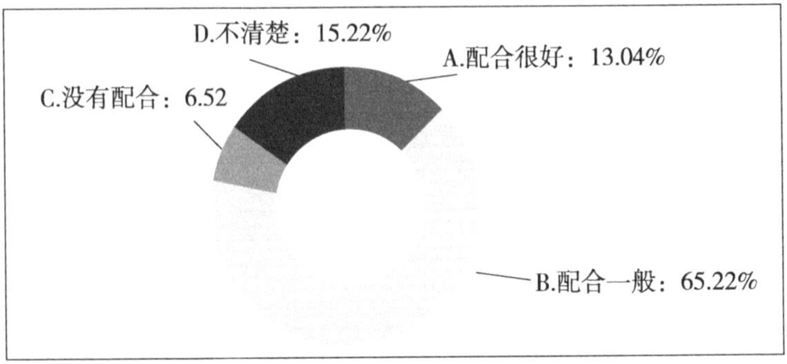

11. 您认为垃圾分类哪个过程最急需治理？

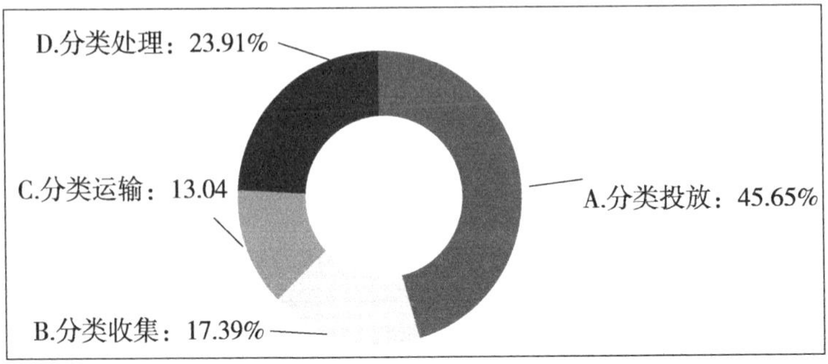

12. 您认为科技在垃圾分类中能发挥多大作用？

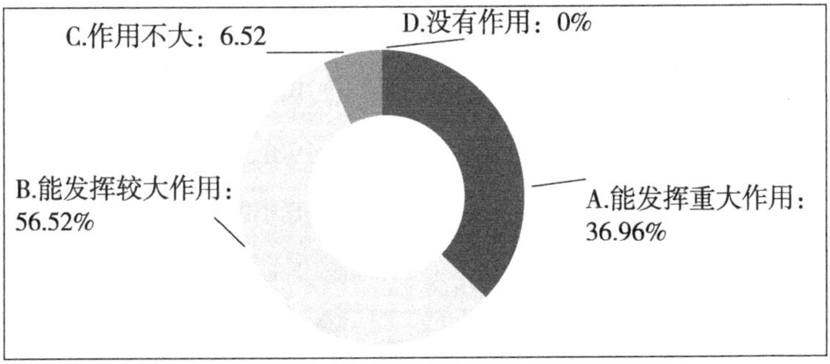

13. 对于校园的垃圾分类现状您有什么建议呢？

序号	答案文本
3	无
5	加强垃圾分类宣传
6	多设立分类垃圾桶，加强宣传力度，多进行废旧物品回收活动
10	具体分类执行
11	更加严格垃圾分类
13	无
15	加油
16	垃圾分类几乎是：完全靠阿姨们手动分开。太累了天还越来越热.如果哪个区域扔哪部分或者说某一类塑料瓶可以单扔也会好很多吧
17	无
19	无
22	垃圾桶可以有标识，方便投放
23	无
26	多设置些垃圾桶
27	无
28	无

根据调查问卷我们得出结论：同学们对于垃圾分类有一定的了解，但是了解还不够深入，对垃圾分类政策了解较少，尤其是对于校园的垃圾分类现状大家存在一定的不满。同时，我们也采访了校园宿舍阿姨，从阿姨的话中我们发现：虽然我们平时在扔垃圾时也会有意识地进行分类，但不可否认，因为师生生活节奏较快和垃圾分类意识淡薄，校园垃圾分类大部分工作量还是分摊到了学校的保洁部门有关人员身上。我们经常能够看见宿舍楼下在分拣垃圾的保洁人员，而且从宿舍阿姨的回答中，我们也可以看到自垃圾分类实行以来他们的工作量还在不断加大。因此，这就需要我们同学在垃圾分类的源头上做好工作，以减少他们的工作量。当然，校园垃圾分类需要多方面去配合，也需要我们去寻求一个更佳的方案。

（三）社会调查

我们一致认为，垃圾分类是生态文明建设中非常重要的一环，具有非常重大的意义。也正是在此背景下，针对垃圾分类这一新风尚，《北京市生活垃圾管理条例》颁布、修改和实施。经过一年的努力，北京全民垃圾分类参与率达到 90%，垃圾分类从“不重视”到“重视”取得了重大的成效，吻合了北京市作为首都所面临的以及适应新的时代发展所要求的生活垃圾分类治理体系；生活垃圾分类一步一步地从攻坚战到坚定的持久战转变①。

但是我们也认识到现在对垃圾分类的了解和实施程度是完全不够的。我们需要真正培养垃圾

① 全民垃圾分类参与率达 90%北京这一年生活垃圾分类治理体系基本建成［N］. 北京日报，2021-04-28.

分类的好习惯，不仅仅是对于我们自己，同样也需要让全社会的人都行动起来，将垃圾分类从新风尚转变成整个社会的好习惯。

我们查询到，截止目前，北京就已建成分类驿站一千多座，达标改造的固定桶站达到两万多个。垃圾分类设施建设管理达标率大大提高，多地也建成了非常完善的有针对性的垃圾分类处理厂。我们了解到北京就有多座垃圾分类处理厂，比如说朝阳区生活垃圾综合处理厂焚烧中心、通州区再生能源发电厂高效处理厂、海淀区垃圾分类宣教体验馆以及昌平区生活垃圾分类驿站等等。

这次我们小组成员兵分两路，分别到海淀区垃圾分类宣教体验馆和昌平生活垃圾分类驿站，对其工作人员、保洁人员以及周边居民进行采访来丰富我们的社会实践课题研究报告。

我们第一站来到了北京中关村街道垃圾分类宣教体验中心。中关村街镇级垃圾分类宣教体验中心地处中关村各个小区之间，我们留意到，它在海淀的各个街道社区张贴了垃圾分类知识宣讲的条幅、海报、标语口号，有非常浓厚的氛围。讲解员为我们具体讲解如果不进行垃圾分类的危害、相关标准以及处理的体系政策等等。在宣教中心中，我们也留意到有几块宣传背景板被小朋友签满了名字，对于大人、小孩来说这里确实是绝佳的“教育基地”。这里的工作人员告诉我们，自从实行垃圾分类宣教以来，人们的垃圾分类意识提高了，垃圾分类条例的实施对人们日常生活习惯的改变也非常大，每个人都是垃圾分类的主力军，对垃圾分类的治理工作起着不可小觑的作用。此外，工作人员还特别强调，垃圾分类的宣传工作仍然需要深化完善，这需要我们每一个人在日常生活中时刻谨记垃圾分类的意识，为保护环境出一份自己的力量。

第二小分队来到了昌平生活垃圾分类驿站，这里垃圾分类开展情况并不如中关村垃圾分类宣讲体验中心那么规范和到位。我们发现，在垃圾分类的过程中，虽然政府给每个住户提供了垃圾分类的垃圾桶和垃圾袋，但还是有些人不能很好地将垃圾分类，将腐烂的蔬菜投扔到“其他垃圾”桶中，将纸扔到“厨余垃圾”桶中，从而导致社区保洁员们的工作量非常大，不仅要分类垃圾，还要洗垃圾桶，十分辛苦。为了提高人们垃圾分类的意识，实践队员在小区里进行走访调查，但调查过程很坎坷。有些住户出于各种原因并不配合调查。走访了几户人家，都不是很理想，而且生活垃圾分类驿站和相关社区垃圾分类点都并未见到相关人员的身影，附近居民对我们同学关于垃圾分类问题采访也是拒绝的态度。这也体现了宣教中心工作人员反映出来的主要问题——垃圾分类的宣传工作仍然需要深化和完善。特别是在疫情这个特殊的时期，社区卫生部门更应该将爱国卫生运动和垃圾分类有效结合，积极组织开展垃圾分类的科普、宣传和动员工作。

Ravenclaw!
蓝色：代表可回收再利用垃圾
Hufflepuff!
黄色：代表医疗废物专用垃圾桶
Slytherin!
绿色：代表厨余垃圾
Gryffindor!
红色：代表有害垃圾
Azkaban!
灰色：除了有害物质和可回收物质以外的垃圾，难以回收的废弃物

通过本次对垃圾分类的调研和实践，增强了大家对于垃圾分类的了解，提高了大家的环保意识，倡导人们将垃圾分类应用到生活中。虽然第二站活动的收获略少，但也能从这个现象中发现垃圾分类活动宣教的不足之处，在日后的宣传工作中要加大力度，并且创新宣传形式，将垃圾分类观念潜移默化地植入到人们的学习、工作与生活中。

三、实践感悟与思考

通过这一次的社会实践活动，我们小组成员对垃圾分类有了更多的认识、感悟与思考。以下是我组成员的一些实践感悟与思考。

（一）

在此次的调查采访中，我遇见了一个笑容格外开朗的阿姨，当我问她："垃圾分类对你的生活改变大吗?"她对我说："当然大呀！它让我们知道了要保护环境，垃圾分类对我们来说很有好处，特别是对全人类都有好处"。朴实的语言直击心灵……

在这个经济水平高速发展的时代，大家的物质消费水平也快速提高，随之而来的是大量的垃圾和卫生问题。到 2020 年，全球一年生产垃圾大约 34 亿吨。根据中国城市环境卫生协会统计，我们国家一年将近生产 10 亿吨垃圾。更让人心惊的是，我们国家城镇生活垃圾还在以每年 5%—8%左右的速度增长中。看到这个数字我们还会觉得无所谓吗?

垃圾的处理远远没有我们想象的那么简单，不是随便掩埋或丢弃就能当没有存在过。不恰当的处理方式会给环境带来更大的负担，比如污染水源、土壤、空气等。我们经常能看见各种因为垃圾处理不当影响生活环境的新闻，特别是在我们注意不到的地方，"垃圾围城""海洋垃圾场"这些都在改变着这个星球的生态，甚至改变着我们的身体机能。我们不能再只关注自己，对于这个社会，这个环境而言，我们应该更多去做一些力所能及的事情。

垃圾的大量产出造成了资源的极大浪费，而垃圾分类可以让我们最大程度上做到资源回收利用，某种程度上来说这不也是一笔可观的经济收入吗？更何况，它还能改善我们的生活环境，减少一些我们本不必要承担的污染。利大于弊，何乐而不为呢？

（二）

如今，虽然有垃圾分类政策的出台，但是在日常生活中还是会有一部分人忽视垃圾分类箱的存在。每日产出量巨大的垃圾，不可能全部交由环卫工人来做，每个人都需要扛起一份责任，从自己开始做起，带动垃圾分类行动，号召垃圾分类。

对于上层领导部门来说，应该做好垃圾分类相关条例规定的颁发实施工作，确保条例规定的落地执行；各街道办等单位要制定相关垃圾分类奖惩机制，调动群众垃圾分类积极性；各级商家、工厂也要在产品包装上做好垃圾分类标识，方便消费者进行产品的垃圾分类；群众也可以通过家中放置不同垃圾桶的方式将厨余垃圾与可回收垃圾进行初步分类。只有社会各界共同努力，才能从源头上减轻环卫工人的垃圾分类工作量。

在生活中，我们每个人都是垃圾的制造者，如何把不同的垃圾进行精准分类，是目前最应该解决的事情。

在海淀区的垃圾分类宣传中心，我们采访了相关工作人员，工作人员表示垃圾分类不仅仅是环卫工人的工作，它更应该是我们每个人的工作，我们只需要养成一个习惯，那我们的资源分配和环境保护自然而然地就能提高上去。在我们采访的同时，一位环卫工人也在旁边与工作人员商讨事宜，虽然在我们看来那是一件小事，但环卫工人却再三确认并提出自己的意见，对这份工作尽职尽责、认真对待，这也足以证明中国垃圾分类政策的实施得到了很好的反馈与回报，我们也应该向这位环卫工人看齐，用更严谨的态度对待垃圾分类，这也是我们本职的责任与义务。

（三）

垃圾分类作为构成城市生态环境的一大重要组成部分，是构建良好城市形象不可或缺的一环。

世上本来没有垃圾，只有放错了位置的资源，这便是对垃圾分类最好的诠释。垃圾分类利国利民，那些混杂的垃圾，不进行分类的话就变成了真正意义上的无用之物，只剩下焚烧与填埋的后路，这样的做法只会带来无穷隐患。

将垃圾进行科学处理、减轻体量、重复利用、再转为无害物质，这关系到每个人的生存环境和居住幸福感。因此，做好垃圾分类不仅能够改善生态环境，还能大大提升居民生活品质，更关系到节能减排，也是社会文明不断进步的一个重要体现。所以说垃圾分类需要所有人认真对待、共同参与。绿水青山就是金山银山，环境的改善与维持，需要无数人的传承，无数人的努力。

在进行如此多的调研后，我们发现有正确的思想认识是最为关键的。只有在源头上深刻了解垃圾分类的重要性与迫切性，才能真正做好垃圾分类。垃圾分类，需从自身做起，从现在做起！

结　语

通过本次社会实践调研我们对于垃圾分类条例有了更加深入的了解，也对北京垃圾分类现状有了更加系统化、条理化的认知。虽然国家早在二十世纪就已经提出了“垃圾分类”这个概念，甚至早于许多发达国家，但是我们正式实施也仅仅是在近些年。在垃圾分类上，上海、北京等发达城市先行一步，人们也渐渐认识到了垃圾分类的重要性，开始有意识地进行垃圾分类。比如实践中的垃圾分类宣教中心，虽然是工作日，但是依旧有许多的家长会愿意带着孩子去学习；再比如我们自己，扔垃圾时会下意识思考垃圾种类并正确投放。但是不足依旧存在，我们在对社区垃圾分类驿站进行走访调研时，会出现工作人员不在岗、驿站关闭的情况；在对周边居民采访时他们有些甚至会摆出一副“我不了解、垃圾分类与我无关”的姿态。

人们开始重视垃圾分类是真实的，垃圾分类改善了我们的生活是真实的；但是还有一部分人对垃圾分类无动于衷、做“面子工程”也是真实的。垃圾分类不能仅仅依靠政府出台法令条例，也不能仅仅是上层的命令，更应该是人民群众共同有意识去做、去落地实现的长期战斗；各级商家也应该积极配合，在商品的包装上做出垃圾分类的标识，从源头上做努力。

如果始终抱着“反正会有保洁人员再次分类”这样的心态，垃圾分类何时能够真正落地呢？从今天开始，不再漠视每一次的垃圾投放，需要社会各界共同努力，一起落实垃圾分类，共创美丽首都生态！

参考文献：

[1]《北京市生活垃圾管理条例》，http：//www. beijing. gov. cn/zhengce/zhengcefagui/201912/t20191218_ 1256860. html.

[2] 北京市生活垃圾管理条例（2020年修订），https：//www. ehs. cn/law/113616. html.

[3] 习近平．在第七十五届联合国大会一般性辩论上的讲话［N］．人民日报，2020-09-23.

[4] 孙新军，以首善标准推动生活垃圾分类形成“北京实践”［J］．城市管理与科技，2021. 22（03）：6-10.

[5] 全民垃圾分类参与率达90%北京这一年生活垃圾分类治理体系基本建成［N］．北京日报，2021-04-28.

[6] 北京海淀：做好垃圾分类是乡村治理“必答题”“加分项”，北京海淀文明网，http：//www. wenming. cn/dfcz/bj/202103/t20210324_ 5989335. shtml，2021-03-24.

教师评语

垃圾分类是生态文明建设中的重要组成部分，对我们全面开展生态文明建设具有重要的推进作用。该组成员选取首都垃圾分类作为本次社会实践活动的主题，将理论与实践相统一，通过前期资料查询和后期实地调查与采访，详细阐述了首都垃圾分类的现状，指出了目前垃圾分类仍然存在的问题，并且结合自身专业情况和所学知识为首都垃圾分类的未来发展建言献策。未来，首都生态文明建设必然离不开垃圾分类的推行，垃圾分类也必然会成为全社会人人崇尚和倡导的新风尚。

基于城市微更新背景下的口袋公园空间再利用研究

——以北京市口袋公园为例

团队：绿野京踪队

成员：何华伟　张宇薇　和宇航　杨瑾然　于泽洋　徐瑞雪
　　　周子欣　王梦琦　李思蕙　罗陶然　张首创

一、实践方案

（一）研究背景

随着城市化进程的推进，城市的总体空间结构基本趋于稳定，但可用于城市公共空间建设的用地却越来越少，城市中心区域的高密度建筑已使得建设大型城市公园变得极为困难。与此同时，渐进式、小规模的微更新模式得到了越来越多的关注。国内关于微更新的研究源于吴良镛先生提出的“有机更新”理论，他在《北京旧城与菊儿胡同》一书中认为，城市是一个有机体，要“采用适当规模、合适尺度，依据改造内容与要求，妥善处理目前与将来的关系”，指出需进一步加强对小规模改造与整治方面的研究，探索“小而灵活”的城市更新①。在高密度的城市空间中，为适应城市的不断更新，合理开发再利用城市废弃地，将其发展为城市小游

---

① 崔柳，赵宇婷，李东宸．城市微空间更新与城市触媒效应关联性设计实验研究——奉贤南桥镇口袋公园更新设计国际竞赛实录［J］．中国园林，2020，36（08）：47-51.

园，无疑是对城市公园的良好补充和对城市绿地使用需求的满足[①]。在大城市的核心区域中，密集化的用地使得“见缝插绿”的小游园真正成为城市人缓解压力、接近自然的重要场所，对居民生活品质提高和城市更新具有重要意义。

口袋公园一般面积较小，呈斑点状且灵活地分散于城市各处，选址具有不规律性，但是数量多，较为常见。目前我国对城市口袋公园还没有一个明确的认识，在大城市中这一类绿地往往没有得到完善的设计，对于城市小型废弃地或空地的绿化多以简单的绿化隔离带为主，形成仅能提高绿化率却无法让人进入使用的绿地；居民对于这类绿地的使用意识和使用行为也并不明确和规范。此外，虽然国外对口袋公园的使用和影响要素均有研究，但由于社会形态和行为意识与国外不同，中国城市居民在城市小游园中的活动和偏好趋向以及绿地中的各项要素对人们造成的影响与国外相比也有所不同。因此，本研究从中国城市使用者的角度出发，将北京市的城市小游园及其使用者作为本次调研对象，通过调查研究，总结分析北京市城市小游园的使用情况及其影响要素。

（二）目的意义

生态文明建设要求实现绿色发展，这是中国特色社会主义事业建设的重要内容，是中国未来发展的一个重要方向。口袋公园的建设与发展符合了生态文明建设的主题和可持续绿色发展的先进理念，是我国当前可持续发展的重要证明。北京市通过拆迁腾退用地、改建空闲用地、绿地改造等方式将各类空间改造为口袋公园，优化了城市绿地空间结构，改善了城市的面貌，提高了城市的绿化程度，优化了首都的生态环境，同时也满足了周边居民等的不同休闲娱乐需求，使其逐步成为城市生活调节中的一个重要的部分。在

① 骆畅，刘晓明．基于 LBS 数据的城市小游园使用情况研究——以北京市海淀区为例［J］．中国园林，2016，32（12）：48-52.

实践过程中，小组不仅调查分析了口袋公园对它周边环境的生态文明建设和首都总体生态文明建设的重要作用，还收集了公园附近居民等对于口袋公园的各种观点与看法，从他们那里感受口袋公园带来的各种改变，在不断丰富自身知识和阅历的同时，也让我们能有更多的经验为中国特色社会主义的发展献计献策，并贡献自身力量。

（三）研究思路、方法

1. 研究思路

本研究以北京市三种类型的口袋公园为研究对象，通过文献分析、政策研究、实地调研等方法，深入研究北京市口袋公园的现状和问题，结合其他城市口袋公园的相关案例，运用理论与实践相结合的方法，为北京市口袋公园进一步优化发展给出政策建议。

2. 研究方法

文献研究法。进行国内外文献梳理，以对口袋公园发展路径有较为清晰的认识，明晰国内外学者的研究重点以及内容。同时，研究北京市相关的政策内容，对该城市进行更为针对性的资料分析。在分析文献资料的基础上对北京市口袋公园发展问题展开研究。

实地调查法。在做好疫情防控措施的情况下，前往北京市相关口袋公园进行实地考察。选取具有代表性和典型性的口袋公园，走访这些不同类型的公园。现场观察北京市口袋公园发展过程中的特点及问题，并对相关人员进行访谈。将搜集到的相关信息与夜间经济发展特点、相关政策等资料相结合，探索北京市口袋公园发展的优化方案，并预估方案可行性。

问卷调查法。在北京市进行实地调研期间，制作相关电子问卷，分别发放给当地口袋公园的活动主体，各有侧重地调查他们对北京市口袋公园发展的了解程度以及看法，了解其对北京市相关发展的建议，并应用相关的方法对其进行量化分析。

比较研究法。在了解北京市口袋公园的发展现状后，选取其他具有特色的城市的口袋公园的案例进行横向比较，同时，比较相同点与不同点，借鉴其他城市发展治理过程中的优点，规避其他城市治理的缺点，以找到合适的发展路径。

（四）文献综述

国外最早关于口袋公园的研究始于1976年，国内对口袋公园的关注始于1991年一本名为《袖珍公园——一个“憩”与“用”的场所》的译本在国内的传播。此后以2010年为界，国内对口袋公园的研究可分为两个阶段：2010年以前是国外案例学习与理论探索阶段，2010年以后是理论本土化与本土案例研究阶段。

2010年以前国内的研究多讨论口袋公园的设计与国外成功案例两个方面。庞琳认为口袋公园有三个构成要素：独立的生态系统、完善的空间结构、与城市景观协调①。夏娃认为口袋公园的设计需要综合考虑人对自然环境和人际交往两方面的需求，并提出让居民参与公园设计②。陈瑶等人认为设计需要充分体现“人性化”理念、可以允许适当的商业贩卖，同时指出口袋公园的选址、养护等问题③。刘昱晓认为设计要兼顾人的所有感官，公园本身要为人的互动提供条件④。陈科育以北锣鼓巷旧城区为例，分析了利用袖珍公园改造旧城区环境的可能性，并建议用社区合作制完成公园的建设，促进旧城区更新⑤。张文英回顾了美国口袋公园的起源，介绍了口袋公园的构成要素，分析了三个美国口袋公园案例，得出口

---

① 庞琳，王剑．袖珍公园——现代城市公园设计发展趋势［J］．城市建筑，2006（10）：25-26.

② 夏娃．城市中的袖珍公园［J］．合肥工业大学学报（社会科学版），2003（05）：75-78.

③ 陈瑶，贾子超，高健洲．袖珍公园设计初探［J］．吕梁高等专科学校学报，2008，24（04）：20-22.

④ 刘昱晓．袖珍公园与城市生活［J］．上海工艺美术，2009（04）：87-89.

⑤ 陈科育．袖珍公园在旧城居住区更新中的应用初探［J］．农业科技与信息（现代园林），2010（04）：70-72.

袋公园建设要捕捉人们需求，明确公园建设目的、设计以用户体验为导向而不是以美学为导向、运作中赋予口袋公园文化价值的启示①。

在2010年以后，除了讨论口袋公园的设计，国内研究对口袋公园的优化策略和有效管理做了较多研究。口袋公园兼具社会文化、景观和自然生态作用，发展口袋公园有利于打通公共绿地与大众日常生活的最后一公里②。袁文良提出有些口袋公园在建设之后疏于管理，出现了烟蒂随地乱扔、不及时处理狗粪、垃圾无人处理等不文明迹象③。也有学者认为公园设计如何兼顾美观和便民、绿地资源的选址如何保证公平合理以及开放“口袋公园”后怎样调动周边居民主动去爱护这些公园都是值得城市管理者去探究的问题④。刘纯银提出，口袋公园多集中在闹市区，人流量大，易产生生活垃圾，要从规划设计、后期维护管理、持续的宣传教育三方面加强口袋公园建设⑤。孔光燕则从街区改造的视角对口袋公园的发展提出了口袋公园形式的出现既应该体现街道的性格，也要赋予其现代的艺术气息、注意公园可达性和可参与性等建议⑥。也有作者对“口袋公园”做分类研究，将“口袋公园”分为四类，即居住型口袋公园、商业型口袋公园、文化型口袋公园和交通型口袋公园⑦。

现有文献的优化策略多从宏观的角度对不同类型的口袋公园如

① 张文英．口袋公园——躲避城市喧嚣的绿洲［J］．中国园林，2007（04）：47-53.

② 李杨，段广德，敖利平，郎涵予．城市绿地体系中口袋公园设计探讨——以包头市九原区花园路口袋公园设计为例［J］．现代园艺，2021，44（05）：128-129.

③ 袁文良．对“口袋公园”要有到位的管理［N］．恩施日报，2021-03-09（005）.

④ 王嘉言．“口袋公园”建设好更要维护好［N］．苏州日报，2020-07-23（A09）.

⑤ 刘纯银．“口袋公园”要建好，更要管好［J］．城乡建设，2020（14）：1.

⑥ 孔光燕．“口袋公园”在北京街区提升中的设计策略研究——以王府井、西单口袋公园为例［J］．建筑与文化，2018（09）：158-159.

⑦ 刘丹书．基于日常生活的首都功能核心区口袋公园优化策略研究［D］．北京建筑大学，2020.

何设置提出建议。调研口袋公园需进行细致的微观优化设计，以使优化策略立体全面。

（五）实施方案

1. 时间安排

时间	安排
3月28日—4月2日	前期资料收集，小组成员进行主题商定
4月2日—4月3日	确定主题并进行文献研究，初步形成报告写作框架思路，确定任务分工
4月3日—4月30日	分小组进行外出实践调研并书写调研报告
4月30日—5月10日	形成小组报告初稿
5月10日—5月15日	编辑、排版、整合调研报告

2. 人员分工

研究采用“成员合作+小组分工”形式，前期资料研究与后期学术性内容写作由本组成员共同完成，中期实践调研则采用分小组进行的形式，各小组分别前往不同种类公园进行实地调研，并分别撰写调研报告。

二、实践过程

（一）实地调研

口袋公园主要有三种类型：由绿化代征地改建而成，例如香河园口袋公园；拆违后利用腾退空间改建而成，例如同仁医院口袋公园；在现有绿地基础上改造提升而成，例如天坛东门口袋公园等。小组对以上三个口袋公园进行了实地调研。

1. 香河园公园案例分析报告

（1）活动介绍

组员：李思蕙　罗陶然　张首创

实践过程和方法：围绕公园考察整体地形和景观情况，分析指出公园现状发展中存在的值得肯定的地方和潜在的问题；在调查地点随机发放问卷，对群众进行询问配合采访。

（2）案例概况

地理位置。香河园口袋公园面积达 9450 平方米，公园位于东北二环外侧，毗邻清水苑社区，周边有自来水博物馆和自来水等历史建筑，公园内几块分散的绿地空间与场地周边的自来水厂、博物馆等历史建筑被有机地整合串联，主入口的石材台阶上雕刻了自来水的历史变迁，石材座椅上也有运用激光影雕技术打印的自来水历史发展相关图片。

整体形状。通过实地调研发现，香河园口袋公园的整体形状呈现狭长条形状，这主要与自身的特点和所处的地理位置相关。香河园口袋公园的出入口较多，可以沟通联系两地交通。公园的构成要素主要是绿色植物和基础设施。

调研实况。通过走访得知，公园的活动主体主要是附近的中老年人；公园的客流量相对可观；活动人员进行的娱乐项目也比较丰富；公园的基础设施较为一般，只有一些椅子可供休息；公园两侧的人行道有很多居民在摆地摊、理发，导致路况不佳，也有损公园的整体协调感，降低了个人的体验感。

（3）优势分析

有效利用城市绿地空间，便利四周住民。香河园口袋公园身处两条公路主干道之间的地带，由绿化代征地[①]改建而来。公园绿化规划在狭小的空间中做到了极高的绿化优化利用率，受到居民的一致好评，也有利于优化主干道道路两侧环境，吸收汽车尾气排放。

入口分布多，便于进出。香河园口袋公园的整体形状狭长，两侧与主干道人行道连接的同时，附带地下通道便于行人通行，在行人通勤途中也提供一种全新的绿化视觉体验和新鲜空气环境。公园两侧间隔适当距离分布大量的出入口，便于行人通行和进出。

---

① 绿化代征地：根据《北京地区建设工程规划设计通则》解释“由城市规划行政部门确定范围，由建设单位代替城市政府征用集体所有土地或办理国有土地使用权划拨手续，并负责拆迁现状地上物、安置现状居民和单位后，交由市、区园林绿化行政部门进行管理（包括公园绿地、河湖绿地、文物绿地、绿化隔离区绿地、交通防护绿地等）的规划城市公共绿地。”

（4）问题总结

入口狭小，缺乏明显标识。进入公园的途径分为从地下通道进入以及从路面入口进入两种。路面入口处没有明显的标识，较为狭窄，而人为设置的通道更加压缩了有限的通过空间，不便于市民的正常出入，甚至隐藏一定的安全风险。

管理不善，风貌欠佳。公园与外围两侧的道路有较大的接触面积，两侧车辆存在乱停乱放的现象，甚至存在占用人行道的状况。

基础设施较为陈旧。香河园公园建成时间较长，面积狭小，主要面向群众为周边群众，公园中设施虽进行正常维护，不影响民众正常使用，但是仍然显得较为陈旧，可以对公共厕所、健身设施等进行更新。

（5）改进建议

针对上述存在的问题，我们小组建议香河园公园对于公园入口放置更明确的标识，优化公园实际防疫管理和工作人员值班分布，完善优化公园周边车辆停放环境，倡议公园宠物管理规定等方面进行改进。

囿于篇幅限制，以下两个案例报告较为简略。

2. 同仁医院公园案例分析报告

（1）活动介绍

组员：于泽洋，王梦琦，徐瑞雪，周子欣

实践过程和方法：进入公园实地感受公园环境，对公园游客及附近居民进行访谈。

（2）案例分析

同仁医院口袋公园位于崇文门路口东北角、同仁医院东侧，改造面积约为1308平方米，原为拆违腾退绿地及临时停车场。场地内人员混杂，中部北侧闲置空间大，东侧紧邻居民院墙及出入口，西侧只有长条状绿带，空间使用极不平衡。现将其打造成为环境整洁，空间布局合理，使用便捷的城市林下街心花园。

a. 优点分析

废地重建，增大绿地面积、改善城市环境；

提供交流环境，展现人文关怀；

分担医院人流量，减轻医院压力。

b. 缺点分析

扯绳晾衣碍通行，动物随地方便异味重；设施损坏没人修，公园设施损坏多日；选址远离居民区；维护不及时，管理体制落后。

（3）改进建议

针对上述存在的问题，我们小组倡导同仁医院口袋公园从后期政府部门加强监督管理、宣传教育以提高民众的自主维护意识和提高公园知名度三方面进行改进。

3. 天坛口袋公园调研结果

小组的调研主要在“清扫频率”“公园现状”“座椅的使用情况”“居民满意度”“存在的问题”“对违规停车的态度”和“居民建议”这七个方面进行了调研：

清扫频率	一天一次或半天一次； 清扫游客丢弃的水瓶以及狗的排泄物
座椅使用情况	多数为临街胡同的老年人使用，少有游客使用
公园现状	1. 绿植丰富，另有桃、海棠等多种花树； 2. 常有私家车停靠，多为外地车或周边小区找不到停车位的车主所为
居民满意度	较为满意，给生活带来了便利
存在的问题	1. 部分私人物品出现在公共区域，影响美观 2. 私家车侵占人行道，违规停车问题无人管理， 3. 违规停车挤占人行道，给老年居民行走造成阻碍
对违规停车的态度	1. “睁一只眼闭一只眼”，只要不影响遛弯的区域即可 2. 对于违规停车给生活带来的不便心知肚明，苦于无人管理，只得将就
居民建议	游客提高自觉性，自觉维护公园环境

（二）国内外相关案例

1. 北京口袋公园建设现状描述

截至 2021 年 2 月 5 日，北京市已经建成投入使用口袋公园、微型绿地约 460 处，另有几十所口袋公园正在建造中。口袋公园利用拆违腾退土地增加了约 6921.6 公顷的绿地面积。北京的口袋公园平均面积较小，核心区（三环以内）的平均面积仅为 0.22 公顷[①]。但是核心区的口袋公园面积却占全部绿地面积的三分之一，由此可见，口袋公园的存在很好地解决了城市绿地面积不足的问题。口袋公园的面积与口袋公园的地理分布有着较强的联系，越是靠近城市的核心，口袋公园的面积就越小。北京的口袋公园整体呈聚类分布，特点是局部集中，整体分散。局部集中是因为大部分的口袋公园围绕居住区、商业区和交通集散地而建，形成小范围集中的情况；整体分散说明口袋公园布局灵活，散落于北京的各个角落。在二环的一些街区老旧，用地紧张的区域，口袋公园分布密集、数量较多，口袋公园的聚集度较强。而在二环的南部和二三环之间的部分区域，口袋公园的分布极少，是可以加以建设的区域。在北京的四环和五环外，口袋公园的局部集中点较少，口袋公园数量也较核心区少。

2. 国外口袋公园案例分析和启示

（1）佩雷公园

佩雷公园地处纽约曼哈顿中心，作为新形式的城市公共空间，其标志着口袋公园的正式诞生。佩雷公园的前身是由罗伯特・宰恩提出的新型为纽约服务的公园，该公园是由宰恩布润联合公司于 1963 年提出，在分析城市公园的现状的同时，通过分析散布在城市中心区高密度的小公园的版块分布特点，针对现存城市公园系统

---

① 方昕，马晓燕．基于 GIS 的北京市核心区口袋公园分布特征研究［J］．北京农学院学报，2020，v.35（02）：98-103

的人口大量集中与人们对公园需求的不适配性，提出了城市公园假设①。佩雷公园以独特的方式，通过在规模和功能上响应了曼哈顿的条件和需求，成为口袋公园的典范，具有与纽约中央公园一样重要的地位②。

佩雷公园作为城市口袋公园的初始发展起点，首先提供的就是一种城市设计的新思路和设计模式，重新定义了公园和城市的关系。其以创造宜居便利的城市生活居住、工作环境为核心目标，重新诠释和满足现代都市生活的需求。口袋公园作为一种“私有的公共空间”的成功原因主要在于它的管理模式，区别于中国由政府主导管理的公共空间，佩雷公园作为美国的著名口袋公园由私有企业部门负责管理，这种模式为我国口袋公园建设提供增加公共参与可能性和参与度、众人共同管理的维护模式提供了新思路。口袋公园的设计者要求对城市空间设计的社区、政治的复杂性进行充分的理解，对不同年龄层次和具有不同生活习惯的人群、不同时间段的设施需求的理解和设计支持，设计、建设和维护口袋公园的过程要求了更多的公众参与。

（2）美国 North Point 口袋公园

North Point 口袋公园周边是一个 20 层高的居民大楼，该项目是对一片城市绿洲的设计。此次的设计还有一个目的，为了更好地在私人空间和公共领域之间做出合并效应，让这片区域连成一个整体。在该公共领域中有两个主要的景观建设，分别是架高的行人公园以及半英亩的中央绿色公园。架高的行人公园是 North Point 区的入口景观，它与周边的 MBTA 火车站相连，交通十分方便。公园内的墙面全都铺满了绿色的植物，沿着停车场展开，就像是一个城市的彩色丝带从大街开始一直到公园的另一端结束，人们可以通过台

---

① 杨丹．口袋公园案例研究与启示［J］．绿色科技，2012（04）：60-63.

② 张文英．口袋公园——躲避城市喧嚣的绿洲［J］．中国园林，2007（04）：47-53.

阶到达这片绿色领域。穿过小路便是座位区了，游客们可以在这里休息或者欣赏公园的美景。与台阶并列的是一个坡道，主要是为了那些骑单车的人准备的，受到了人们的欢迎①。

三、实践感悟与思考

在我看来，每一次的实践调研都是一次探索，一次奇遇，一次走近城市的机会。而这一次，我们来到了一个充满绿色的地方——口袋公园。口袋公园，顾名思义，面积小如口袋，却有公园之效。初见时，以为只是一片花坛绿地，小小一块面积，夹杂在熙熙攘攘的城市中，像是华美衣裙上点缀的小小珠宝。而它也确实如珠宝般，给城市带来不可多得的绿意与生机。来来往往的路人歇歇脚，茶余饭后来散散步，绿色的树木，清新的空气，舒适的长凳，麻雀虽小却五脏俱全，不需要太多的装饰，小小一个公园就可以让人在忙忙碌碌中寻得一丝静谧与安宁，觅得一份心旷与神怡。我们一直在说，城市是“人”的城市，宜居是基本。口袋公园不正是打造宜居城市的最好证明吗？不需要旷日持久的计划土地，与资本周旋，只需要将闲散细碎的土地利用起来，种些树与花，修些椅与凳，没有利益驱使，只是为了人而服务，每个人都可以在口袋公园找到自己需要的舒适感与幸福感，每个人都可以在这里歇息休憩，这就是“以人为本”，这就是“为民服务”。而口袋公园不仅仅关乎人民生活，更与另一个关键问题息息相关——环境保护。环境保护，这个中国发展永远离不开的议题，总是深深牵挂每一个人的心。我们的环境是存在问题的，那么要怎么解决问题？方式如何选取才能让大家满意，才能获得更大的成效？口袋公园无疑是一个高分的回答。在寸土寸金的北京，每一个建设绿地的决定背后都充满着利益的相

① 源自 https：//bbs. zhulong. com/101020_ group_ 201864/detail10136194/

互撕扯，充满着资本的争夺。大面积的绿地建设似乎难以达到，那不如一点一点来，将每一块小小的闲散土地利用，涓涓细流也终能汇成大海。这就是让人民满意的、让人民幸福的好措施，这就是“以人为本”的好城市！环境建设与人民幸福，鱼与熊掌也并不是不能兼得。

——王梦琦

生态环境是人类生存，生产和生活的必备条件。长期以来，我国一直高度重视生态建设和环境保护。我国的生态环境保护取得了可喜的成果，部分地区的生态环境得到了显著改善。但是，由于自然，历史和人为等原因，我国的生态环境问题仍然十分严峻。生态环境建设的力量源泉一直在于大众。在依靠政府加大环境保护和保护的同时，必须动员广大民众积极参与，这是彻底改善生态环境的方法。对于口袋公园的调研，更让我意识到环境是人类生存和发展的基本前提，环境为我们的生存和发展提供了必要的资源和条件。随着社会经济的发展，保护环境，减少环境污染，遏制生态恶化趋势已成为政府和社会的重要任务。对我国而言，保护环境是我国的基本国策，解决国家突出的环境问题，促进经济，社会和环境的协调发展，实施可持续发展战略，是政府面临的重要而艰巨的任务。

——周子欣

在实地考察口袋公园运营现状和走访当地居民的过程中，我深刻地认识到，口袋公园并不是大型的惠民工程，但却是真真实实服务于周边居民的服务性安排。从地理面积上看，口袋公园只占很小很少的用地，却对周边老年居民的娱乐方式、生活习惯产生了巨大的影响，虽然这并没有实现口袋公园建设的全部目标：为游客、居民等全体社会成员提供休息场所，但因为天坛公园入口附近游客很少聚集到入口处的马路对面，所以可以认为天坛公园的口袋公园建设已经很大程度上完成了目标。这次走访与实践也让我深刻地认识到，城市建设要始终以人为本，突出服务的价值导向，这样才能真真切切地发挥城市建设惠民利民的作用。

——张宇薇

于繁华处建僻静所，于城市中寻人文。口袋公园不仅仅是废弃地的改造，更是人们休息、交流、增进感情的重要场所。对于一个高度现代化的城市来说，口袋公园是一个充满人文气息的场所。我认为，每一个城市都需要口袋公园。

——徐瑞雪

参考文献：

［1］崔柳，赵宇婷，李东宸．城市微空间更新与城市触媒效应关联性设计实验研究——奉贤南桥镇口袋公园更新设计国际竞赛实录［J］．中国园林，2020，36（08）：47-51.

［2］骆畅，刘晓明．基于LBS数据的城市小游园使用情况研究——以北京市海淀区为例［J］．中国园林，2016，32（12）：48-52.

［3］庞琳，王剑．袖珍公园——现代城市公园设计发展趋势［J］．城市建筑，2006（10）：25-26.

［4］夏娃．城市中的袖珍公园［J］．合肥工业大学学报（社会科学版），2003（05）：75-78.

［5］陈瑶，贾子超，高健洲．袖珍公园设计初探［J］．吕梁高等专科学校学报，2008，24（04）：20-22.

［6］刘昱晓．袖珍公园与城市生活［J］．上海工艺美术，2009（04）：87-89.

［7］陈科育．袖珍公园在旧城居住区更新中的应用初探［J］．农业科技与信息（现代园林），2010（04）：70-72.

［8］张文英．口袋公园——躲避城市喧嚣的绿洲［J］．中国园林，2007（04）：47-53.

［9］李杨，段广德，敖利平，郎涵予．城市绿地体系中口袋公园设计探讨——以包头市九原区花园路口袋公园设计为例［J］．现代园艺，2021，44（05）：128-129.

［10］袁文良．对“口袋公园”要有到位的管理［N］．恩施日报，2021-03-09（005）.

[11] 王嘉言．“口袋公园”建设好更要维护好［N］．苏州日报，2020-07-23（A09）．

[12] 刘纯银．“口袋公园”要建好，更要管好［J］．城乡建设，2020（14）：1.

[13] 孔光燕．“口袋公园”在北京街区提升中的设计策略研究——以王府井、西单口袋公园为例［J］．建筑与文化，2018（09）：158-159.

[14] 刘丹书．基于日常生活的首都功能核心区口袋公园优化策略研究［D］．北京建筑大学，2020.

[15] 方昕，马晓燕．基于 GIS 的北京市核心区口袋公园分布特征研究［J］．北京农学院学报，2020，v.35（02）：98-103.

[16] 杨丹．口袋公园案例研究与启示［J］．绿色科技，2012（04）：60-63.

教师点评

城市化高速发展和城市用地趋于饱和背景下，渐进式微更新模式是城市发展的可行之路。该团队在已有理论研究基础上，通过相关文献的梳理和国内外案例的对比研究，实地展开调研，探讨了北京市不同种类“口袋公园”的建设和运营现状，并对其进一步优化提出了改进建议。该实践主题契合生态文明建设的要求和可持续发展的理念。学生在理论准备和实地调研过程中，加深了对首都生态文明建设的理解。在此基础上，学生后续可以在学术理论与建设实际的衔接上进一步思考；同时，完善相关访问技巧，更全面了解“口袋公园”的特质和功能。

工业遗址焕发绿色生机

——以首钢园为例探究北京生态文明建设

毛特（毛泽东思想和中国特色社会主义理念体系概论）实践周
项目组成员：李　曼　顾雯嘉　李佳倩　杨席莹　孙详皓
王梓函　邸偌祺　黄贝宁　蒋慧琦

一、实践方案

（一）实践背景

在政治上，我国正处在“十四五”的新时代。根据“十四五”的主要规划内容，重点项目之一便是要推动绿色发展，促进经济社会发展全面绿色转型，加快推动绿色低碳发展，持续改善环境质量，提升生态系统质量和稳定性，全面提高资源利用效率。

在社会文化上，当今中国仍缺乏充分完善的生态教育。目前中国的生态文明教育仍只停留在课堂上，或是电视等媒体宣传层面，没有再进一步地在具体教育教学内容中深入。外国有关生态自然教育做得好的例子当属德国，其森林教育与相关主题教学让孩子们完全沉浸在大自然里，感受真切的自然互动，也同时将环保观念潜移默化地移入脑中。

在经济上，18 年首钢集团在世界 500 强排行榜中公司排名第 431 位，19 年实现营业收入 691. 51 亿元，归属于上市公司股东的净利润高达 12. 51 亿元，是我国钢铁企业的重要支柱。

在技术上，首钢冶炼技术进行了新一代升级。基于可循环低碳绿色制造理念，构建了新一代可循环钢铁制造工艺流程，以实现新一代钢铁厂“三大功能”为目标，即实现先进钢铁产品制造、高效能源转换以及废弃物的消纳—处理和资源化再利用。其中，新一代技术主要包括了烧结料面喷吹蒸汽技术、复合球团生产技术、高炉长寿铜冷却壁技术、大型高炉高比率球团冶炼技术、冶金烟气综合治理等。①

（二）实践目的

我们小组进行本次实践，主要目的是为以首钢园为例探究老工业园区的改造转型与升级对北京生态文明建设的影响。以此更加深刻地了解首钢从钢铁工业厂到主题文化园区的改变历程，亲身探寻首钢转型的成效与意义，以及这一举措背后所蕴含的首钢所承担起的社会责任。

（三）实践意义

1. 可以增强小组成员和其他人对老工业园区的理解

小组成员通过对首钢老工业园区亲身实地的考察，远比从新闻上更能了解老工业企业进行生态文明改造的成果和意义。

2. 对于其他工业园区产业转型起借鉴作用

在国家推行化解过剩产能，推动产业升级，保护环境，节约社会资源的背景下，首钢的改造模式给许多历史悠久的工业企业提供了一条新思路：利用自身底蕴，大力弘扬工业文化。新型生态文明与传统工业文明虽然在发展模式上有很大差别，但并非互相排斥，发展工业教育，弘扬工业文化，可以成为工业企业生态化改造的一条道路。②

---

① 张福明．首钢绿色低碳炼铁技术的发展与展望［J］．钢铁，2020，55（08）：11-18.

② 津冀生态文明调查丨工业遗址焕发绿色生机，由首钢改造看生态文明建设 https：//mp. weixin. qq. com/s/_ KDrtR3EowWM_ OBLz4zZSA.

3. 推动建设北京的生态城市服务

为建设首钢特色国家工业遗存主题园，规划利用工业建筑的风貌特征作为园区主要公共空间的设计风格，最大程度地保留园区遗存的高炉、排架柱、部分厂房等钢铁工业时代的标志性建筑元素；旧工业区采用分区整合的方式，划定保护核心区，“工业遗产保护区”之外规划利用区，反映首钢重工制造业转型和创新发展，聚集科技研发服务等新兴产业及城市功能。

这样的规划设定说明工业改造不只是职能转换，还应将周边城市建设统一考虑，通过对厂区的改造利用使其合理融入新的城市定位规划，从而为建设生态城市服务，来塑造一条具有场所精神的工业记忆纽带。①

4. 符合国家战略

首钢老工业区始终把产业转型作为老工业区转型的关键，大力培育发展新产业、新动能、新业态。坚持贯彻习近平总书记视察北京重要讲话精神，坚持新发展理念，全面落实新版《北京城市总体规划》，加快推进新旧动能转换，加大工业遗产保护利用，积极探索城区老工业区转型的“首钢模式”。②

（四）实践概述

1. 准备工作

准备工作包括确定实践方案、问卷的发放与对问卷的结果进行分析。

实践方案的确定需要搜集三部分资料，包括实践的背景、目的与意义，此部分由黄贝宁和蒋慧琦完成。

---

① 赵玮璐．旧工业遗存的重生——以首钢文化产业园冬奥办公区为例［J］．建筑与文化，2018（01）：102-103.

② 紧抓机遇　加快转型　北京市首钢老工业区高质量发展效果初显［J］．中国经贸导刊，2019（11）：18-19.

问卷的主要内容有三大块，分别是对首钢的转型升级、老工业园区的转型升级、生态文明建设的理解。这部分由邸偌祺和王梓函完成。

2. 实地调研和采访

小组成员搭乘公共交通来到北京市石景山区首钢园，调研项目主要为首钢园区在停产后的转型升级与园区改造，采取拍照和文字记录。并在园区内随机采访几位路人并进行录音记录，采访内容为北京市民对于首钢园与北京市生态文明建设的看法。

3. 调研采访结果的整理

对调研过程中收集到的资料进行整理，如：图片、文字、录音资料，此部分由李曼、顾雯嘉、李佳倩、杨席莹、孙详皓共同完成。

4. 实践的感悟与思考

根据实地调研和结果，结合首钢产业园区进行转型的背景及意义，小组全体成员以文字形式抒发自己对老旧工业园区改造的感悟与思考。

二、实践过程

（一）实践准备

1. 日程安排及人员分工

实践时向	所属环节	开展地点	活动内容	人员安排
2021. 4. 13	团队组建、选题准备	大学生活动中心木梯	在组长李曼的组织下召开第一次小组会议：成员们按照研究总主题分别提出自己对生态文明的认识和看法，并提出自己的选题方向和研究策略	全员

续表

实践时向	所属环节	开展地点	活动内容	人员安排
2021. 4. 14—4. 19	文献查阅与相关知识点学习	线下各自完成	小组成员分组分工进行文献收集并积极研读，交流体会。	全员
2021. 4. 20	敲定选题与任务分配	腾讯会议	第二次小组会议：成员针对所提出的研究方向进行投票，最终敲定首钢园为我小组的时间地点。	全员
2021. 4. 21—5. 1	前期准备工作	线下分工开展	收集相关材料（包括但不限于背景、目的与意义）	蒋慧琦、黄贝宁
2021. 5. 2—5. 8	问卷发放与结果分析	线下分工开展	设计问卷与结果分析（问卷主要包括首钢的转型升级、老工业园区的转型升级以及对生态文明建设的理解、使用问卷星进行制作、使用 spss 进行数据分析）	邸偌祺、王梓函
2021. 5. 9	实地调研与采访	首钢园区	采取拍照和文字记录等方式记录首钢园区的转型与改造过程，随机采访路人对首钢园区的搬迁与北京生态文明建设的看法并进行录音记录	李曼、顾雯嘉、孙详皓、李佳倩、杨席莹
2021. 5. 13	实践过程总结与报告分工	腾讯会议	组长对本次实践的基本情况进行总结，提出实践报告撰写思路与提纲并进行任务分配。	全员
2021. 5. 14—5. 25	实践报告撰写与整理	线下各自分工完成	每位成员针对自己的任务进行思考与总结并撰写报告	全员
2021. 5. 26	实践报告的整理与完善	线下分工完成	收集汇总各个成员的文字、图片等资料并进行分类整理，形成初版模稿并完善	李曼、孙详皓、李佳倩

续表

实践时间	所属环节	开展地点	活动内容	人员安排
2021. 5. 27—6. 5	展示准备	线下分工完成	丰富展示与汇报的形式，包括PPT 制作、海报制作、文字撰写与汇报演出等形式	王梓函、邸偌祺、顾雯嘉、杨席莹、黄贝宁、蒋慧琦

图 1　日程安排

2. 会议记录

表 1　会议记录一

会议记录一			
会议时间	2021. 4. 13	会议地点	大学生活动中心
参会成员	李曼、王梓函、邸偌祺、顾雯嘉、黄贝宁、蒋慧琦、孙详皓、李佳倩、杨席莹		
会议时长	1 小时左右		
会议议题	1. 成员自我介绍、相互认识 2. 组长李曼重申实践主题、提炼关键词与要点 3. 成员们按照研究总主题分别提出自己对生态文明的认识和看法，并提出自己的选题方向和研究策略。 4. 形成初步认识，约定下次讨论时间。 5. 分配小组成员资料搜集任务		
会议结果	1. 缩小选题范围，更加明晰目标 2. 小组成员各自收集资料、阅读文献，形成更加深刻的认识		

表 2 会议记录二

会议记录二			
会议时间	2021. 4. 20	会议地点	线上腾讯会议
参会成员	李曼、王梓函、邸偌祺、顾雯嘉、黄贝宁、蒋慧琦、孙详皓、李佳倩、杨席莹		
会议时长	1 小时左右		
会议议题	1. 成员依次在充分学习资料的基础上提出自己最终方案 2. 组长李曼对每一种方案做出点评、其余成员进行该方案的评判 3. 成员们提出困惑与疑虑，共同商讨解决。 4. 基于所有选题，综合考量切题性、创新性和可行性，小组成员通过问卷星投票，选出心仪方案 5. 敲定选题并分配任务		
会议结果	1. 敲定选题——工业遗址焕发绿色生机（首钢园区） 2. 完成分工，每个成员领到各自任务后积极实践，实践过程顺利		

表 3 会议记录三

会议记录三			
会议时间	2021. 5. 13	会议地点	线上腾讯会议
参会成员	李曼、王梓函、邸偌祺、顾雯嘉、黄贝宁、蒋慧琦、孙详皓、李佳倩、杨席莹		
会议时长	1 小时左右		
会议议题	1. 组长李曼总结本次实践活动基本情况 2. 有想法的成员提出自己的思路和结构板块，成员进行评判 3. 综合所有思路，取精华而去糟粕，形成基本逻辑框架和雏形 4. 成员们提出对于报告撰写的思路和疑惑，全员共同商讨解决并敲定结果。 5. 组长李曼针对本次实践报告要求，强调注意事项 6. 确定整体实践报告的行文思路与分配任务		
会议结果	1. 实践任务基本完成，进入报告撰写与展示准备阶段 2. 报告思路与任务分配推进顺利，成员配合		

3. 线上问卷调研

受疫情影响，且出于安全考虑，本次毛概社会实践问卷调研我们采取网上问卷的形式，使用问卷星制作问卷并使用 SPSS 进行数据分析。

总计回收问卷 109 份，其中有效问卷 102 份，有效率为 93.6%。

下面给出了受访者年龄分段与性别分布。

表 4 受访对象分布

年龄	男	女	总计
18—30	43	30	73
30—42	8	13	21
42 以上	3	5	8
总计	54	48	102

受访对象女性占比 47.05%，男性占比 52.95%。在性别分布上，以 18—30 岁为主，71.56%，年龄为 30—42 岁的受访者占比为 20.58%。我们分析，青年学生和参加工作不久的上班族构成了该年龄阶段的主体，青年学生对新鲜事物抱有极高的兴趣与好奇心，且关心社会、关注时事政治；42 岁以下上班族则亲眼见证了首钢搬迁与改造的全过程，对北京工业的发展和生态改革有着整体的了解和更深刻的认识。除此之外，此部分群体占北京市常住人口比例很大，因此，这部分群体的意见能在一定程度上反映北京市整体居民的意见，故作为我们研究的主要群体。

我们对样本是否了解北京首钢老工业区转型改造进行研究，下面给出受访者了解程度状况图。

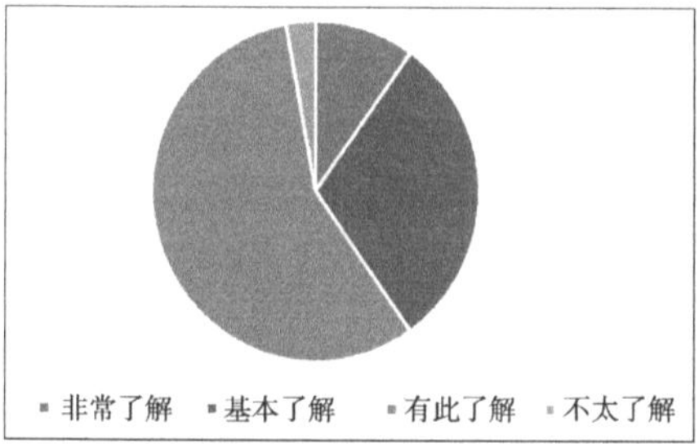

图 2 对北京首钢老工业区转型改造是否了解的扇形图

我们发现仅有 2.94%的受访者对此事件不了解，其余 97.06%的受访者或多或少对首钢搬迁一事有所了解。受访者对于首钢老工业园区的转型改造有如此高的了解程度，足以说明首钢百年历程见证了中国工业起步、发展到壮大的历程，也见证了古都北京的百年变迁。

首钢搬迁以及转型改造都与奥运会有着不解的情缘。

自北京成功申办第 29 届夏季奥运会之后，为保障首都的空气质量，同时也为了相应国家调整中国钢铁产业结构的要求，首钢开启了它的搬迁之路。因此样本的数据一定程度上反映了广大人民对首都空气质量、对中国钢铁产业结构调整以及对北京生态文明建设有很高的关注度。

在我们的调查中，73.6%的受访者认为北京冬奥会组委会落户首钢，有助于老厂区升级改造，另有 78.4%的受访者认为近 10 年来，北京市空气质量改善明显改善。可以发现，受访者的想法与数据是一致的。数据显示，2004 年北京市空气质量达到及好于二级的天数为 229 天，而 2020 年全年空气质量优良天数为 276 天，北京市空气质量优良级别天数显著增加。

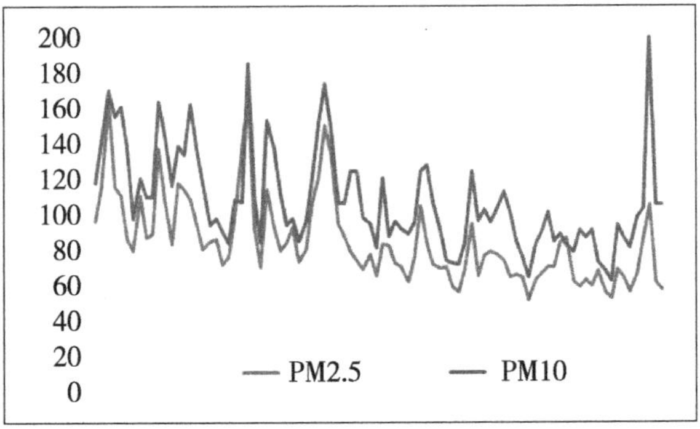

图 3 PM2. 5 与 PM10 时间趋势图

我们选取 2014 年至 2021 年的公开数据进行分析。

由图可知，该数据呈现出明显的季节性变化趋势，但去除个别异常值后，总体来看北京市空气污染指数逐年递减，说明空气质量逐年上升，数据说明今年来北京市生态文明建设成效显著。

虽然空气质量改善与否并非仅由首钢搬迁一事决定，但 2008 年奥运会是解决这个大污染源的难得时机。“为了北京人民的长远利益，首钢服从大局。”重工业的外迁是北京对“绿色奥运”承诺的兑现，也是这座城市的自我环保救赎。首钢转型改造成为北京生态文明建设的典型案例。

除此之外，我们调查了受访者对首钢搬迁的满意程度并赋值 1—100，基于此，我们使用 SPSS 对“年龄”和“了解程度”进行了单因素 ANOVA 检验。

首先我们发现满意程度的均值为 82. 53，标准差为 2. 47，样本数为 102。

表 5 年龄与满意程度的 ANOVA 检验

方差来源	平方和	自由度	均方	F 统计量
年龄	153.78	3	51.26	3.41
误差	1488.18	99	15.03	
总和	1641.91	102		

从表中我们可以看出，F 统计量的值为 3.41，对应 p 值为 0.000，小于 5%的显著性水平，说明不同年龄组之间满意程度差距较大。我们认为，因为每一代人出生时的环境不同，所以对于环境的重视程度和生态文明改造的认识程度不同，造成对于生态文明建设意识不同。

所以，我们还需要继续加强生态文明建设工作，坚持“五位一体”总体布局，全面推进生态文明建设，贯彻“绿水青山就是金山银山”的理念，在青年中加强生态文明教育工作。

我们还对北京生态文明建设的意义做了统计。

大多数受访者认为，首钢的搬迁赋予了老工业区现代城市生活的文化功能；统筹利用工业遗存，挖掘历史价值和时代价值；引领北京市作为中国首都成为全国低碳生态城市建设的先导者；体现了绿色、共享、开放的办奥理念。

不可否认的是，重工业搬迁并不是中国钢铁产业结构转型的长久之计。“十四五”钢铁工业的定位更高，要求也更高，所以创新驱动、优化产业结构才是高质量发展钢铁工业的必然选择。

（二）实践环节

1. 活动行程

5 月 9 日上午，Doer 实践小组一行人来到北京市石景山区首钢园进行实践调研活动，考察了首钢园区在停产后的转型升级与园区改造，对路人进行了实地采访并进行录音记录，了解北京市民对于首钢园与北京市生态文明建设的看法。

2. 具体路径

实践小组从首钢园小西门入园，首先参观了2022北京冬奥组委办公区。作为2022年北京—张家口冬奥会的跳台滑雪项目的承办方，首钢园区内有滑雪跳台等冬奥设施，并在原有建筑之上改建冬奥组委办公楼，形成独特的奥运之美。

图4　冬奥组委会办公处

图5　冬奥组委办公楼外景

图 6　冬奥组委办公楼外景

图 7　首钢滑雪大跳台，旁边是原首钢发电厂

之后我们参观了三高炉—1959 年竣工投产，2010 年冶炼出最后一炉铁水后停止生产，是中国最长寿的高炉之一。在首钢园停产后，依然保留高炉原有外观和风貌，远远望去身姿巍峨，再加以改造后成为一座现代化博物馆，向世人讲述曾经钢铁时代的繁华，展示改造后的希望。

改造后的三高炉保有着锈迹斑斑的冷却塔、残旧的运输廊道、铁路专用线、管线等，是热爱硬核工业风的摄影爱好者的网红打卡地。在我们参观途中就有大量手持专业摄影设备的摄影者拍照打卡。

图8　首钢博物馆

在三高炉内部有文创小店和冬奥会纪念品专卖店，文创产品都带有鲜明的首钢烙印。其内部基础设施齐全，甚至配备有共享充电宝等便民细节。

图9　全民畅读艺术书店

图 10 首钢文创

在首钢园的路上，已经有满载乘客的无人驾驶车辆开始试运行。大家纷纷驻足观看这“神奇”无人车。首钢园开展科技冬奥应用场景应用示范，园区内建成了近 10 公里自动驾驶测试道路，完成了大跳台停车场自动驾驶专用充电桩配套建设。

图 11 无人驾驶

与三高炉紧邻的秀池，原用于储存炼铁生产的循环水，改造后地上部分变为水上景观，地下部分变为车库和展厅。

之后我们来到群明湖，这里曾作为工业循环水的凉水池使用，如今水域广阔，环境宜人，彰显着首钢园生态改造的显著成果。

图 12　群明湖

3. 采访记录

本次采访对象以路人为主，采用录音形式记录。共采访 5 名路人，接受采访的有 3 位。具体内容如下（经成员整理简化）：

小组成员：您来到首钢园，感受到它的变迁，有什么感触吗？

受访者 1：看到了园区里在做关于无人驾驶的试验，感受到了科技的发达。园区景色宜人，风景优美。

在交谈中我们发现受访者 1 对于首钢园将承办冬奥项目并不是十分了解，这也反映出园区关于冬奥的宣传力度可以进一步加强。

小组成员：您怎样评价首钢承担社会责任、承办冬奥呢？

受访者 2：首钢在（二十世纪）六十年代对经济发展有着积极的贡献，但是现在它存在的意义并不是很大，主要是重工业污染（的消极影响的比重过大）。将大片场所利用起来作为冬奥场所和组委会办公地点是一个好事。

小组成员：您认为首钢的搬迁对于您的生活有积极的影响吗？

受访者3：我的父母在这里居住，原来95、96年的时候首钢附近的植物都蒙上一层土，搬迁对于身体健康，还有经济发展（房价）都有积极的影响。

小组成员：您怎样评价首钢承担社会责任，对北京生态文明的发展作贡献呢？

受访者3：园区里的无人驾驶体现着科技改变生活；将闲置场所进行重新利用，开发创新，也是承担社会责任的一种体现；首钢对很多人来说都是承载着古老记忆的一个地方，之前GDP占北京很大一部分，现在能进来参观园区也是对于情怀的关怀。

4. 海报制作

在参观完首钢园后，小组成员有感而发，进行了海报制作。

图13 海报（孙详皓制作）

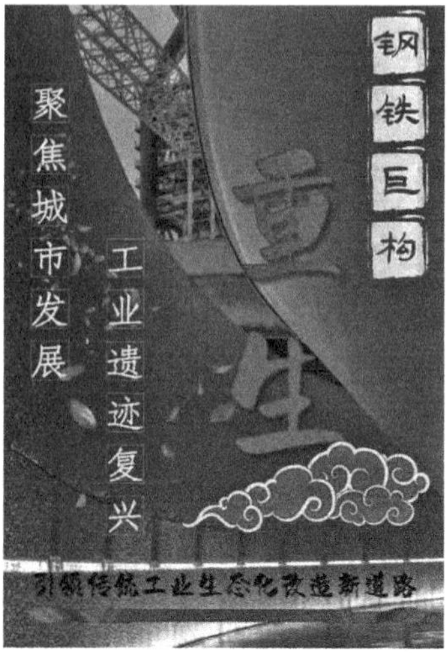

图14 海报（李佳倩制作）

三、实践感悟与思考

（一）文化科技双头并行，融合创新大放异彩

1. 文化方面的融合

首钢虽然已经搬迁，然而巨型工厂却一直被保留着，首钢园中保留着高炉、冷却塔、运铁路专用线、机车等炼钢设施，这些都是工业历史遗存，默默记录着城市历史和变迁。现如今，加上文创产品的入驻，犹如给灰色工业的风格上增加一笔艳丽的色彩，很好地将首钢几十年的工业特色和历史文化融合到一起。将首钢特色设计糅合在文创产品之中，中和了工业废区的萧条。加上冬奥会场地建设，更是添加了不少活力的气息，吸引了许多文艺爱好者参观浏览。置身于园区之中，钢铁和鲜花一齐映入眼帘，工业遗迹配上咖啡书屋，别有一番风味。在文化方面，首钢以文创产业完成了从工业到文化的融合过渡，大大发挥了园区的文化价值。

2. 科技方面的创新

除了在文化风格上大放异彩，大量的园区场地还被用来投入无人驾驶技术的试验。首钢的无人驾驶技术试验同样与园区深度结合，首先园区的场地空旷，人少，面积大，路面平整，非常适合用作无人驾驶的试验场地。其次，由于首钢园已经成为热门观光打卡的景点，存在一定的客流量，正好可以为无人驾驶提供体验者，既吸引便捷了游客，也为无人驾驶试验提供了更多有效的参考数据。从重工业的炼钢，到高科技的无人驾驶技术实验，首钢园承载了中国工业技术发展的脚步。此外，园区也就地取材，利用现代科技打造了滑雪项目设施等，已经从工业园区转型成为现代城市公园。首钢园区与现代科技的对接，不仅仅继承了原有的文化遗产，还为北京的科技发展和城市建设做出了贡献。

（二）钢铁巨头积极转型，摒弃粗放投身环保

1. 从钢铁巨头到环保典范

从钢铁巨头到综合性的现代园区，首钢完美地融合了工业遗风和现代元素，成功完成改造转型。如今，首钢已经被定位为传统工业绿色转型升级的典范。为了节能低碳的目标，首钢地区的建设与冬奥会紧密结合，将精煤车间改造成冰雪项目基地。厂区的搬迁，大大改善了周边空气质量，同时首钢地区还进行了土壤治理，水域治理，城市绿化，产业结构更新等等。结构设计方面，首钢沿着永定河修建生活休闲带和绿色生态带，在工业遗址内规划出公共绿地，同时还将原工业冷却循环用的储水池“秀池”，改造成生态景点。首钢改制后更加注重研发，找准市场方向，调整钢材生产方式，从以前的粗放型生产转换为循环环保型，对废水，废渣，废气等等污染物进行了零排放的控制。

2. 转型后的发展方向

首钢还打造了许多环保产业，如建立了全亚洲最大的生物质垃圾焚烧发电厂，不仅处理了大量有害垃圾，还转换成了可用的生物质能源。园区的规划坚持循环经济理念，餐厨垃圾、生活垃圾、工业垃圾等统统可以集中环保处理。冬奥会场馆也实现了绿色电源的100%供应，屋顶安装光伏发电、储能设置，实现了环保低能耗。如今首钢兼并了一批企业，进一步扩大市场范围，进一步涉足新能源汽车行业，逐渐由重工业转到高科技产业。

（三）冬奥助力首钢重生，责任点燃时代引擎

1. 实时要求，首钢搬迁

时间倒退到2008年，在莫斯科举行的国际奥委会第112次全会上，国际奥委会投票选定北京获得2008年奥运会主办权。消息一出，中国上下沸腾，首钢也不例外，在搬迁的同时，首钢也在持续承担着奥运设施、奥运场馆的建设。

事实上，2008年北京奥运会的成功申办并非首钢搬迁的唯一原因，其背后是为适应中国钢铁产业结构调整的新要求，实施产业结构优化升级的必然，是随着国力提升北京要建设国际化大都市的必然，是京津冀协同发展需求的必然。

经过多年努力，北京工业所占生产总值比重逐年减少，一直支撑着北京西部地区产业发展的首钢重工业区也最终搬迁。

2. 牵手冬奥，点燃新生

2015年，首钢功能转型的引擎被重新点燃——中国成功申办2022年冬奥会。在2022年北京冬奥会的机遇面前，首钢利用冬奥组委入驻带来的后续效应，结合自身独特优势，推动国家级体育资源向示范区集聚，探索奥运遗产地、工业遗存地创新发展体育产业的办法和路径。

“筒仓”是首钢工业遗址中景观和设施最典型、最独特的建筑之一，主要用于储存高炉生产所用原料。通过详细周到的布置和设计，1800平方米的精煤车间及周边地区用于改造和新建国家体育总局冬运中心的训练馆，四个场馆被称为“首钢四块冰”，分别承接花样滑冰、短道速滑、冰壶和冰球项目的训练和比赛，体现了新旧结合、新老传承的概念。

首钢园区同时也是冬奥会赛场。2022年冬奥会北京城区内唯一的雪上比赛场地单板大跳台落户园区北区，这是利用首钢原有的四座冷却塔和制氧厂等工业遗存升级改造而成。

在走访参观首钢园区时，我们遇到了首钢讲解员姜金玉阿姨。阿姨告诉我们：“我1997年进入首钢，当过天车司机也做过其他工作。首钢停产搬迁，我选择留在首钢老园区。没有想到申冬奥成功给这里带来了这么大的改变，也让我的人生转了个弯。”今年是首钢的102岁生日，也是姜金玉在首钢的第22年，成为首钢园区服务公司冬奥物业事业部讲解员的第四年。

姜阿姨是千千万万首钢人的代表，冬奥的举办、场馆的建设，让他们获得新的快乐、实现了新的社会价值、体会到了自己作为“首钢人”无论在过去还是在未来的满满的“存在感”。申冬奥成功是首钢人的重要转折点，也是他们脚下这座首钢园百年历史中的重要节点。

（四）节能减排先行者，生态治理排头兵

1. 循环发展，绿色目标

首钢集团持续实施绿色行动计划，认真贯彻落实习近平生态文明思想，坚持把节能减排放在企业突出的战略位置，并融入企业发展各方面和全过程，持续推进绿色发展、循环发展、低碳发展，努力构建资源节约型、环境友好型企业。

首钢矿业公司以“现场无人化、操控集约化、管理智慧化”为目标，建设智能矿山，促进节能减排。智能计量拓展到全部汽车衡，实现翻车机自动扶钩、杏山破碎无人值守、大石河磁尾自助装车、水厂智能排水；搭建裴庄产线集中操控分析平台，启动运输一张图智能调度系统建设，推进操控集约化；开发设备健康系统，600余台设备实现健康自诊断；全能源费用管控系统向成本中心延伸，实现管理智慧化。推进生态环境恢复治理，投资1100余万元，栽植各类苗木365万株，复垦绿化2400余亩，实现矿区可绿化率100%的三年目标。

2. 生态治理，美化自然

作为曾经的高耗能企业，首钢对周边的环境有严重的消耗。在首钢停产以后开始对厂区进行生态化改造。对厂区进行绿化，修复原永定河沿岸湿地，首钢环境改造后也更加优美，使其能成为适宜的旅游景点。

在参观园区时，风光秀美的“秀池”吸引了我们的注意，“秀池”原是首钢进行工业用水排放、净化的循环池。在首钢改革后，不断进行生态治理与环境优化，如今的“秀池”已经焕然一新，成为首钢园区的一道“美丽风景线”。每年春季，“秀池水暖鸭先

知”，数千只绿头鸭在此栖息、迁徙，成群的野鸭在湖面上悠闲觅食、嬉戏追逐，构成一幅绝美的“群鸟乐园图”，为冬季的首钢园又添新景，成为许多摄影爱好者的取景之地。

同时，首钢园区紧邻京西永定河，作为曾经用以排放废水的永定河，也得到了首钢的大力治理，水质不断优化、生态系统不断完善，已然没有了之前的污染与浑浊。

（五）传播工业教育星星之火，承担社会责任国之脊梁

1. 把工业文化融入个人价值观中

翻开中国工业波澜壮阔的历史画卷，映入人们眼帘的是一个历史悠久的农业大国在现代化的滚滚浪潮中，逐步变为工业国的画面。首钢是我国钢铁行业的脊椎，它的发展历程也可以说是我国钢铁工业发展的缩影。首钢从工业园区到遗址公园，警示着一代又一代的首钢人，牢记艰苦奋斗、不断创新的首钢精神，传承延续百年的首钢工业文化。工业文化是工业进步更直接、更根本的思想源泉，是建设制造强国的强大精神动力，是打造国家软实力的重要内容。新时代的工业化建设，不仅需要传承工业文化和弘扬工业精神的时代新人，还需要将工业文化中的责任意识、竞争意识、时间观念、创新精神内化为个人价值观的工业化建设者。

2. 把工业文化融入工业教育全过程

在工业教育的过程中，既要强调专业知识技能的重要性，也要重视工业文化底蕴的积累。首钢工业遗址公园的建成体现的不仅仅是科学技术，更体现了不断创新的文化精神。要将工业文化融入工业教育全过程，高校作为工业教育的一大阵地，可采取“请进来、走出去”的方式，邀请成功企业家、劳动模范、岗位能手到学校，介绍他们的成功经验，与学生交流，或将学生带到企业中去，亲身体验企业的工作模式及工作环境，在实践中接触工业文化，让学校与企业成为合作共赢的文化团体，让企业作为学生传承工业文化和弘扬工业精神的“熔炉”。坚持将工业文化和工业精神作为引导学

生成才的宝贵资源，不断激发学生在实现中华民族伟大复兴新征程中奋发有为，在继往开来的伟大事业中接续奋斗。

教师点评

党的十八大以来，以习近平同志为核心的党中央把生态文明建设摆在全局工作的突出位置，美丽中国建设取得瞩目成就。“生态文明建设”与学生的日常生活紧密相关，是学生高度关注的问题。本组学生以首钢园为社会实践考察对象，选题新颖，视角独特。首钢园向高端产业综合服务区的成功转型本身就极具研究价值。本组学生通过对首钢园的实地考察，深入探究了老工业园区的改造转型与升级对北京生态文明建设的影响。学生的社会实践过程及最终完成的实践报告，体现了学生对我国生态文明建设及其与经济高质量发展的重要关联有较深入思考。

碧水保卫战：北京昌平区沙河生态治理成效

团队：源头活水
成员：陈思明　冯　原　金齐瑞　王程达　陆欣欣　陈　尧
胡思宇　马丽娟　葛　诚

一、实践方案

（一）实践背景

1. 现实背景

2021 年是实施“十四五”规划的开局之年，是推进生态文明建设的关键之年，水生态治理亦是首都生态文明建设的重中之重。习近平总书记 2021 年提出构建“人与自然生命共同体”，于 2030 年前实现碳达峰、2060 年前实现碳中和作为生态文明建设的根本遵循。习近平主席曾在 2018 年 5 月 18 日的全国生态环境保护大会中指出：“要深入实施水污染防治行动计划，保障饮用水安全，基本消灭城市黑臭水体，还给老百姓清水绿岸、鱼翔浅底的景象。”

近年来，中国经济空前增长的速度举世瞩目，但随之而来的是巨大的环境污染。环境问题不仅成为社会民生难题，也成为国际环保焦点。在此背景下，李克强总理曾在 2014 年“两会”期间提出：“环境污染矛盾突出，是大自然向粗放发展方式亮起的红灯”，要“坚决向污染宣战”，打响“碧水保卫战”。自李克强总理提出“向污染宣战”和“碧水保卫战”的六年来，我国在水环境生态文明建设与水资源保护中成效显著。2020 年，全国地表水Ⅰ—Ⅲ类水质断面比例为83.4%，同比上升8.5个百分点；劣Ⅴ类水质断面比例为0.6%，同比下降2.8个百分点。长江干流水质均达到Ⅱ类及以上。渤海综合治理攻坚战大幅降低陆源污染物入海量，全面提升入海河流水质，海洋生态环境质量持续改善。2020年，渤海近岸海域优良水质比例为82.3%，同比上升4.4%。“碧水保卫战”提升了水源涵养能力、流域综合治理成交，有效保障了供水安全等，是生态文明建设的重要环节，是“绿水青山”的重要构成。

2. 理论背景

习近平总书记的“两山”理论是本文的主要理论源泉和理论基础。2017年10月18日，习近平在十九大报告中指出，坚持人与自然和谐共生，必须树立和践行绿水青山就是金山银山的理念，坚持节约资源和保护环境的基本国策。

依据“两山”理论，党和政府大力推进生态文明建设具有鲜明态度和坚定决心。在中国共产党的领导下，实现“五位一体”总布局、贯彻新发展理念、实现人与自然和谐共生，走向社会主义生态文明新时代。

（二）实践目的与意义

1. 实践目的

首都北京有庞大而复杂的水系。首都水环境生态文明建设事关首都形象，关乎北京人民群众生命健康与安全，是国家生态文明建设的重要内容。本次实践立足北京昌平区，以颇具代表性的东、南、北三条沙河为主要考察对象，分析昌平区沙河“碧水保卫战”治理成效，由点及面地深入调研首都水环境生态文明建设情况。

2. 实践意义

沙河位于昌平区沙河镇，自清代以来因水质较差、含沙量较高而得名。近现代，由于忽视生态保护而使水质更加恶化。在脆弱的周边生态环境“约束”和经济发展的“目标”下，沙河生态治理工程尤为艰巨。

沙河水是沙河镇居民的生命线，改善水质对昌平区乃至首都水系生态环境具有重要意义。沙河在昌平区流域覆盖广，是居民日常生活用水和工业用水的重要来源。保护生态环境、平衡经济发展造成的污染，是昌平区政府和人民的重要工作。

（三）实践方案

为达到实践目的、高效完成工作安排，“源头活水”小队分组分工完成了以下工作（如表1）：

项目类别	实践安排
文献研究	从中财图书馆电子资源寻找文献，研究“碧水保卫战”的理论源泉和治理措施
政策研读	登录昌平区政府官方网站，并分析北京昌平区政府政策与措施
数据搜集与分析	登录 BJMEMC 网站①获取月级数据，并完成可视化分析，探究沙河生态治理进程与水质变化，从数据验证治理成果
实地调研	实地考察东、南、北三条沙河（以及温榆河、沙河水库）现状，切身体会沙河生态治理成效

表1　实践方案

① 北京生态环境检测中心，网址 bjmemc. com. cn

本文框架如图：

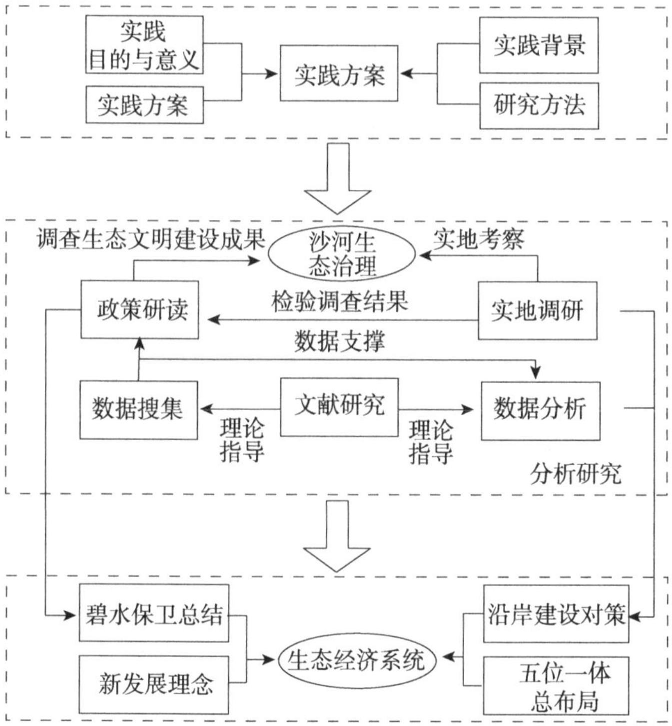

图1　本文框架

二、实践过程

（一）文献研究

1. 文献综述

“源头活水”实践小队研究了国内外相关文献，归纳总结后得出以下结论：

探究污染及其治理的长期影响是政策和研究中至关重要的问

题，而长期污染和治理的影响的研究关注程度较低，大多数文献研究都焦距于中短期影响，而长期研究较少。Ebenstein Avraham（2012）是评估了地表水污染对健康影响，以降雨量为工具变量，发现地表水污染每上升一级，当地居民消化道癌症死亡率就会增加9.7%[6]。Zhang Jing（2012）利用村级数据表明，村庄河水水质提升可以有效改善成人和儿童的健康状况[7]。Fan Maoyong（2019）发现，河水水质提升可以显著降低婴儿死亡率[9]。在Zhou kun-peng[8]、Fu Shihe[10]、Michael[11]等学者都运用实证方法进行了研究，构建了污染与影响因素的回归方程，然而对于关键变量的影响估计却存在显著不一致性。这可能是样本覆盖程度、辨别方法和时间跨度等因素导致的。

2. 研究评述

研究表明，随着中国环保政策的发展与完善，数据样本量和质量极大丰富，生态文明建设实践的“中国经验”将越来越能够成为世界范围的标杆和榜样。

水环境不仅影响人类生命健康，更反作用于地区经济发展。水生态的环境保护与文明建设需要广泛动员、长期坚持、针对治理、统筹兼顾，因而成为艰巨而迫切的重要任务。

中国地大物博、幅员辽阔，各地污染水平和生态政策都存在巨大的差异，并且数据的丰富程度也随着时间不断累加。因此，中国的治理经验有诸多值得学习的地方。本文以沙河生态治理为研究对象，从而为“十四五”规划献策，为生态治理中形成的“中国经验”添砖加瓦。

在“中国经验”的基础上，习总书记提出“绿水青山就是金山银山”① 的理念。“两山理论”是我们党对客观规律认识的重大

① 习近平关于社会主义生态文明建设论述摘编［M］. 北京：中共中央文献出版社，2017。

成果，是处理发展问题的重大突破；是遵循了马克思主义发展理论，也是习近平新时代中国特色社会主义思想的重要内容。只有深刻把握可持续发展的内在要求，切实理解“绿水青山”和“金山银山”之间的关系，突破把生态保护与经济发展对立起来的僵化思维，使两者有效结合，才是新时代背景下的新发展理念。

（二）政策研读

调查环境污染，保护生态水资源，需要在政策的引导下进行实践和考据。故而小队针对北京市昌平区政府的治理环境污染、保护水资源的相关政策进行了精心研读，考量政策实行成果。

研究发现，昌平区政府在治理水污染、建设水生态工作中统筹兼顾、全力以赴；初步治理取得成效，中期保持继续改善，长期发展有待规划。

1. 精准施策，稳步推进

2010 年，为应对水环境不断恶化，昌平区政府发布《昌平区 2010 年环境建设工作要点》，展开一系列行动。

2013 年，在国务院《全国生态保护“十二五”规划》的号召下，区政府发布《昌平区污水治理三年行动计划（2013—2015 年）》，打响沙河的“碧水保卫战”。

2018 年，昌平区全面推进水环境治理工作。环保、水务等部门开展多次专项执法检查，排查违规污染现象。

2019 年，昌平区政府发布《昌平区进一步加快推进城乡水环境治理工作三年行动计划（2019. 7—2022. 6）》确立了详细的行动方针、准则与目标。

这是生态环境保护的基础措施，我们要形成人与自然和谐发展新格局，要关注“坚持保护优先、自然恢复为主”，从源头抓起，对污水进行整改，保护水质。

2. 坚决落实，成效显著

“碧水保卫战”成果显著。报告显示，截止 2020 年底，污水处理设施覆盖城乡接合部地区、重要水源地村庄和市级民俗旅游村庄。对已实现末端截污的村庄，逐步开展村内污水管网完善工程；对 100 户以下或居住分散的村庄，因地制宜、分类施策，采用户厕改造、小型一体化设施等处理模式。2019 年已治理完成市河长办台账，涉及昌平区小微水体 59 条段；2020 年治理成功 55 条段。已经完成排水管线安全检测 326 公里，改造存在安全隐患的排水管线 70 公里，对雨污合流管线等进行了整改。经分析，区政府达到了预期目标。在回溯往年丰硕治理成果之余，小队期待昌平区政府在坚决保卫水质提升成果中再创佳绩，为国家和人民交出更多满意的答卷。

3. 长期规划，与时俱进

对于即将开启的“十四五”规划，我们不仅应立足“两个一百年”的奋斗目标，还应结合“百年未有之大变局”的时间跨度和“新时代”背景来理解。就新发展阶段的生态文明建设来说，其核心任务就是以习近平生态文明思想和“十四五”规划目标及其实施纲要为统领，扎实推进国家环境治理体系与治理能力的现代化。

2021 年，为适应新时代的新发展格局，形成节约资源和保护环境的空间格局，在往年治理经验的基础上，区政府颁布《昌平区推进海绵城市建设实施意见》。

新时代背景下，现有政策存在完善、拓展、优化的空间，这需要与时俱进、长期规划，也需要群策群力、共谋发展。因此，本文结合数据尝试提出政策建议。为克服主观因素影响、掌握一手调查情况，提出客观建议，小队前往实地调研，继续探究。最终发现区政府在“建设沿岸环境”方面存在改进空间。

（三）数据搜集与分析

为验证昌平区水质改善成果，小队首先从数据角度分析水质提升的变化趋势。

1. 数据来源

本文的水质数据主要来源于北京市生态环境监测中心和北京市

水务局的公开数据。同时，选取了沙河水库附近的东、南、北三条沙河支流进行年和月级别的数据的搜集与分析，数据区间定位为2008—2020年。将数据中水质类别按照从高到低的水平①赋值。

2. 沙河水质季度趋势

将数据汇总，得到下图：

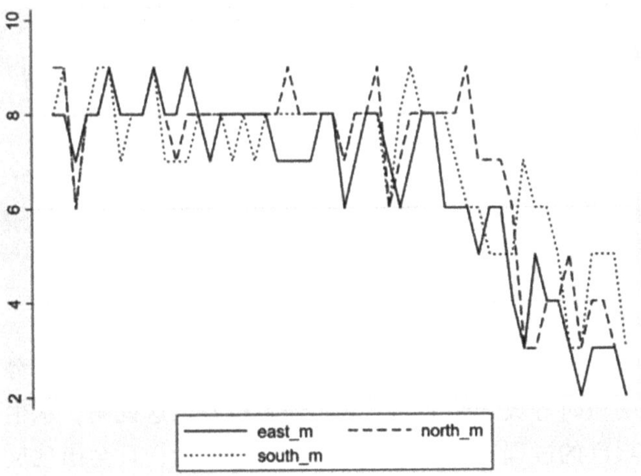

图2 沙河水质季度数据图

在2014年及以前，水质维持在较差水平，但在2015年出现不同程度的好转，随后再次变差。在2017年前后，三段沙河支流均出现明显的级别下降（水质变好）趋势。

3. 沙河水质月度趋势

以沙河东、北、南三段支流的月度数据汇入函数图像中，以水质类别为纵轴，时间为横轴，得到下图：

① 本文将I-V级记录为1-5，V级以下划分的等级按照累加原则继续记录。因此，上表也显示了本文水质数据1—9级的对应级别和适用范围。

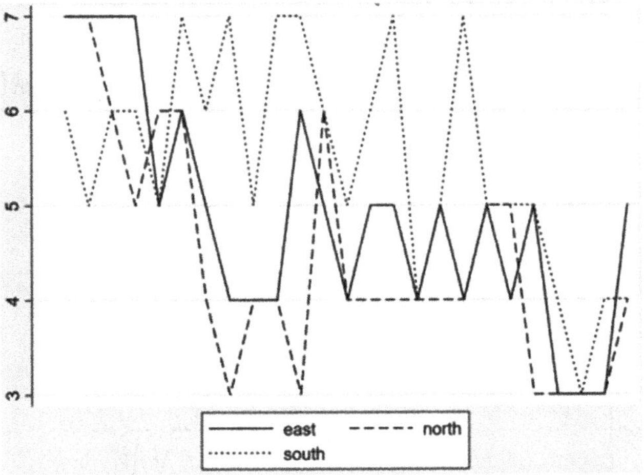

图 3 沙河水质月度数据图

三条沙河的月度水质类别等级呈现锯齿状整体下降趋势。难以明确说明何时等级开始下降，水质开始提升。这说明，水生态治理是长期艰巨的过程，政策实施后长期才能见效，且会出现反复波动的现象。

（四）实地调研

1. 基本信息

时间：2021 年 5 月 1 日

地点：东北南沙河、温榆河，及沙河水库

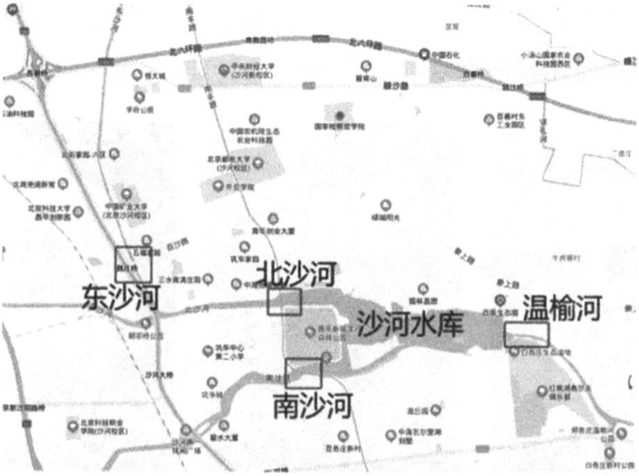

图 4　实地调研地理位置①

2. 调研成果

2021 年 5 月 1 日下午，源头活水小队前往两地。小队采取“广泛游览与重点采访相结合”的方式，进行初步调研。观察发现，河水水质确实有明显改善。

图 5　东沙河河流

图 6　温榆河河流

① 图片来源：map. baidu. com，考察地点有标注。

由于条件有限，小队对水质只进行了初步检测①。首先，观察发现沙河水质比较清澈。

图 7—9 纯净水（左）与沙河水（右）对比观察效果图

小队进一步测量两者丁达尔现象：

图 10—11 纯净水（左）与沙河水（右）的丁达尔现象②：

① 本文使用对照观测检验法：使用透明容器 A 盛装沙河水作为实验组，使用另一透明容器 B 盛装矿泉水作为对照组。对照两组的颜色、光泽、杂质含量等特点。为进一步检测水质，可从《地表水环境质量标准》（GB3838—2002）规定的指标进行分析。

② 丁达尔现象：当一束光线透过胶体，从垂直入射光方向可以观察到胶体里出现的一条光亮的“通路”，在丁达尔效应出现的时候，光就有了形状。

测试发现，纯净水无丁达尔效应；而沙河水有丁达尔效应，因此接近于胶体。

为了测量实际水质，本文采用 TDS① 测量法，结果如下：

表 2　多个水环境下 TDS 对比

水环境	纯净水	自来水	宿舍饮用机水	沙河水
TDS 数值	003	168	172	386

由以上实验，本文基于测量得出，尽管对比饮用水水质仍有不足，但是由于在自然环境中，沙河水质们属良好。

为调查居民对河水的满意程度，小队进行了简单的采访。采访发现，居民对水质改善很满意，但对沿岸环境建设却不满意。这表明，尽管水质明显提升，周边环境建设却未能跟进。这与想象中“人与自然和谐共生”的生态环境建设略有不同。

三、实践感悟与思考

经此次调研，小队见证了五位一体中“生态”建设的显著成效，调研数据切实表明了美丽中国的建设已经落到实处。小队对沙河生态治理成果进行实践研究，完成各项工作。从实践方案初步思路发展而来，各调研项目结果与下文的总结与对策关系如图：

① TDS：Toral Dissolved Solids，是溶解在水中固体物质总量。数值表示浓度，即溶解固体含量除以一升。

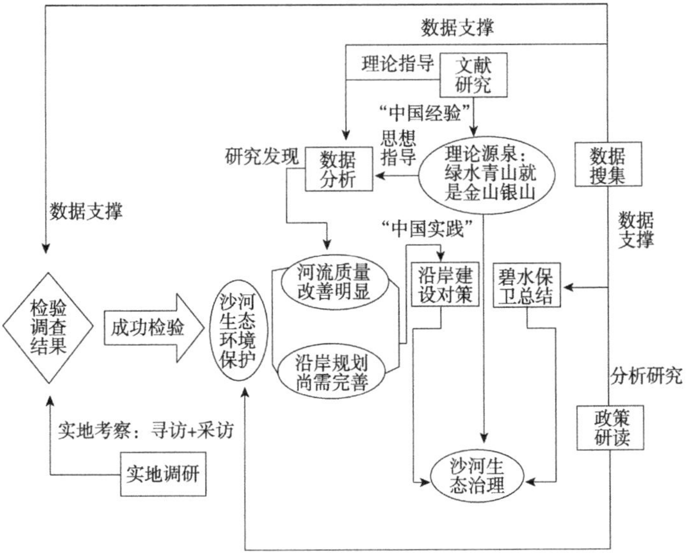

图 12　调研系统中各项目脉络流程图

在实践过程中，以上成果引发了小队的思考与感悟。

（一）碧水保卫战总结——基于数据搜集与政策研读

已搜集数据表明沙河水质明显提升；政策研读表明昌平区的生态治理政策行之有效，值得总结推广。

1. 沙河生态分步治理经验

根据调研政策分析，昌平区生态政策与国家政策契合，顺势而为。按照“以尊重自然为首要态度、顺应自然为基本原则、保护自然为重要责任”的理念，贯彻“节约资源和保护环境”的基本国策，因此取得斐然成绩。

2. 沙河生态治理未来规划

在实地调研基础上，本文提出如下宏观构想：

（1）贯彻生命共同体理念，构建水生态整体性保护治理思维与制度体系。

（2）与首都各地各部门保持协作互助，形成一体化行政监管治理体系，构建整体水质保障机制。

（3）调动多元社会主体的多维度参与，构建全社会水生态环境保护治理体系。

（4）将生态环境保护治理融入经济、政治、社会与文化建设各方面，实现“五位一体”新时代中国特色社会主义现代化建设总体布局（即人与自然和谐共生的现代化建设新格局）。

针对以上构想中提出的问题与困难，本文提出具体建设对策。以下为具体到沿岸建设的微观对策。

（二）沿岸建设对策——基于数据分析与实地调研

实地调研发现居民对水质提升较为满意，但对周边环境建设较不满意。河岸建设包括建设生态景观与基础设施，不仅保护河流生态环境，更能发挥生态文明建设成果，切实提升居民幸福感，实现生态、社会、经济三重效益发展，调动更广泛的社会力量参与到生态文明建设之中。而目前，沙河沿岸仅有巩华城附近修建了完善的滨河公园，建设成果显著，而在上下游更多居民区，沿岸生态建设尚需完善。因此，本文提出保卫水质改善成果、继续建设河岸的政策建议。

习近平总书记在十九大提出了“十四个坚持”，其中提到了“坚持人与自然和谐共生”。“我们必须树立和践行绿水青山就是金山银山的理念，像对待生命一样对待环境，统筹山水林田湖草系统治理。”不可忽视的是，在我们打响“碧水保卫战”、改善水质乃至河流本身的同时，对沿岸地区的空间规划也是生态文明建设的重要构成。据此，对于沿岸建设，本文从以下几个角度提出对策：

1. 丰富植物多样性，规划露营垂钓区——提升生态效益

生态效益建设要求涵养生态、保护环境。实地考察发现，滨水空间附近生态保护不足。沿岸植物多为自然野生，单一且不美观。丰富沿岸植物多样性、建设生态环境，不仅可以提升滨水空间美观

程度，还能起到防洪固沙的作用。此外，建设骑行通道、规划露营区和垂钓区等，也可以为观赏美景提供渠道。通过沿岸生态建设，不仅保护生态环境，也为涵养水质、提升沿岸美观程度做出贡献。

2. 提高空间利用率，建设休闲新场所——提升社会效益

社会效益建设要求利用有限资源满足物质文化需求。实地考察发现，沙河周边工业和商业用地多，但是滨水空间利用较少。对此本文提出以下对策：

第一，很多沿岸地区周边都有轨道站点，可以在这些轨道站点的基础上建立商业区，以“地上商场、地下站点”的方式提高空间的利用，同时带动沿岸地区周边的经济发展。第二，沿河的桥下“灰色空间”可以加以利用，桥上为道路，桥下可以设置慢行道、公共卫生间等设施。除此之外，还能以复式平台的方式提高空间利用率，另外还可以增设亲水平台、栈道等等。通过沿岸设施建设，不仅提高空间利用率，也为居民提供更多休闲场所。

3. 贯通水生态走廊，开发生态旅游业——提升经济效益

经济效益建设要求平衡生态保护与经济发展，实现人与自然和谐共生。2013 年 4 月 8 日至 10 日，习近平在海南考察工作时指出，“保护生态环境就是保护生产力，改善生态环境就是发展生产力。良好生态环境是最公平的公共产品，是最普惠的民生福祉。”

因此，需要将生态文明建设融入人民生活中，除了提升水质，还要改善河周边环境，继而沿东沙河两岸形成滨水绿道 25 公里，串联十三陵水库、昌平新城滨河森林公园、沙河水库、温榆河，形成一条贯通昌平新城与未来科学城的水生态廊道，切实提升周边居民获得感。

得益于旅游经济的“益贫式特征”，其有利于解决我国当前“不平衡不充分”的主要矛盾。在经济下行压力和保卫脱贫攻坚成果的双重压力下，发挥生态保护成果的作用，开发水生态旅游业，是实现生态保护与经济增长平衡发展的一条可行路径。

在生态文明建设的基础上，构建以资源承载力为基础、以自然规律为准则、以可持续发展为目标的资源节约型、环境友好型社会，形成“人与自然和谐共生”的新格局，走向社会主义生态文明新时代。

（三）调查结论：构建“457 生态治理模式”

根据新阶段国情，为适应长期发展目标，实现贯彻新发展理念、搭载五位一体，围绕提升河流水质、改善生态环境、实现生态经济暨“人与自然和谐共生”，要求我们更新治理模式。在前文结论的基础上，融合外国治理经验、结合中国运河文化治理实践、时间维度的三维系统（如图三维坐标所示的横截面）思考，本文构建立体、多维的河流生态治理模式，即“四方联动、五策共举、七个惠及”，简称“457”模式（如图 12）。

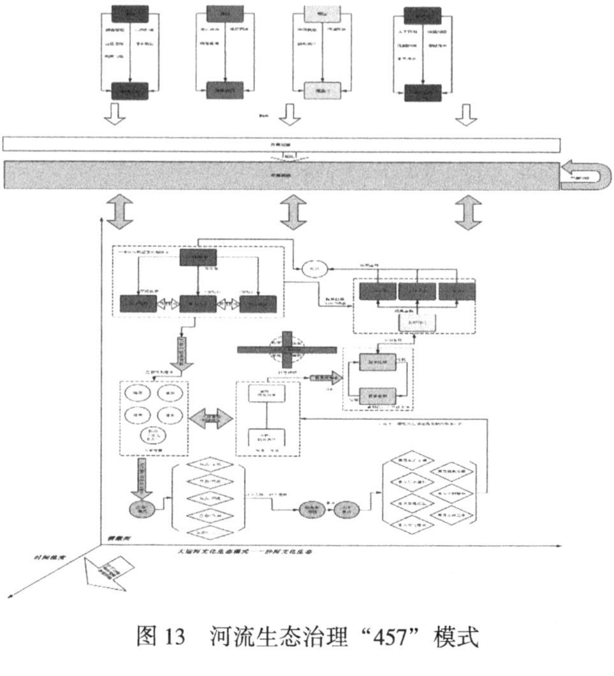

图 13　河流生态治理“457”模式

参考文献：

［1］北京统计年鉴［M］．北京：北京年鉴社，2020.

［2］毛泽东思想和中国特色社会主义体系理论概论［M］．北京：高等教育出版社，2018.

［3］北京地方志［M］．北京：中共北京市委党史研究室，2020.

［4］习近平关于社会主义生态文明建设论述摘编［M］．北京：中央文献出版社，2017.

［5］Yang F. Ecosystem planning and design guidelines for urban waterfront space［J］. Journal of Fujian University of Technology，2011.

［6］Ebenstein Avraham. The Consequences of Industrialization：Evidence from Water Pollution and Digestive Cancers in China［J］. Review of Economics and Statistics，2012.

［7］Zhang Jing. The Impact of Water Quality on Health：Evidence from the Drinking Water Infrastructure Program in Rural China［J］. Journal of Health Economics，2012.

［8］Zhou kunpeng；Zhao dawei. Beijing water cultural heritage［J］. Beijing University of Civil Engineering and Architecture，2016.

［9］Fan Maoyong；Guojun He. The Impact of Clean Water on Infant Mortality：Evidence from China［J］. Working Paper，2019.

［10］Fu Shihe；V. Brian Viard and Peng Zhang. Air Pollution and Manufacturing Firm Productivity：Nationwide Estimates for China［J］. Working Paper，2020.

［11］Michael；Greenstone；Guojun He；Shanjun Li；Eric Zou. China'swar on pollution：Evidence from the first five years［J］. National Bureau of Economic Research，2021（No. w28467）.

教师点评

心系一江水，济惠万民康。经济学院源头活水小队赴昌平区东、南、北三条沙河支流以及温榆河和沙河水库调研水污染治理情况，用丁达尔效应的检测和专业仪器测量。在实践中，该组近距离考察了五位一体“生态文明建设”政策对当地生态环境的影响，并针对沿岸环境建设、提高滨水空间利用率、开发生态旅游业等提出建议，为首都生态文明高质量发展建言献策；以沙河碧水保卫战成果助力构建人与自然生命共同体。该研究入选我校经济学院一院一品精品项目，在社会实践中获校级推荐全国大学生百强团队评选，被共青团北京市委办公室《北京团内信息（2021 年第 30 期）》报道。

首都垃圾分类政策的落实情况调研

——基于北京市海淀区清河街道的实证分析

团队：中央财经大学法学19级垃圾分类调研小组
成员：陶晓霞　师宁檬　崔梦也　李　娜　陈健军　王　弘

一、实践方案

（一）实践背景

1. 垃圾分类政策出台的背景

2000年，我国首选北京、上海、广州、南京等8个城市开始垃圾分类试点工作，随后苏州、无锡等其他城市也在全市或局部区域开展了垃圾分类试点工作。垃圾分类可以说是中国垃圾处理的一大进步，是贯彻保护环境、创造美好生活环境的一大举措。继上海2019年7月率先试行新的生活垃圾分类政策之后，北京也出台了新的垃圾分类标准，进一步推进了垃圾分类工作进程。

2. 北京垃圾分类政策及其发展历程

北京垃圾清运的历史可以追溯到1949年《清除积存垃圾工作实施大纲》。[①] 迄今为止，政府推动的北京垃圾分类推广大致可以分为三个阶段，第一阶段是2002年至2008年，为绿色奥运理念落实垃圾分类；第二阶段是2009年至2017年，北京垃圾分类进入"焚烧+"时代；第三阶段是2017年至今，北京垃圾处理进入减量

---

① 刘守华．1949：北京垃圾清运故事［J］．档案记忆，2017（10）：19-22.

化、资源化阶段，政府顺应世界生活垃圾分类大趋势，寻找北京垃圾处理的解决之路。[①]

首都垃圾分类问题始终受到党和政府关心重视，在《北京市人民政府办公厅关于加快推进生活垃圾分类工作的意见》中，目标在2020年底基本实现公共机构和相关企业的生活垃圾强制分类全覆盖，全市垃圾分类制度覆盖范围达90%以上，并且基本建立垃圾分类相关制度和标准体系，培养市民垃圾分类习惯。[②] 2021年5月13日，发改委印发《“十四五”城镇生活垃圾分类和处理设施发展规划》（以下简称《规划》）。《规划》为促进北京市的垃圾分类工作的发展提出了“统筹规划、因地制宜、市场导向、多方共治”的基本原则，同时对北京市提高垃圾资源化利用率、垃圾分类收运能力和垃圾焚烧处理能力提出了新要求和新方向。

（二）实践目的和意义

1. 实践目的

垃圾分类知易行难。北京市垃圾分类工作起步较早，先后经历了“二分法”和“三分法”的实践，以及由试点突破到提高覆盖率的管理目标的调整。[③] 随着新版《北京市垃圾管理条例》的出台，北京市各区域均采取了相应积极的措施，北京市垃圾分类取得了新的突破。但不可否认的是垃圾分类目前仍存在着强制分类法律支撑不足、混装混运等诸多问题，如何持续有效地推进北京垃圾分类、将垃圾分类政策落实到各区域各街道乃至各社区值得我们思考。

---

① 陈立雯．垃圾分类缘何无法得以实施——以北京垃圾分类为例［J］．绿叶，2014（06）：33-38.

② 北京市人民政府办公厅关于加快推进生活垃圾分类工作的意见［J］．北京市人民政府公报，2017（40）：5-29.

③ 李如刚．对进一步推进北京市垃圾分类工作的思考［J］．城市管理与科技，2017，19（02）：10-15.

为此，我们选取具有代表性的试点地区进行实践调研，了解北京垃圾分类及落实情况及存在的问题，总结已有经验，以期为解决北京市垃圾分类困境提出对策。

2. 实践意义

（1）有利于增强运用课堂知识解决实际问题的能力。课堂学习所获得的知识基本上都是间接的、系统的理论知识，有时是脱离实际的；社会实践使我们能够把所学的理论与实际相对照、比较，促使理论与现实相结合，并提升运用理论知识解决现实问题的能力；

（2）有利于增强社会职责感。大学生通过参加社会实践、亲身体验生活，了解首都在整治环境、处理垃圾等方面要解决的现实问题，了解经济社会发展的现实状况；在与基层人民群众的接触、交流中了解人民的需求，增强自己的社会责任感和为民服务意识；

（3）有利于培养协调能力和应变能力。小组成员在社会实践过程中自行组织和参与活动，独立应对和解决各种问题，充分调动每个同学的进取心与协调沟通能力，锻炼同学们遇到突发事件的应变能力。

（三）实施方案

1. 实践方案概述

经过小组讨论，考虑到疫情防控等客观因素，我们确定了线上调查与线下调研相结合的实践方案，对试点地区（街道）垃圾分类的实际状况进行科学分析，推广宣传做得好的地方，对存在问题提出自己的合理化建议。

表 1—1：实践方案概述

实践方式实践安排	时间	人员	地点
线上调查	2021. 2. 25—3. 21	全体成员	居家
	2021. 4. 5—4. 25	全体成员	中央财经大学（学院南路校区）

续表

实践方式实践安排	时间	人员	地点
线下调研	2021. 7. 1—7. 8	全体成员	北京市海淀区清河街道
线上总结	2021. 7. 8—7. 10	全体成员	中央财经大学（学院南路校区）

2. 实践方法和方式

（1）线上调查方法以文献资料法为主，辅以数据分析法

考虑到疫情因素，我们前期主要采取线上调查的方法开展实践活动。组员们通过登录北京市人民政府官网“首都之窗”、北京市城市管理综合行政执法局和北京日报等官网，了解北京市垃圾分类、常住人口分布、常驻外来人口分布的相关资料，并对数据进行整合分析，初步确立了实地调研方向为北京市海淀区属四至六环的地区。

表 1—2　北京第七次全国人口普查表（截止 2020 年 11 月 1 日零时）

地区	常住人口（人）	全市人口占比%	
		2020 年	2010 年
全市	21893095	100	100
朝阳区	3452460	15. 8	18. 1
海淀区	3133469	14. 3	16. 7
昌平区	2269487	10. 4	8. 5
丰台区	2019764	9. 2	10. 8
大兴区	1993591	9. 1	7
通州区	1540295	8. 4	6
顺义区	1324044	6	4. 5
房山区	1312778	6	4. 8

续表

地区	常住人口（人）	全市人口占比%	
		2020 年	2010 年
西城区	1106214	5. 1	6. 3
东城区	708829	3. 2	4. 7
石景山区	567851	2. 6	3. 1
密云区	527683	2. 4	2. 4
平谷区	457313	2. 1	2. 1
怀柔区	444040	2	1. 9
门头沟区	392606	1. 8	1. 5
延庆区	345671	1. 6	1. 6

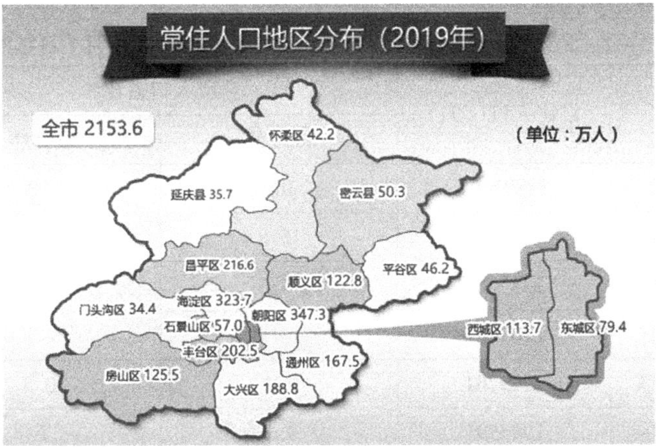

图 1—1　2019 年北京市常住人口地区分布图①

① 参见北京市统计局、国家统计局北京调查总队“北京人口知多少”网站，http：//tjj. beijing. gov. cn/zt/rkjd/，最后访问日期 2021 年 7 月 20 日 .

（2）线下考察以拍照、录像、走访记录等方式进行

在线下考察中，小组走访、调查了北京市海淀区属四至六环的地区中垃圾分类工作较有特色的代表街道、小区和公园，如爱之园公园、中央财经大学清河校区、金隅美和园、当代城市家园、中国石化润滑油清河社区、橡树湾二期三期、海淀区第二实验小学、毛纺厂南小区、万象汇等地。其中重点调研了清河街道下辖的各小区。

二、实践过程

（一）实践调研：对试点地的具体调研

小组成员最终选定了清河街道作为线下调研地点。主要是基于以下四个方面的考虑：

1. 区位优势上，清河街道位于海淀区东北部五环至六环地区，东至京藏高速与西三旗街道接壤，西至京包路与上地街道相邻，南至学院路检测场与学院路街道毗连，北至西二旗路代征地与昌平区接壤，地理位置优越，交通便利；

2. 人口优势上，北京四环至六环之间为外来人口集中分布带，其中，海淀区是外来人口最多的区之一。清河街道在第七次全国人口普查公报中，常住人口为 147395 人，在海淀区 29 个镇、街道中排名前六，常住人口众多，且处于城乡过渡地区，人口构成复杂，其具有人口基数和类型上的代表性；

3. 社区分布优势上，清河街道所辖社区品类丰富，其区域分布包括有低中高档住宅区域、教育教学区域和商业工作区域，其中单位型社区 10 个、社会型社区 19 个，且所辖社区新老不一，是理想的线下调研地点；

4. 政策优势上，为了推进新版《北京市垃圾管理条例》的顺利实施和改善清河社区的生态环境，清河街道作出了一系列积极举

措。具体包括：

（1）街道有明确的政策部署

清河街道在垃圾分类工作部署、动员、实施和维护等多方面均进行了完善的街道政策部署。2020 年 4 月 23 日上午，清河街道召开生活垃圾分类动员部署会，明确了清河街道垃圾分类的工作任务和职责分工，强调从观念、宣传、行动等方面推进垃圾分类的顺利进行。自 2020 年 5 月 5 日起，清河街道综合行政执法队持续对辖区社会单位、居住社区开展生活垃圾分类专项执法检查、督促责任主体落实垃圾分类责任，自觉践行垃圾分类绿色环保理念。

（2）街道有清晰的治理举措

清河街道多个社区各显其能，严格遵守分类要求，自主创新改良方法。具体而言：

①以人民为中心，创造便利暖心的分类条件

清河街道在垃圾分类站点设置、清扫运输方式上，通过物业管理委员会等方式积极听取市民意见，用柔性政策引导居民了解和参与垃圾分类。小区的垃圾桶上安装有手动“掀盖器”，方便投递，绿色环保；部分垃圾桶上还有可回收垃圾、其他垃圾、厨余垃圾等投递的注意事项，方便居民规范开展垃圾分类。

图 2—1、2—2　配置有“掀盖器”的小区垃圾桶（调研拍摄）

②奖惩并举，探索高效长久的管控机制

自2021年5月开始，北京市21项执法权下放至基层，单位和个人未按规定分类投放生活垃圾等行为，都将由街道、乡镇直接处罚，确保政策执行质量。清河街道制定了针对社会单位明确的惩罚机制，由市城管执法部门立案查处餐馆、酒店及企事业单位的垃圾分类违法行为，构建了长久管控机制。

③强化宣传引导，凝聚强大的整治合力

a）社区内，清河街道张贴告示引导正确投递，制作海报宣传垃圾分类；社区内开展垃圾分类培训会，教授垃圾分类小知识；对垃圾桶及周边环境进行定期打扫，同时做好防疫防控；二次分拣不放松，杜绝串桶，精准分类；及时清运，不超时、不残留；组织社区志愿者引导居民正确垃圾分类，培养分类意识等。

图2—3、2—4、2—5　清河社区街边垃圾分类宣传标语（调研拍摄）

为了进一步深入了解调研社区的垃圾分类工作情况，我们还采访了垃圾分类工作中的不同主体，获取到了大量可以真实反映清河街道社区垃圾分类情况的素材。

图2—6　采访美和园小区街道办主任

在采访美和园小区街道办主任时，我们了解到：居委会主要通过发布有关文件和组织社区活动来宣传和提升居民的垃圾分类意识；小区物业对接居委会，具体开展垃圾分类的实际工作。由于当前的垃圾分类主要依靠居民自觉，街道办居委会等主体实际上只能起到监督引导的作用，而最后兜底和落实的任务主要由物业来完成，参与垃圾分类的三方主体仍然存在衔接不畅、实际任务分摊比例相距甚远的问题。

图 2—7、2—8　采访加气混凝土小区居民和橡树湾的负责垃圾转运和回收的工作人员

在采访加气混凝土小区居民中，我们得知该小区居民对于垃圾分类工作配合度较高，垃圾的转运也由专人负责进行，居民满意度较高。这与城市花园小区的居民认为负责转运垃圾的人员的数量还是难以满足小区的实际需求，垃圾产生速度与转运人员在每日规定时间内完成垃圾转运的任务之间存在矛盾的感触截然不同。由此看来，不同社区和不同主体关于垃圾分类具体实施情况的看法仍然存在一定出入，同时也反映出社区、物业和居民三方主体之间的协调配合对于垃圾分类工作持续有序推行的重要性。

b）校区内，清河街道携手辖区学校、清河学区团委积极推进垃圾分类工作，开展“小手拉大手”垃圾分类教育活动。活动期间，通过发倡议书、开展主题班会等形式，引导在校学生深入学习垃圾分类知识，让学生带动家人，共同参与到垃圾分类的行动中，达到“教育一个孩子，带动一个家庭，影响一个社区”的效果。

图 2—9　清河街道“小手拉大手”
垃圾分类教育活动表彰大会现场（来自网络）

④科技助力，实施精细化的分类管理

清河街道通过引入智能垃圾分拣站、垃圾分类监管平台，科技助力垃圾便捷投放，实现无接触、准确投放垃圾。其中，智能垃圾分拣站可通过红外感应、机械手等设备，实现厨余垃圾整包投放、自动分离、免手动破解和感应开盖。

图 2—10　学府树家园第二社区的智能垃圾分类设备（来自网络）

图 2—11　中国石化润滑油小区内的智能垃圾分类设备（调研拍摄）

（二）数据分析：对实践数据和调研现象进行深入分析

1. 数据整理和现象分析

为就原始数据整理和后期分析提供一定的评估指标，我们参考了北京市 2020 年出台的《居住小区生活垃圾分类投放收集指引》（以下简称《指引》），了解到政府相关的指导和规定，整理出相关的指标性因素。我们结合调研过程所见所闻，制作了一个雷达分布图，以示各个具体调研点对政策的基本落实情况。

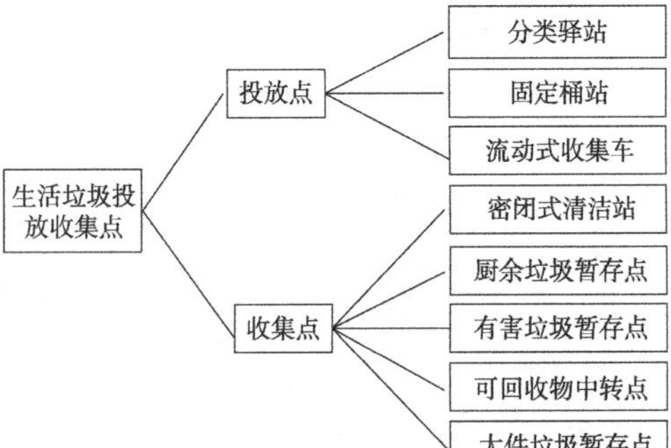

图 2—12　据《指引》整理的相关指标性因素

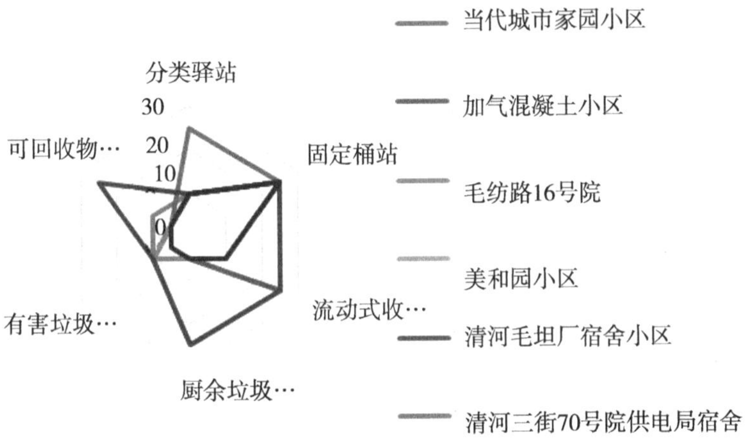

图 2—13　北京市海淀区清河街道各调研点对于《指引》的基本落实情况
（注：数轴数值含义：25—有；10—无；5—未探明）

结合上图，根据《指引》的内容，我们对线下调研中所获得的各种音视频资料进行了浏览，并结合当时的所见所闻，作出现象分析：

（1）投放点现象分析

我们调研中所进入或途径的社区，均设有固定桶站，分布密度基本达到或超出标准，实际配置情况和居民的反馈均较为乐观；根据《指引》的规定，厨余垃圾收集容器应分时设置、有人值守，居民按时投放厨余垃圾。但就实地调研情况来看，我们基本没有见到厨余垃圾桶旁有专人值守，厨余垃圾桶仅有分时收集运输的时段，并没有分时设置的时段，这或许是导致较多小区的垃圾投放点的卫生状况较差的原因。

《指引》中提到的有条件的小区可优先设置的垃圾分类驿站，我们只在橡树湾社区见到过，根据实地观察和网上查询的结果来看，这个社区在我们的调研目标社区中属于中高档小区，其整体卫生状况也较其他小区良好，故而其分类驿站的密度应也高于其他社区，实践与预测结果相符。

（2）收集点现象分析

关于垃圾收集的情况，我们对清河街道的整体观感是：垃圾收集转运工作到位，流动式收集车不仅数量多，而且分类明确，并配有半自动化的操作机械，高效且便利。但也存在不足之处：我们在调研过程中发现了共计三次、约十余个厨余垃圾桶杂乱堆放于路边的现象，根据《指引》要求，该区域即为厨余垃圾暂存点。但《指引》中明确提到，厨余垃圾暂存点应设置在相对固定、不影响交通和居民正常生活、便于收运车辆作业的场地，且应采取一定遮挡美化措施以减少对市容市貌的影响。然而就实际所见的三处厨余垃圾暂存点，仅当代城市家园小区和橡树湾的厨余垃圾暂存点较为合规，但仍存在未做任何遮挡措施的问题；而其余一处厨余垃圾暂存点则是随意摆放于路边和围栏旁，未设遮挡且未有专人管理。

2. 政策落实情况分析

在实地调研后，我们发现自2020年5月《北京市生活垃圾管理条例》实施以来，很多居民都已逐渐养成垃圾分类的习惯，具有一定的垃圾分类意识，但在分类实践中仍然存在以下几点问题：

（1）部分社区垃圾分类精准投放率有待提高。实践中发现，垃圾桶内存在垃圾混装情况；部分居民在垃圾处理源头上并没有正确分类，保洁员需二次分拣来保证垃圾纯净度达到清运标准，这无疑增加了垃圾分类的人物力成本。

（2）部分垃圾桶站的硬件设施破损未得到及时维护。实地调查中观察到部分小区垃圾桶有相当程度的破损，影响正常使用，但未能得到及时有效的更换修理，无法及时满足居民进行垃圾分类的硬件设施要求。

（3）部分社区桶站值守力量不足。在实地观察中，我们发现部分社区内没有保洁员值守，或者保洁员数量稀少，居委会等引导力量缺失，缺乏对居民有效和长期的指导监督。

（4）垃圾外运不及时，人员和时间安排不合理。实践中，我们发现部分社区的垃圾桶周围堆放大量垃圾袋，垃圾桶满溢，这说明垃圾外运不及时造成了垃圾滞留，垃圾运输处理的人员分配和时间安排存在不足，无法及时有效完成垃圾的清运。

（5）对流动人口的宣传还不到位。实地采访中，我们发现老旧小区中存在部分流动人口，这部分住户对社区内的垃圾分类情况没有完全掌握，垃圾分类意识淡薄、相关知识匮乏。作为外来人口或流动人口的这部分群体值得社区投入更多精力，加大宣传力度。

总而言之，垃圾分类需要久久为功，既需要相关物业对桶站硬件设施的优化，需要居委会相关工作人员的指导监督，更需要每个居民养成分类习惯，在家源头自主分好类，多方合力才能做好垃圾分类这个“关键小事”。

三、实践感悟与思考

（一）实践感悟

通过实地调研，我们了解了首都在整治环境、处理垃圾等方面要解决的现实问题，了解经济社会发展的现实状况；我们通过实地观察和采访，在与基层人民群众的接触、交流中了解人民的需求，感受到了垃圾分类切实影响了人民的生活。感谢本次实践机会，让我们进一步增强自己的社会责任感和为民服务意识。

我们进一步意识到，居民在垃圾治理的过程中，积极性是逐渐递减的，需要社区采取各种措施激励其参与垃圾分类；而政府的政策是从上而下的，其也可能出现落实不到位的情况；我们需要以更加包容的心态和积极的态度，调整垃圾治理模式，不断完善制度设计和创新，促进北京市垃圾分类的发展。针对垃圾分类存在的各种问题，我们要发挥政府政策机制和市场灵活机制的作用，将垃圾治理与社区相连接，从社区治理逐步向北京市整体治理推进。

（二）实践思考：存在问题的解决思路

1. 对上海经验的借鉴

（1）宏观方面

①出台区域指导文件并进行垃圾分类的资金扶持工作。上海市政府自2005年至2019年先后出台《上海市生活垃圾计划管理办法》等九个文件[①]，分别逐步实现整体垃圾减量化、人均生活垃圾减量化等分级计划。北京也应当建立一套与垃圾分类环节相对应的政策制度，制定生活垃圾分类信息管理制度，加强政府对于垃圾分类的资金支持。

②加强政务公开。对于上文提及的资金支持，应当及时进行政务公开。一方面可以对相关政府主体的行为进行监督，另一方面可以激励人们进行垃圾分类的热情。

（2）微观方面

①加强垃圾分类配套硬件设施建设。首先，应当设定各个地区的分类投放点并确保投放设备的规范化；其次，要杜绝混装混运，加快清运工作网的建设，争取做到合理布局。

②将垃圾分类融入社区网格化治理，加强基层社区在垃圾分类回收中的作用。基层社区是垃圾分类的第一道门槛，其处于垃圾分类的前端部分，可以将社区与信息化数据化相结合，提高垃圾收运效率和精准度；或者开发社区小程序，借助小程序中的基本信息对基层社区存在的问题进行分析并提出改进建议。[②]

③适度探索垃圾分类的市场化机制。既鼓励居民自己动手分

① 剩余文件为：《上海市单位生活垃圾强制分类实施方案》《上海市生活垃圾全程分类体系建设行动计划（2018—2020年）》《关于建立完善本市生活垃圾全程分类体系的实施方案》《上海市生活垃圾管理条例》《上海市生活垃圾投放指引》.

② 韦海燕．产权理论视角下提高生活垃圾分类效果的研究［J］．中国资源综合利用，2021，39（04）：42-46+55.

类，又允许家庭向其他个人或专业机构购买垃圾分类服务，鼓励市场化手段介入，减少政府财政负担，激发垃圾分类措施本身的活力。①

④加强宣传和教育。不仅要在社区持续开展多样性宣传活动，同时组织实施线上线下展示活动，利用互联网和新媒体等多种渠道进行广泛宣传；扩大教育层面的影响力，将宣传与教育相结合，将垃圾分类教育纳入大中小学教育体系。

2. 北京未来的努力方向

（1）宏观层面

北京市应继续坚持贯彻中央《关于推进党政机关等公共机构生活垃圾分类工作的通知》和北京市人民政府的《关于加快推进生活垃圾分类工作的意见》，同时积极允许相关各区，根据其具体情况，在文件的指导下，出台适合本区的指导意见。

（2）微观层面

①社区自治：在区政策的背景下，各个小区可以根据其垃圾运输处理的情况，制定本小区适用的内部规章。社区管理者应当积极主动进行垃圾分类的宣传，安排好垃圾分类的运输处理工作，并主动推出垃圾分类的相关创新举措。如将垃圾分类与积分制度相连接；居民们进行垃圾分类可领取现金或者兑换奖励金，从而在积分商城里兑换商品；还可以将垃圾分类与线上打卡相连接，通过线上打卡，督促居民形成垃圾分类习惯。

②居民自觉：居民可以自发地进行“一对一”的垃圾分类的宣传和处理，及时与物业相联系。② 采用此种方式，不仅提高了处理

① 崔高莹．精细化社区治理，推进垃圾分类政策落实［J］．中华环境，2021（04）：44-46.

② 北京首都之窗《密云区华远澜悦社区“楼管家”深化垃圾分类理念持续推进社区内垃圾分类工作》，载于 http://www.beijing.gov.cn/ywdt/gqrd/202101/t20210114_2219612.heml，最后访问日期2021年5月16日．

效率，也在物业与居民之间，架起沟通桥梁，发挥其与居民直接对话的优势，起到监督、劝导的积极作用，让垃圾分类深入到每家每户。

③科技支持：将垃圾分类与物联网与AI科技相连接，助力社区垃圾分类。借助物联网等智能科技，可以在避免二次污染的同时，提示居民垃圾分类的相关要求，加强监管，减少垃圾错投现象。

3. 总结

作为准公共物品，垃圾分类是城市精细化管理的一部分，其影响着社会资源的利用、生活环境的优化、生活水平和人民生活幸福感的提高。根据本次对北京市海淀区清河街道的实证调研，我们发现北京市在垃圾分类的具体实践中仍然存在着宣传力度不足、垃圾分类的人力物力不足以及居民垃圾分类精准投放率待提高等难题。针对以上问题，我们充分借鉴了同为“一线城市”的上海地区的相应措施，为北京垃圾分类提出了解决思路，以求不断完善制度设计和创新，促进北京市垃圾分类的发展。

总而言之，垃圾分类道阻且长，其落实有利于实现北京市城市建设2035年的发展目标，提升北京综合竞争力，助力北京成为生活更方便、更舒心、更美好的和谐宜居城市。北京作为首都，对于中国的城市发展起着带领作用。只有从街道社区到整个城市，步步扎实走好首都垃圾分类之路，才能真正促进中国整体社会垃圾分类发展的进程，助力中国成为一个资源回收利用率高、垃圾处理效果好的国家。

教师点评

陶晓霞、师宁檬等同学以北京市海淀区清河街道的几个具有代表性的小区为调研对象，通过观察、走访、座谈等方式深入了解首都垃圾的分类情况及相关政策的落实情况。调研发现，各小区的居民垃圾分类的意识比较强，相关政策落实到位，为净化居民生活环境、提升居民生活质量发挥了很大作用，但是仍然存在不少问题，有些问题可能是短期内还不能彻底解决的，该小组提出了他们感觉具有可操作性的解决措施。同学们通过这次实践活动，加深了对课本知识的理解、对现实状况的了解、对解决途径的思考，将课本知识与现实相对接，提升了他们的综合能力，收效很好，报告写得也很深入，达到了预期目的。希望该组同学以后在学习课本知识时，也能放眼祖国大地，时时关注社会、体察民情，培养、提升自己的社会责任感和解决社会问题的能力。

延庆环境改善对区内生态农业发展的推动作用调查研究

团队：法学19级毛概延庆实践团队

成员：张玉晓　范晶晶　张雯娟　姜怡然　王淑婷　崔　巍
张　可

一、实践方案

（一）课题背景

1. 生态文明建设理念的倡导与贯彻

生态兴则文明兴，生态衰则文明衰。面对资源供给趋紧、环境污染严重、生态系统退化的严峻形势，我国必须树立尊重自然、顺应自然、保护自然的生态文明理念，走可持续发展道路。①

习近平总书记曾强调："要倡导绿色、低碳、循环、可持续的生产生活方式，平衡推进2030年可持续发展议程，不断开拓生产发展、生活富裕、生态良好的文明发展道路。"② 延庆作为首都生态涵养区，承担着保障首都生态平衡的重要使命，积极践行"两山"理念，确定新城生态环境建设方案，积极整改中央生态环境保护督查组提出的相关问题，为中央生态文明建设理念提供实践范本，获得了"首都绿化美化园林城镇""国家级生态示范区"等荣誉称号。

---

① 习近平指出，加快生态文明体制改革，建设美丽中国［J］．环境影响评价，2017，39（06）：3

② 习近平．共同构建人类命运共同体［N］．人民日报，2017-01-20（002）．

图一　拍摄于延庆博物馆

2. 生态改善的成效与奠基

改革开放见证了中国的经济腾飞，也见证了环境质量的波浪式变动：我国的环境质量经历了从良好、恶化到总体好转的演进过程。① 在生态环境改善过程中，延庆区也成绩斐然。延庆区在建国初期森林覆盖率不足7%，自然灾害频发，肆虐的风沙严重影响了当地人民群众的生产与生活。在经历延庆山区大造林、“荒滩绿化工程”等工程后，到2000年全部12万亩荒滩治理完成。新时代延庆响应国家号召，先后建设完成妫河森林公园、“四大生态走廊”、平原造林等一批重大生态建设保护项目。自2014年以来，延庆区立足生态涵养区功能定位，紧抓改革重点，把握改革动向，生态文明体制改革工作从制度到实践不断摸索完善。到2019年时，延庆

① 周宏春. 改革开放40年来的生态文明建设［J］. 中国发展观察，2019（01）：5-10.

城区被评为“中国天然氧吧”，是北京市唯一获得该荣誉的地区。目前延庆区创建国家森林城市规定的40项指标已全部达标，这些都是一代代延庆人坚持不懈、脚踏实地的结果。①

3. 绿色经济模式的兴起与繁荣

绿色经济是一种环保健康的经济模式，是产业经济为适应人类环保与健康的需要而产生、繁衍出来的一种发展方式。我国要把发展绿色经济作为推动可持续发展、促进经济转型的有效途径，让绿色经济成为“稳增长”与“调结构”的引擎。② 其中有机农业的发展在中国走可持续发展格局上占有重要的地位，在手段上主张依赖自然的生物循环，是一种回归自然返璞归真的新型农业模式。有机农业可以帮助解决现代农业带来的一系列问题，如土壤侵蚀、土地质量下降和物种多样性减少等；且具有经济价值高、发展潜力大。延庆区三面环山一面临水，既是国家级生态示范县，也是农业大县，森林面积达11万公顷，大气、水质均达国家一类标准，具有发展生态农业、有机农业的优势及条件，位居我国有机农业发展的第一梯队。多个知名有机农业品牌如“归原”有机奶、“绿富隆”、“北菜园”有机蔬菜等都出自延庆，2014年世界葡萄大会的成功举办更是让延庆有机葡萄迈出北京，走向世界。延庆区第二届政府倡导下将区内各地、各种形式的有机农业进行大整合，创立了“妫水农耕”区域公共品牌。作为利用农业景观资源，发展观光、休闲、旅游的新型农业经营形态，休闲农业也在延庆生根发芽、逐步发展，持续发挥着其深度开发农业资源、调整农业结构、增加农民收入等作用。延庆休闲农业观光园如今已成规模，声名远播，成为周

---

① 刘瑞成，徐志中，向恒江，王琪．延庆 在美丽家园建设的道路上奋勇前行［J］．国土绿化，2019（05）：28-31+2+67-68.

② 辜胜阻，石璐珊．让绿色经济成为稳增长与调结构的引擎［N］．中国经济时报，2012-10-11（005）．

边城市、北京天津市居民短期游的优选去处。[①]

（二）实践的目的及意义

党的十八大提出“五位一体”总体布局，特别强调了生态文明建设的重要性，要把生态文明建设融入政治建设、经济建设、文化建设、社会建设的各方面和全过程。[②] 自2014年生态文明体制改革以来，延庆区立足生态涵养区的定位，紧抓生态环境的改善与治理，致力于发展绿色经济，作为北京菜篮子的地位也不断凸显，以生态农业为主体的综合性农业及其衍生的观光农业也都蓬勃发展。本次调研在于了解延庆区生态改善的情况、党和政府为此作出的努力和取得的成效、当地生态农业发展现状，从而进一步认识延庆区生态环境改善对生态农业的影响。总结出具有延庆地方特色的生态农业发展模式，探究延庆模式存在的可推广性与可持续发展点，为全国生态农业的发展提供借鉴。我们也将在深入调研的基础上，尽己所能对延庆生态农业发展问题提出可行性解决方案，以推动延庆区生态农业健康持续发展。

（三）实施方案

1. 实施步骤

（1）确定调研主题和实践目的。

（2）开展文献调研。通过查阅相关资料，初步了解延庆地区生态治理历程、党的领导和政府政策指导作用的发挥、当地生态农业发展现状。

（3）开展实地调研。通过实地调研，感受延庆环境和生态农业发展现状，掌握一手资料。

（4）开展访谈调研。深入采访延庆区不同人群，获取更加准确

① 曾诗淇．延庆县的有机之路［J］．农产品市场周刊，2015（27）：14-16.

② 李艳芳．习近平生态文明建设思想研究［D］．大连海事大学，2018

翔实的信息。

（5）分析调研资料。对调研数据进行整理，区分层次归类访谈对话，综合分析调研资料。

（6）撰写调研报告。结合调研资料，分工合作撰写调研报告。

2. 可行性分析

（1）距离相对较近。延庆区位于北京西北部，团队成员均在海淀区，距离相对较近，有实践的空间可能性。

（2）基础设施完备。北京地区交通便利，到达延庆区较为便利，延庆区当地交通饮食等有条件保障。

（3）团队配置合理。团队成员为高校学生，具备专业知识与沟通能力，任务分工明确。

（4）居民乐意配合。本次调研，对于当地生态环境和生态农业的发展及居民生活是利好的，可以激发居民配合的积极性。

二、实践过程

（一）延庆生态改善的政策路径

在经济高速发展和城市化、工业化扩张的时代，延庆的“青山绿水”始终常在，生态环境始终向好发展，这离不开党中央的正确领导和各级政府的协作和努力。

1. 功能定位

自2014年生态体制改革以来，北京市政府关于生态改善制定了从职责分工、实施方案到资金管理等多方面多层次的政策。在北京市新一轮的城市总体规划中，延庆区被列为首都生态涵养区之一，为其发展提供了明确的功能定位。① 此次调研过程中，小组成

① 北京市规划和国土资源管理委员会．北京城市总体规划（2016年—2035［Z］．2017-09-29

员注意到，延庆城区中，随处可见“美丽延庆”的标志和宣传语。在采访延庆区居民时，也能从他们的言语中感受到其对优良生态环境的自豪。这些现象反映了上述功能定位对延庆的产业定位、空间布局起到了明确且深刻的指导作用，也为延庆政府和人民的生态改善之路提供了动力。

2. 制定方案

延庆区人民政府立足于首都生态涵养区的功能定位，制定了一系列的制度和实施方案，着眼于打造首都生态文明“金名片”。首先，区政府围绕空气、水、森林覆盖率等关键领域，强化环保、安全等标准的硬约束，让生态改善评估和进度有了明确的数据指标。同时，各类环境质量评估平台也为延庆的生态改善工作提供了强有力的数据支持。为了压实责任，延庆区成立了区委生态文明建设委员会和“两山”基地建设领导小组，出台了《延庆区生态环境保护工作职责分工规定》，推动全区生态环境保护职责落到实处。[①] 在此次调研中，涉及政府政策的问题，受访者都会不自觉地称赞：

图二　拍摄于延庆街道

① 许小蕊．建设美丽延庆我区生态文明体制改革显成效［N］．延庆报，2020-12-23（02）

我们的政府，是真的很认真地在做生态工作。可见政府生态保护工作得到了延庆人民的见证和肯定。区政府也为生态改善提供了基础设施支持。延庆政府积极把握世园会、冬奥会等重大活动的机遇，促进活动筹备和生态设施完善的双向互动。这样的设施在细微之处也有体现，例如在路灯灯柱边侧悬挂安装了宠物专用卫生纸箱、干净整洁的公厕，各种用心之处皆会为居民带来城市环境优美的感受。

3. 基层政策

不同于以上较为宏观的政策，受采访居民、农民更加了解基层政府的生态保护政策。在采访中，我们了解到基层政府会根据土壤条件、水文状况、地形地势等因素，因时因地地选择农作物。合作社都有专任的技术员来监测地力、水资源质量，制定休耕、轮作计划，进行生态恢复。在区政府对环保的高要求下，基层政府会号召合作社与农民进行无公害种植，减少化肥、农药的使用，发展绿色农业。但是天然种植的农产品卖相不佳，容易滞销。为此基层政府一则发放补贴，二则制定收购的兜底政策，同时积极探索销售渠道，保证了生态友好型农业持续长久发展。

（二）延庆区环境改善对生态农业发展的影响

在实地调研中，调研小组集中采访了绿富隆农业有限责任公司、“妫水农耕健康之源”旗舰店工作人员；延庆区东外大街环卫工人以及延庆区香苑街农贸市场的水果摊老板，通过实地访谈对环境改善后当地生态农业发展现状进行充分的了解，主要获取到以下四点内容：

1. 产品质量显著提高

绿色生态农业的推广之所以能够带来广泛的经济效益，在于其对农产品高质量保障。调研小组为研究水果质量，在香苑街农贸市场购买了水蜜桃、香蕉、荔枝等水果，对比同时期海淀市场购买的水果，两者在甜度价格方面均存在差异，延庆区售卖的水果属于物美价廉类型，具备较强的产品质量优势，为绿色经济发展提供了一大方向——以质量谋优势。在采访农贸市场的水果摊老板时，他也谈到，延庆对于当地生态环境要求较高，通过合作社集约经营、休耕轮作、种植技术等多样方式对土地、种植方式进行调整改善，提高果蔬质量。

（1）休耕轮作模式与绿色种植技术的应用

在对绿富隆农业有限责任公司、“妫水农耕健康之源”旗舰店工作人员的采访中，工作人员对调研小组提出的农业种植环保技术措施问题作出了有效的回答。面对土地长期耕作质量下降的问题，政府要求他们进行休耕轮作，对土地进行一段时间的闲置。延庆区政府相关单位还派出专业技术人员定期到合作社指导其进行环保种植，进行播种时间、播种量以及除草等具体技术操作规程的详细指导，以促进土地的合理利用，提高土地使用年限和使用效率，发挥良好生态效益。如在玉米春播时，延庆区的农业技术推广站的农艺师将通过技术检测土壤温度，在确认土壤温度连续 10 天保持在 10 摄氏度以上之后，才会组织区域农民进行春播，以保证玉米能够正常发芽。[①] 此外，本区企业也积极响应政府号召，在有机土壤之上，进行有机和无公害蔬菜种植，希望为消费者生产出健康产品。休耕轮作与环保种植技术的号召与推广，有效地实现了绿色与经济发展之间的平衡，作为北京市农业大区，上述措施为长期农业耕作的农民带来了经济收入的改善，为延庆区农业可持续发展开拓道路。

（2）合作社集约经营对农产品质量的要求

延庆区的农业定位是都市农业产业群，延庆生态农业发展良好。旗舰店工作人员指出，当地种植模式既有自己种植，也有外包种植，最普遍的方式是合作社经营，合作社在延庆区农业经营中发

---

① 《科技种植提效增产延庆区玉米春播过半》，载北京市农业农村局 2021 年 5 月 10 日。

挥了非常重要的作用。农业合作社将农民作为主要的服务对象，提供农业生产资料的购买，农产品的销售、加工、运输、贮藏以及与农业生产经营有关的技术、信息等服务。农民专业合作社在农村流通领域撮合成交或直接组织农产品交易，迎合了三农的发展需求，在厂商和农民，城市和农村之间筑起金色的经济桥梁。农业合作社作为媒介：引入农业人才，带领农民科学发展种植业和畜牧业；引进先进科技，提高绿色农业发展效率；开展对农民的技术培训，促进农业劳动力再生产。政府、合作社还对农产品质量进行严格把控，建立区域生态农业的品牌优势，帮助塑造延庆绿色生态农业新形象，为延庆成为“北京的菜篮子”增添高品质色彩。

图三　“妫水农耕健康之源”旗舰店店内情况

2. 农产品种类的多样化

旗舰店工作人员谈到，现阶段的延庆，相比过去以玉米等较为单一的农作物种植，作物种类在逐渐增多。种植条件与技术的改善使得各式各样的花卉、药材等能够大规模地种植，并形成种植基地，区内许多公司开展有机无公害果蔬种植，在良好的环境条件下提升品质。以苏庄果树科技生态示范园为例，占地千余亩，有名优果蔬5个树种71个品种，是名副其实的“百果园”。延庆拥有华北最大杏树基地，到了采摘的季节，延庆10万余亩的鲜杏红满枝头。走进延庆观光采摘园，阵阵杏香扑面而来，颗颗串串、满满登登的红杏挂满枝头，煞是好看。农产品的多样化带动农业产业的多样化，利于培养职业农民，实现农业集约规模经营，促进土地集中；提高农业生产效益，促进专业化分工，建立现代农业产业体系。延庆正在实现生态与经济的相互交融，印证着“绿水金山就是金山银山”的理念。

3. 休闲农业的迅速发展

现如今，人们对于美好生活的向往带动着旅游业的蓬勃发展。延庆区素来被称为“首都后花园”，是首都市民近郊游玩的首选；世园会、冬奥会的开展也为延庆区生态环境带来了新一轮的整治与改善，其绿化、农业景观都有了不同程度的提升，我们在延庆也感受到了浓厚的冬奥氛围与严格的生态治理。受访公司也抓住此机会，利用延庆区优越的自然条件及成熟的果蔬种植产业开展休闲农业，将农业与旅游相结合，游客在此观光、采摘、享受乡土情趣、住宿度假，可谓是缓解都市生活压力的不二选择。休闲农业的发展也促进了当地文化产业的繁荣。一方面，经济的巨大进步使得人们投入更多时间于文娱活动中，休闲农业的发展，促进了独特乡村文化的挖掘，开设独具特色的民宿，在环境许可的条件下开发旅游项目，是当地生态、经济与文化交融的生动写照。另一方面，保护环境的理念深入人心，成为当地可持续发展的重要精神支柱。这种力量生生不息，历久弥新，为延庆区发展注入强大动力。

三、实践感悟与思考

（一）实践感悟

加快改善生态环境，是人民群众的迫切愿望，是可持续发展的内在要求。坚持人与自然和谐共生，必须树立和践行绿水青山就是金山银山的理念，坚持节约资源和保护环境的基本国策。延庆依托“首都后花园”的地理位置，积极将生态优势转化成经济优势，通过多措并举，实现生态经济齐头并进。处于北京郊区地带的延庆区，在生态治理中正努力走出一条环保、经济发展共赢的绿色经济道路，积极改善当地生态环境，探索生态农业发展新模式，但在调研过程中仍发现其存在的困境，团队结合理论知识与实践经验提出了改进的方向以供参考。

生态农业的建设不是资源因素的简单叠加，而是合理统筹的结果。在小组调研过程中我们发现，当地的生态农业建设存在两面性，延庆区的生态建设状况有目共睹，但是当地生态优势转化为经济优势的效率仍存在极大的发掘潜力。开发平面化、项目特色限制等问题，需要当地政府与农民一起携手继续改革创新，加大对环境改善与生态农业的经济投入，积极适用新技术、新平台以开拓销售渠道，真正使绿色农产品流入千家万户，推进延庆区生态农业的进一步发展，为全国生态农业发展提供借鉴。

（二）实践思考：延庆生态农业发展中的困境及改进方向

此次调研内容为种植农业及休闲农业，在与妫水河百姓对话过程中，我们发现当地生态农业发展模式仍存在些许不足，这些问题制约着延庆区生态农业的进一步发展，当引起政府、经营单位和从业人员的重视：

有机农产品品相难以对接消费者需求。工作人员表明有机农产品在种植过程中，由于没有农药化肥的介入，成熟瓜果“相貌”不佳，消费者购买欲望低。以马铃薯为例，其指出有机马铃薯个头较小、表面不平整，缺乏竞争力。一般消费者更倾向品相得体的果蔬。此外，有机农产品培育过程中耗费资源更多，价格高，销售较为困难，有机农产品市场的扩大任重道远。虽然有机产品绿色天然，仍需要精准定位消费需求才能提高销量，一方面，销售方可针对有机农产品的误区寻求政府部门支持推动权威的教育科普；另一方面，加快有机农产品品相技术及成本控制的创新发展，有效对接消费需求。当地企业及政府在推动有机农业发展过程中，应自觉承担社会责任，推动健康中国的建设。

当地农产品销路较为单一。我们采访了农贸市场的摊主，其表明相当一部分农产品自产自销，向外拓展市场面临运输成本高、中间商赚取差价、销售渠道有限的困境。农产品销售渠道仍比较传统，合作社收购以及就近销售等为基础手段，电子销售仍不在考虑范围之内。老龄化的人口结构造成当地电子销售难以普及，而在当今电子商务发展如火如荼的时代，依托网络促进农业发展势不可挡。乡镇政府及农村合作社可进行统一的电商运营培训，推动农户加盟电子商务平台，联系固定运输单位，发挥规模效应，减少销售成本，扩大销售范围及渠道。妫水农耕之源的工作人员表明其单位种植的产品主要运往新发地市场，或者依靠当地旗舰店及销往北京市内社区，规模小，旗舰店进行延庆内部各乡镇特色农产品的脱贫帮扶销售，社区销售主要销往紫竹院。工作人员希望能向北京市内各社区、学校供给农产品，达成长期合作。

延庆的休闲农业面临资源优势与经济效益转化效率低的严重问题。在资源转化过程中，需要资金、人才技术手段、品牌的建设等全要素支持。当地休闲农业发展多规模小品牌单一、设施简陋、文化内涵贫乏、缺乏特色项目，招商引资困难。许多生态产业缺乏立项前调研，盲目竞争投资，游客乘兴而来，败兴而归。延庆区占据良好的资源优势，应当充分挖掘自身价值，打造自身独特的品牌休闲农业。

图四　拍摄于延庆区果蔬市场

延庆积极将生态优势转化为经济优势，多措并举实现生态经济齐头并进，在生态治理中正努力走出一条环保经济共赢的绿色道路，为其他区县生态农业发展提供了经验与借鉴。生态农业的建设不是资源因素的简单叠加，而是合理统筹的结果。延庆区的生态建设成果有目共睹，但是当地生态优势转化为经济优势的效率依然存在发掘潜力。开发平面化、项目特色限制等问题，需要当地政府与百姓携手改革创新，加大经济投入，积极适用新技术、新平台以开拓销售渠道，真正使绿色农产品流入千家万户，推进延庆区生态农业的进一步发展，为全国生态农业发展提供借鉴。

图五 拍摄于延庆街道

教师点评

加强生态环境保护、建设美丽中国，全面推进乡村振兴、建设美丽宜居现代农村，巩固脱贫攻坚成果、有效推进乡村振兴等既是当前政策中的热点，也是高校思政课中的重要内容，更是当前社会各界都在尽心努力、期望能将其落到实处并取得预期收效的核心任务和主要工作。对主要活动在校园中的高校学生来说，他们对这些知识的认知和理解往往是单一的，甚至片面的。为了有整体性的认识、深入的理解，就需要他们走出教室、深入社会，通过调研、访谈、走访、观看，甚至动手、耕作等方式，与各个阶层人士接触、交流、对话，实现理论与实践的融合、想象与现实的对接、感受与体会的贯通，加深自己对政策和理论的理解，也不断提升自己的“多观”，收效肯定很大，而且是多方面的。崔巍这一小组的同学通过深入调研、走访、查看、座谈等方式，比较深入地研究了延庆环境改善对延庆区内生态农业发展的推动作用，并做到了扬其长——总结、宣传其经验，避其短——对其存在的问题提出了合理化建议，达到了预期的目的。实践报告写得深入、系统有深度，而且有理有据，避免了流水账式的记述，值得推介，也值得其他同学学习。

北京市生态文明与公民认知研究实践报告

团队：大数据管理与应用2019级金融科技
成员：冉宇鸽　王晋笙　罗　丹　李嘉豪　唐艺书　张淳奕
李益佳　刘雪庭　陈　欢

一、实践方案

（一）实践背景

北京市生态环境局发布《2019年北京市生态环境状况公报》对2019年全市生态环境状况进行总结和回顾。《公报》从年全市空气质量、地表水水质质量，土壤环境质量，声环境质量，辐射环境质量等多方面对生态环境状况进行了全面的考量。可以看出国家政府对生态环境的评价体系从单一不断向多元化改进。陕西省环境科学研究院也对生态环境评价指标体系的设置提出建议，向更加全面的多元的方向发展。

但是生态文明建设不仅仅依靠政府，更重要的是依靠每一个公民去自发努力帮助建设。公民的生态文明保护意识能否与时俱进，全面考量，很大程度上影响了生态环境保护的难度。考虑到很多公民并不具有全方位专业的生态文明相关知识，可能会对影响生态环境因素了解并不全面。因此，研究公民对于影响生态环境因素认知是否有缺陷，并对可能存在的缺陷加以指出、改善十分重要。

（二）实践目的及意义

本文旨在通过调研，构建生态文明评价体系，发现首都各区生态文明建设的不足之处，并提出合理化的发展建议。同时调研公民对环境保护的认知，发现认识不足并加以弥补，建立健全公民的生态文明保护意识，为首都生态文明建设添砖加瓦。

（三）实施方案

1. 信息收集

小组通过查找报告文献、实地调研、问卷调查等方法，收集到北京市各区空气质量、水资源质量、植被覆盖率等数据，了解到各区居民对于当地生态环境的认识和评价，总结了公民对首都生态文明建设的认识、评价和意见。

2. 构建生态文明评价模型

小组运用了 AHP 模型，主成分分析法等方法构建了包含空气质量、水资源质量等指标的生态环境综合评价模型。并运用模型对北京市各区进行评价分析并进行排名。

3. 比较分析

小组将模型得出的各区结果进行相互比较，发现各区生态文明建设的不足。小组将模型得出的结果与实地调研及问卷调查的结果进行比较，发现居民对生态环境的认识与科学综合模型得出的结果之间的不同。从而找到公民对于影响生态环境因素认知存在的缺陷。

4. 总结及建议

结合上述比较分析的结果、实地调研、问卷文献得到的公民对首都生态文明建设的建议以及阅读文献了解到的改善生态文明的方法，针对首都各区的问题以及居民对生态文明的认识缺陷进行总结并提出合理的发展建议。

二、实践过程

（一）数据分析建模得出的综合排名

1. 指标选取与数据

（1）指标选取

结合各类现有的、基于 AHP 层次分析法的生态系统综合评价体系指标搭建文献记载，同时，由于本次进行测评的是北京市各个区的评价，数据的完整性需要纳入考量，我们进行以下五方面指标的构建：

水污染指标

空气污染指标

土地污染指标

绿化程度指标

政府官方投入维护力度

我们在每个方面搜集了三项以上数据。考虑到主客观结合，在第二层次的赋权上，我们没有选择继续运用层次分析法的主观判断矩阵进行构建赋权，而是对数据采取主成分分析法，通过数据贡献率大小来进行客观赋权，最终在第一层次的指标中运用主观判断矩

阵赋权并计算出最终成果。

（2）数据标准化及指数选择

上文提及运用主成分分析法对第二层次的数据进行客观赋权，综合形成一项合成指数，作为第一层次指标最终参与判断矩阵赋权计算的数据。以下将以空气污染指标为例，进行数据融合和指数计算。

首先，结合已有完整数据，我们得到四项第二层次数据作为空气污染指标的数据支撑：

二氧化硫（SO_2）年均浓度值	二氧化氮（NO_2）年均浓度值	可吸入颗粒物年均浓度值	细颗粒物（PM2.5）年均浓度值
（微克/立方米）	（微克/立方米）	（微克/立方米）	（微克/立方米）

考虑到尽可能去除偶然性、特殊数值的过多影响，又需要能够体现最新状态，我们选取北京市各区近三年的相关数据进行平均数计算，得到相对平均分四项数据值。

之后，主成分分析的结果受量纲的影响，由于各变量的单位可能不一样，如果各自改变量纲，结果会不一样，这是主成分分析的大问题。因此，我们需要对四项变量数据做标准化处理，再进行后续分析。

作为5个指标的计算，由于各指标有的数据个数不同，我们假设指标变量为n，评价对象为m。

在空气污染指标中，进行主成分分析的指标变量有4个，共有16个区作为评价对象，我们假设第i个评价对象的第j个指标的取值为x_{ij}。将各指标值x转换成标准化指标：

$$\tilde{x}_{ij} = \frac{x_{ij} - \bar{x}_j}{s_j},\ \square(i = 1,\ 2,\ \cdots,\ n;\ \square j = 1,\ 2,\ \cdots,\ m)$$

其中，$\bar{x}_j = \frac{1}{n}\sum_{i=1}^{n} x_{ij}$，$s_j = \sqrt{\frac{1}{n-1}\sum_{i=1}^{n}(x_{ij} - \bar{x}_j)^2}$ 分别为

第 j 个指标的样本均值和标准差。

（3）指数计算

我们计算相关矩阵 $R=(r_{ij})_{m\times m}$：

$$r_{ij}=\frac{\sum_{k=1}^{n}\tilde{x}_{ki}\cdot\tilde{x}_{kj}}{n-1},\ \square(i,\ j=1,\ 2,\ \cdots,\ m)$$

通过计算相关矩阵 R 的特征值大小，以及对应的特征向量，组成 m 个新变量，此处，本文即形成 4 个新变量。

$$\begin{cases}y_1=u_{11}\tilde{x}_1+u_{21}\tilde{x}_2+\cdots+u_{n1}\tilde{x}_n\\y_2=u_{12}\tilde{x}_1+u_{22}\tilde{x}_2+\cdots+u_{n2}\tilde{x}_n\\\cdots\cdots\cdots\cdots\cdots\cdots\cdots\cdots\cdots\cdots\\y_m=u_{1m}\tilde{x}_1+u_{2m}\tilde{x}_2+\cdots+u_{nm}\tilde{x}_n\end{cases}$$

之后，我们计算各特征值的信息贡献率，常用主成分目的主要用于降维，仅截取信息贡献率至前 80%，但是由于本文的目的在于利用主成分分析的这个方法进行客观赋予权重，因此，我们不考虑累积贡献率，只需将 4 个第二层次数据变量的单个信息贡献率计算出来，再与每个主成分表达式的系数矩阵相乘，得到每个指标变量若要合成最终 Z 值的前端系数，作为客观权重，再最终进行赋权计算，即可获得该方向的综合指数。

$$b_j=\frac{\lambda_j}{\sum_{k=1}^{m}\lambda_k}(j=1,\ 2,\ \cdots,\ m)$$

以上为各主成分的单个信息贡献率，之后再与主成分表达式的系数矩阵相乘，得到k_j，即可将其作为权数，进行总 Z 值计算，也就是单项第一层次指标的初始综合值：

$$Z=\sum_{j=1}^{n}k_jy_j$$

我们对 Z 值最终计算结果进行归一化处理，再乘以一百，即可得到单项第一层次指标的百分制分数。

最终，各区空气污染指数计算结果如下：

东城区	0.601
西城区	0.6507
朝阳区	1.1976
丰台区	0.5513
石景山区	0.7999
海淀区	-0.0752
门头沟区	0.6271
房山区	0.0143
通州区	1.5407
顺义区	-0.2293
昌平区	-0.3337
大兴区	0.8645
怀柔区	-2.1684
平谷区	-1.6065
密云区	-0.8856
延庆区	-0.294

同理，作为与空气污染指标并列的其余 4 个指标，我们的计算过程完全相同，最终得到 5 个指标第二层次的 5 个综合客观赋权指数。

一是 AHP 层次分析判断矩阵构建及最终赋权。

AHP 层次分析法是一种系统分析与决策的总和评价方法，是在充分研究人类思维过程的基础上提出来的，能够较合理地解决定性问题定量化的处理过程。以下是层次分析法的具体步骤：

（1）对于所选的指标的重要性进行两两比较，构造判断矩阵。

	水污染	空气污染	土地污染	绿化程度	政府官方投入维护力度
水污染	1	$\frac{1}{9}$	$\frac{1}{2}$	$\frac{1}{2}$	$\frac{1}{3}$
空气污染	9	1	8	8	7
土地污染	2	$\frac{1}{8}$	1	1	$\frac{1}{2}$
绿化程度	2	$\frac{1}{8}$	1	1	$\frac{1}{2}$
政府官方投入维护力度	3	$\frac{1}{7}$	2	2	1

（2）由判断矩阵计算指标的相对权重

通过判断矩阵计算得到的指标权重如下表所示：

指标	水污染	空气污染	土地污染	绿化程度	政府官方投入维护力度
权重	0.0494	0.6444	0.0835	0.0835	0.1393

二是最终得出的综合排名。

利用 AHP 得到的各指标的相对权重，计算北京各区的综合评分，计算公式如下：

$$Y_i=0.0494X_{1i}+0.6444X_{2i}+0.0835X_{3i}+0.0835X_{4i}+0.1393X_{5i}$$

其中，Y_i 为 iN 个区的综合评分，X_{1i}、X_{2i}、X_{3i}、X_{4i}、X_{5i}分别为第 i 个区对应水污染、空气污染、土地污染、绿化程度、政府官方投入维护力度指标的值。

得分越高，该区的生态环境建设就越好，排名越高。由此，得到北京市各区的排名如下表所示：

1	怀柔区
2	平谷区
3	密云区
4	延庆区
5	昌平区
6	房山区
7	顺义区
8	门头沟区
9	海淀区
10	丰台区
11	石景山区
12	大兴区
13	东城区
14	西城区
15	朝阳区
16	通州区

（二）基于问卷调查人们印象中的综合排名

在完成对以上几项客观数据的建模分析得到综合排名后，我们接下来收集了部分在京人员对首都生态文明建设的主观印象数据，以求与客观数据进行对比并观察差异。

这部分我们采用问卷的形式调查了近一百名参与调查者对首都生态文明建设的印象。该问卷包含十二道题，其中前三题是对参与调查者的年龄、身份等信息的调查，其余部分则是对首都生态文明建设的印象的调查。

1. 问卷内容展示

(1) 对参与调查者信息的调查

在这部分，不难看到参与调查的大部分为18~25岁的学生。因此该问卷更多的是反映年轻人对首都生态文明建设的印象。此部分数据如下：

第1题 请问您的年龄 [单选题]

选项	小计	比例
<18	6	6. 38%
18—25	70	74. 47%
26—35	2	2. 13%
36—50	11	11. 7%
>51	5	5. 32%
本题有效填写人次	94	

第2题 请问您的身份 [单选题]

选项	小计	比例
学生	75	79. 79%
在职员工	14	14. 89%
退休人员	3	3. 19%
其他	2	2. 13%
本题有效填写人次	94	

第 3 题　是否常住北京［单选题］

选项	小计	比例
是	48	51.06%
否	46	48.94%
本题有效填写人次	94	

（2）对首都建设重点的调查

之后我们对参与者认为首都建设重点进行了调查，目的在于了解人们对首都生态建设的重视程度以及对实施重点的观点。数据如下：

第 4 题　请选择对于首都建设而言最重要的三项建设［多选题］

选项	小计	比例
生态建设	79	84.04%
经济建设	65	69.15%
政治建设	38	40.43%
社会建设	42	44.68%
文化建设	58	61.7%
本题有效填写人次	94	

第 5 题　您认为首都生态文明的建设的重点在于［多选题］

选项	小计	比例
加大资金投入	50	53.19%
制定合理的政策规划	76	80.85%
加大绿植	58	61.7%
加大生态文明宣传力度	61	64.89%

续表

选项	小计	比例
公益活动	41	43.62%
行业调整（如搬迁污染企业）	48	51.06%
本题有效填写人次	94	

由获得的数据可以看出，人们对于首都建设最为重视的仍是生态建设，这与我们的预想相近，也是近几年首都建设重点的变化趋势。

其次是对生态建设的重点的观点，多数人认为最根本在于制定合理的政策规划，随后是生态文明宣传力度的加大和加大绿植。

（3）对首都生态问题及恢复方式的调查

这部分我们调查了参与者对首都生态问题的了解和恢复方式的建议，其数据如下图：

第6题　您觉得北京存在那些生态环境问题（至少三项）［多选题］

选项	小计	比例
水污染	34	36.17%
PM2.5	76	80.85%
固体废弃物	28	29.79%
垃圾分类不到位	45	47.87%
尾气污染	47	50%
工业污染	23	24.47%
沙尘暴	59	62.77%
植被不足	38	40.43%
本题有效填写人次	94	

第 7 题　您认为那种环境恢复方式更好［单选题］

选项	小计	比例
自然恢复	16	17.02%
人工干涉	76	80.85%
其他	2	2.13%
本题有效填写人次	94	

与平常认识相同，人们认为首都最严重的生态问题为 PM2.5，其次是沙尘暴。在恢复方式这方面，近八成认为人工干涉是最好的环境恢复方式。

（4）对首都生态文明建设的打分

最后一部分，我们收集了参与者对首都生态建设的综合打分，具体数据如下：

第 10 题　您愿意给首都生态文明打几分［量表题］

本题平均分：6.7

选项	小计	比例
1	1	1.06%
2	2	2.13%
3	4	4.26%
4	0	0%
5	8	8.51%
6	22	23.4%
7	28	29.79%
8	20	21.28%
9	5	5.32%
10	4	4.26%
本题有效填写人次	94	

第 11 题　您愿意给首都生态文明宣传打几分［量表题］

本题平均分：6.78

选项	小计	比例
1	1	1.06%
2	0	0%
3	4	4.26%
4	3	3.19%
5	12	12.77%
6	21	22.34%
7	19	20.21%
8	19	20.21%
9	9	9.57%
10	6	6.38%
本题有效填写人次	94	

第 12 题　您愿意给首都生态文明建设措施打几分［量表题］

本题平均分：6.83

选项	小计	比例
1	1	1.06%
2	0	0%
3	3	4.26%
4	2	3.19%
5	8	12.77%
6	22	22.34%
7	30	20.21%

续表

选项	小计	比例
8	15	20.21%
9	8	9.57%
10	5	6.38%
本题有效填写人次	94	

综上可知，对生态文明建设评分最多的为 7 分，均分分布在 6.8 附近。

2. 综合排名展示

全部参与者对北京各区环境印象评分的排名如下图，在参与者印象中怀柔区的环境最好，垫底的为通州区。

1	怀柔	45	47.87%
2	平谷	30	31.91%
3	密云	26	27.65%
4	延庆	24	25.53%
5	昌平	23	24.46%
6	顺义	23	24.47%
7	海淀	19	20.21%
8	房山	17	18.09%
9	丰台	16	17.02%
10	东城	16	17.02%
11	西城	15	15.95%
12	门头沟	13	13.83%
13	石景山	12	12.77%
14	大兴	10	10.64%
15	朝阳	8	8.51%
16	通州	6	6.38%

（三）发现问题

1. 两排名比较

前面我们利用主成分分析和 AHP 成分分析得出的数据结果显示，无论是综合二氧化硫年均浓度、二氧化氮年均浓度、可吸入颗粒物年均浓度、树木绿化率等因素得出的结果，还是只针对空气污染率方面得出的排名，质量排名较靠前的 5 个区都是怀柔区、平谷区、密云区、延庆区、昌平区。综合实地考察和问卷调查的结果，我们发现，这 5 个区的生态的确是较为良好的。

但是，对于除这 5 个区之外的其他区，通过上文可对比出综合排名与只看空气污染排名的结果差异较大。另一方面，调查显示北京地区居民对剩余 11 个区的生态质量感受由好及较差依次为顺义区、海淀区、房山区、丰台区、东城区、西城区、门头沟区、石景山区、大兴区、朝阳区、通州区。居民感受排名与仅靠空气质量影响的排名较为接近。

2. 分析原因

根据问卷反馈，究其原因，问卷中“您认为北京存在那些生态环境问题（至少选择三项）”的回答表明，居民注意到的问题最多的三项是 PM2.5、沙尘暴以及尾气污染，这都反映了空气质量的好坏。可见居民生活对生态相关的最直观感受来自空气，因此，一个地区的空气质量好坏极有可能会直接导致人们对该地区生态质量的感知。

（四）实地案例探究

1. 东城区

根据我们搜集的数据以及由此构建的环保综合指标可知，东城区的环保指标综合排名在北京各地区（总共 16 个区参与排名）中排名较差，处于第 13 位；空气指标排名也较差，为第 10 名。可见，东城区的实际测量环保指标与其他各地区相比，主体上都是较差的。然而，我们对于东城区居民关于环保情况满意度调查问卷的结果却表明，东城区的居民总体上均对东城区的环保状况感到较为满意，认为其相关治理工作做得较好。

为了更好地了解东城区居民对于当地环境状况的感知与态度，深度了解东城区近些年的生态环境变化，并由此从居民角度考察政府相关环保治理工作的效果，我们采访了我们的组员刘雪庭和她的妈妈——北京市东城区当地居民。以下是我们的访谈记录。

Q：您怎么评价东城区近些年来的环境？

刘雪庭：我觉得东城区作为主城区的环境近五年来讲还是不错的。但从空气质量来说，自从首钢那些重工业搬离北京很远以后，空气质量优良的天数直线上升，变化之大上了好几次热搜呢，感觉又回到了小时候那个蓝天白云的东城。不过这两年在大洼村上学回家的机会少了，因此这两年的具体变化还得等一下采访我妈。

阿姨：这两年东城区的变化确实很大，绿化这方面做得很好。我们家门口的张自忠路平安大街一条线，都改造成用绿化带当隔离带了，行人道也更宽敞，车开在路上两旁都是树。胡同口多了些小绿化公园，我们这些居民都认为整个东城更宜居了，没有以前那么紧绷的感觉。绿化、小公园多了，更宜居了没有紧迫感，走在大街上很舒服，节奏慢了。

Q：2015 年北京雾霾频频登上热搜，城六区空气污染指数纷纷爆表，请问您的感受是什么？

刘雪庭：雾霾这个事简直像是被钉在了耻辱柱上一样，2015 年我正在上初三，那两年一到冬天空气流动性不够的时候就疯狂雾霾，连续一周以上爆表我们就不上学了，然后就出现了东城教委风靡一时的“停课不停学”活动。一到雾霾，能见度就很低很低，白天就灰蒙蒙的，几乎看不见太阳。如果不戴口罩就能闻见空气里还有一种刺激性的气味，无论是学校还是家里都呼呼开着空气净化器。下雨天更是灾难，那几年下雨都是下泥汤，树叶上流泥水车全脏了。幸好北京市政府这几年进行治理而且颇具成效，还给了我们一个绿色的东城。

Q：您认为东城的生态环境还有什么需要改善的吗？

阿姨：毕竟东城肯定算是北京市的中心了嘛，所以作为门面怎么改善环境都不为过。其实对于东城居民来说能看得见摸得着的就是空气质量，空气质量虽说已经明显提高了但还是会有雾霾，最近也不知为什么沙尘暴也变多了，这都是需要考虑的问题吧。其他的方面比如水文、土地、资源、生物多样性这些城区里比较少见。有一些水域可能也都是死水，比如说什刹海、北海，当然这些都是公园也没有人会去污染的。我想起来东城的护城河，以前不仅快干了水质也不行，最近稍微好了一些但是存在感还是很低，一点也没有水给城市带来的关怀。

Q：您小时候北京的生态环境是怎样的啊，和现在差距大吗？

刘雪庭：我上幼儿园之前住在三环，确实不是东城。那时候三环外面都是平房，拆迁之后我才来到东城的。小的时候认为蓝天白云花花草草到处都有才是标配，现在发现这些东西都多么珍贵。不过我想那都是因为发展没那么快所以环境问题没体现出来，我虽然年纪小但是有一件事没忘，当时朝阳区亮马河还是坝河实在是太臭了，一路过就是一股子臭水沟味。有一条管子通在河里 24 小时排污水，都没有人管的。我长大以后才得到治理，现在完全看不出来是受过污染的河流了。

阿姨：我小时候虽然没有雾霾但是有很多沙尘暴，北京沙尘暴在当时也是一件很严重的空气污染问题，一点也不比雾霾差，一到初春就刮沙尘暴。1978 年政府批准了三北防护林工程，如今沙尘暴比以前好多了，但是还需要继续改进。

从访谈记录里，我们测算的环保指标排名中东城区排名较低的现象得到了解释——前些年东城区的环境状况还是较差的，雾霾等恶劣天气频发，生物多样性等也受到忽视，近些年虽然空气质量是提高了，但却出现较多沙尘暴现象。同时，我们也可以看出东城区当地居民总体上对于目前当地的环境状况还是较为满意的，且对于政府治理工作的效果也是较为认可的。

为了更加直接深入地了解政府环保治理工作，我们查看了东城区环保动态里的政府工作告示，发现东城区环保局对空气质量、土壤信息、地表水质状况、重点排污单位等相关环保数据都进行了及时的监察、治理与公示，同时也公示出东城区环境治理的工作重点、整治对象、治理目标等相关政策引导性政府公告。我们可以看出，东城区政府针对空气质量、水污染防治、土壤治理、绿化工作等方面都做了较多的工作，且从相关数据与居民感知中也得到较好的效果反馈。虽然与诸多其他地区相比仍然存在不足，但是总体上东城区的环境状况出现了乐观的变化趋势。

2. 昌平区

我们将调查主体转移到昌平区，昌平区的环保指标综合排名在北京各地区（总共 16 个区参与排名）中排名第 9 位；空气指标排名第 13 名。昌平区的实际测量环保指标与其他各地区相比主体上都是较差的。我们对于北京市居民关于环保情况满意度调查问卷的结果也表明，昌平的环境满意度排在第 11 名，基本处于中间位置。

为了更好地了解昌平区居民对于当地环境状况的感知与态度，深度了解昌平区近些年的生态环境变化，并由此从居民角度考察政府相关环保治理工作的效果，我们采访了我们的同学小夫和昌平十三陵景区的工作人员，以下是我们的访谈记录。

对小夫同学的访谈：

Q：您怎么评价昌平区近些年来的环境？

小夫：我觉得昌平区的整体的环境在2020年之前是在改善的，但今年沙尘暴起来了。就空气质量来说，重工业搬离北京到周边地区之后，昌平整体还是向好的方向走的。另一方面，昌平这边主要是未开发的地区空气还是较差的，比如说我们学校附近，天热了就开始有牛粪味，其实给人的感受还是不好的。但是昌平城区附近有滨河公园这些，咱们昌平的居民也有了可以日常闲逛的绿洲了。

Q：最近半年沙尘暴来袭，昌平也是咱们的重灾区，你怎么看？

小夫：记得挺清晰的，今年3月15日，我们还没返校的时候，北京沙尘暴特别严重，上午的时候昌平是率先爆表的。但是其实沙河过去空气质量还是蛮好，总体咱们返校之后，除了有沙尘天气以外基本没有。

Q：您认为昌平的生态环境还有什么需要改善的吗？

小夫：昌平全区的发展还是不尽平衡的，一部分社区感觉还是没有做好基本的环境管理。比如说，自从实行垃圾分类以来，我们学校这边全楼的垃圾不得不堆到楼下，垃圾堆在楼下那个角落天气一热味道也很不好，收拾也不方便。

Q：您对北京的环境变化有什么感触吗？

小夫：我觉得北京市的特点就是有不同的风格，但总体还在向越来越现代化的方向发展，生态朝着宜居的方向发展，可是比如说街道的艺术涂鸦可能不再有了，也不会有马车这种出现在城里吧，一些人文情怀缺失、人文环境变得同质而乏味。

对昌平十三陵景区工作人员的访谈：

Q：您好，请问您现在常住昌平吗？

A：对，我现在就住在昌平。

Q：请问您对生态文明建设了解吗？或者说您在平常的生活中会接触到生态文明建设这一概念吗？

A：会接触到呀，你看咱这一片陵园旁边的路上就有关于生态文明建设的宣传语，感觉咱这一片关于生态文明建设的宣传工作是做得很不错的。关于生态文明建设，我觉得只要是关于环境方面的都可以归进生态文明建设里面。

Q：请问您可以稍微展开讲一下您对生态文明建设的了解吗？比如说生态文明建设都是关于哪些方面的。

A：我觉得主要是空气质量呀、绿化呀、水源方面的吧。

Q：我们之前也在其他地区采访了别的一些人对生态文明建设的了解情况，大多数人都只关注到了空气污染方面，请问您是怎么注意到水源与绿化方面的呢？

A：北京这里以前老是有雾霾，人们肯定会关心空气污染方面的嘛。但是我经常在陵园里面工作，这里面有山又有水的，所以我会注意到水源与绿化方面的情况。

Q：可以简单叙述一下您对昌平生态文明建设的看法吗？

A：我觉得昌平生态文明建设是很不错的，也可能昌平是处于郊区嘛，我觉得昌平的空气状况还是不错的，而且他的绿化程度也很高，昌平很多地还是处于没有开发的状态的；另一方面，因为我家是农村的嘛，会有种地，种地的时候基本都是施的牛粪，不是那种化肥，所以我觉得昌平各方面的污染都是比较小的。

Q：您觉得关于昌平的生态文明建设有哪些需要改进的方面呢？

A：冬天的时候雾霾还是有点严重，没有雾霾的时候昌平的风就会很大，让人感觉不太舒服。还有我觉得虽然昌平的绿化不错，但有好多地方的绿植是自然长出来的，没有规划，我觉得要是这些地方政府再统一规划，昌平会变得更好的。

从我们在昌平与东城区两地的实践状况来看，人们对所处地区的生态文明建设情况普遍比较重视，但都对生态文明建设的了解不够全面，东城区的居民更看重空气质量，昌平地区的居民虽然注意到了水源、土壤、绿化方面，但对他们的认知也不是很全面，而且忽略了生物多样性等方面。

三、实践感悟与思考

在生态建设提上国家政策、普遍受我国居民重视的今天，PM2.5、汽车尾气排放、工厂废气排放这些易于看见的因素使人们可以敏感地察觉到，而水污染、绿植覆盖率、土壤污染等这些方面（由于人们生活在高楼林立、隔绝河流和黄土地的环境中）受重视程度却较小。生态治理注重“系统治理、综合治理”，要想加速改善生态环境、建立绿色生态，是不可片面地关注某一方面的。

通过上述实践很容易看出，人们对生态文明建设情况的了解会被他们看到的与感受到的所限制，从而忽略他们平常不太能接触到的方面。因此，我们可以从这个结果得出对政府政策制定与宣传方面的建议：多宣传人们平常注意不到的方面，以此引起人们的重视与注意。这样，政府与人民能够方便合作、达成共识，更有助于我们生态文明的建设。

教师点评

《北京市生态文明与公民认知研究实践报告》旨在通过调研，构建生态文明评价体系，发现首都各区生态文明建设的不足之处，并提出合理化的发展建议。同时调研公民对环境保护的认知，发现认识不足并加以弥补，建立健全公民的生态文明保护意识，为首都生态文明建设添砖加瓦。该实践报告具有翔实可行的实践方案，并通过数据分析建模的方式对相关调查进行分析综合，发现了问题，分析了原因，得出了有益的结论。

首都生态文明建设调查

——关于北京垃圾分类情况的调查

团队：玛卡巴卡队

队员：王　珂　桑子琳　乔　佳　武诗嘉　应子仪

李思宇　刘　微　郝天翔　程光兆　冯　琪

一、实践方案

（一）实践背景—北京垃圾分类现状

2020年5月1日，新修订的《北京市生活垃圾管理条例》（以下简称《条例》）正式颁布实施，首次明确了北京市个人及单位做好垃圾分类的法定责任和义务，使垃圾分类这件“关键小事”的落实有了责任主体和第一责任人，标志着北京市生活垃圾管理迈入了一个全新的分类时代。具体而言，北京市生活垃圾分类制度具有如下的鲜明特点：

1. 政策组织规划

（1）垃圾收集

《北京市生活垃圾管理条例》中规定了每一居民社区应当按照要求设置厨余垃圾桶和其他垃圾桶，至少保证有一处有4种分类桶，同时必须规划建设大垃圾暂存点。截至2021年4月27日，北京已建成分类驿站1275座，达标改造固定桶站6.32万个，垃圾投放站点具备脚踏、拉环等便利性设施的配置率达到97.15%，实现了分类设施建设管理达标率由2020年5月份的7%上升至目前的 88.8%。

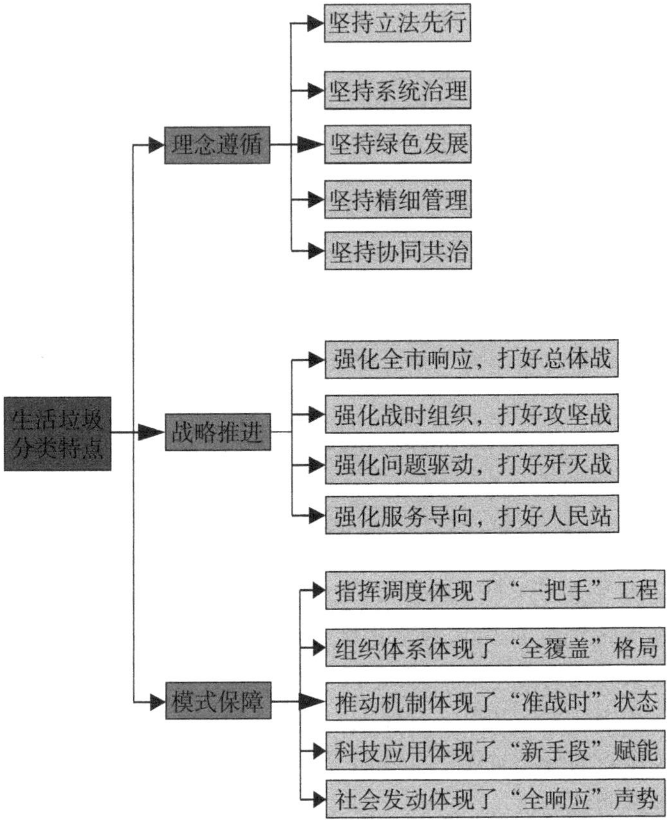

（2）垃圾分类和运输

之前的垃圾分类尝试中，垃圾分类后又被混在一起处理的行为使积极参与垃圾分类的人们失望不已，为此，北京市建立了“不分类不收运”的倒逼机制，强制上一环节进行标准的分类行为。此外，管理层还加大了监督巡查频次，一年时间全市城管执法部门就检查生活垃圾分类主体责任单位 91.93 万家次，发现问题 2.03 万家次。

（3）垃圾处理

为了解决垃圾处理时出现二次污染的问题，截至目前政府共投资改造提升密闭式清洁站805座。其中，垃圾处理厂的焚烧能力达到1.77万吨/日，生化能力达到8230吨/日，基本满足分类处理需求。

（4）个例创新

北京市大兴区亦庄镇将居民参与垃圾分类的情况可视化，对全镇202个投放点位实行24小时监控。亦庄镇的19个社区，总计54个自然小区，目前实现了垃圾分类全覆盖。在亦庄镇的202个投放点位，每天早7点至9点、晚6点至8点，都会有垃圾分类指导员、在职党员在桶前值守，用微信小程序“亦分类”扫描居民手中的专属垃圾分类二维码卡片。在剩余时段，则有在202个投放点安装的视频监控设备监控，实时监督不规范分类行为。

2. 居民实施层面

（1）基层政策实施实际情况

2020年5月1日起，新修订的《北京市生活垃圾管理条例》正式实施。自5月份开始，北京共开展了三轮有关垃圾分类的入户宣传，为了将宣传学习落到实处，市政府组建了两级宣讲团，共开展了50万余场宣传活动；并且鼓励在职党员干部、工青妇联、行商协会、在校学生、共建单位、群众组织、社会组织等7类人员走入社区参与桶前指导，将垃圾分类的意识贯彻到基层群众的心中。以下几幅图为垃圾分类实施一年后居民层面的调查情况（数据来源：北京市统计局）。

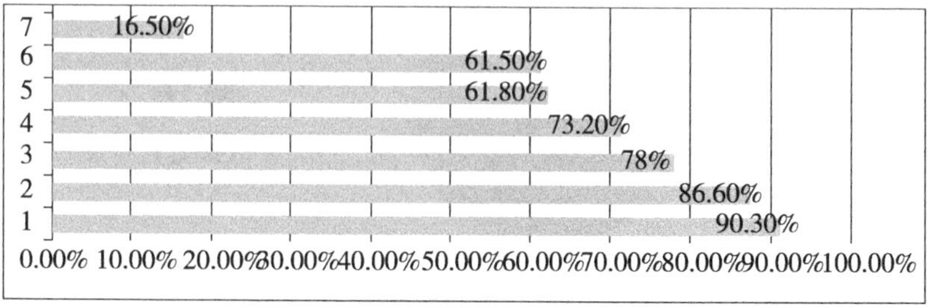

图1 垃圾分类一年以来所居住的小区（村）垃圾分类工作的变化

表 1 垃圾分类一年以来所居住的小区（村）垃圾分类工作的变化

序号	内容	占比
1	设置了明确分类的垃圾桶、固定垃圾桶站	90.30%
2	桶站摆放规范，垃圾投放便利	86.60%
3	桶站周边等小区环境卫生变好	78%
4	自主进行垃圾分类的居民增多	73.20%
5	有垃圾分类指导员进行值守指导并适当进行二次分拣	61.80%
6	增加了再生资源回收点和装修垃圾、大件垃圾投放点	61.50%
7	安装智能化、信息化手段辅助分类投放	16.50%

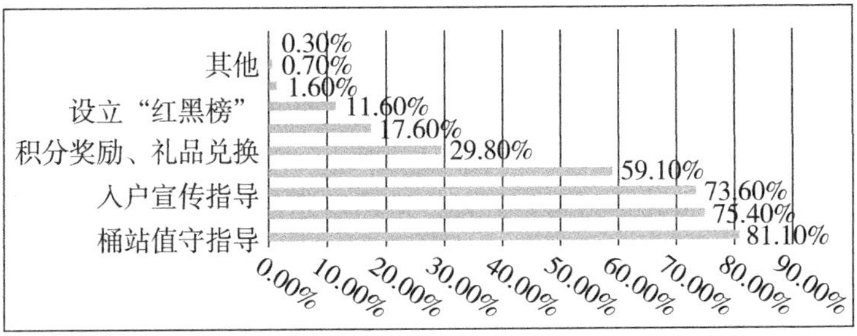

图 2 小区（村）如何调动居民垃圾分类积极性

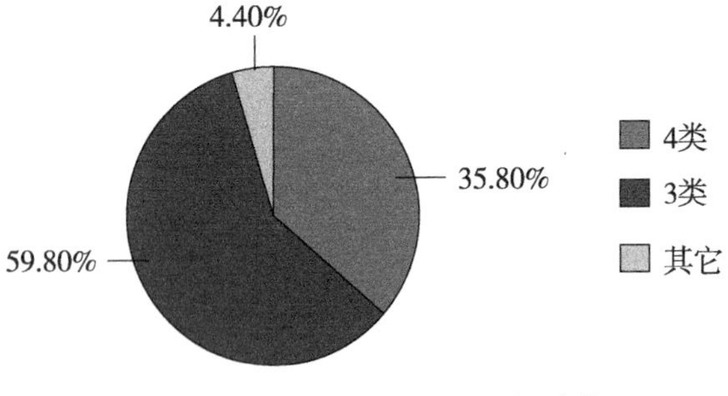

图 3 居民所能进行区分的垃圾种类

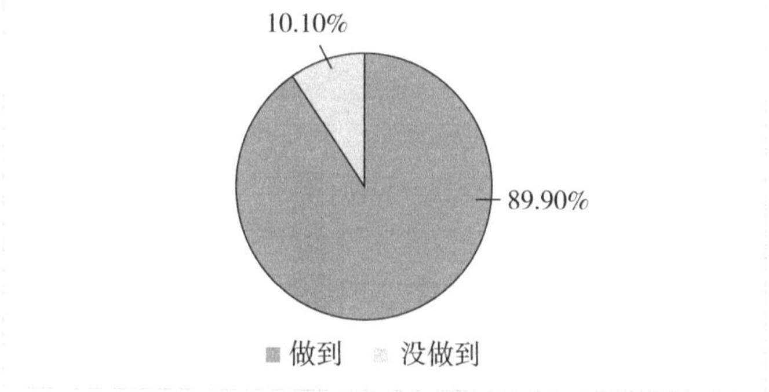

图4　所在小区（村）其他居民个人是否真正做到了垃圾分类

（2）实施成果

北京家庭厨余垃圾日均分出量比《北京市生活垃圾管理条例》（之后简称《条例》）实施前增长了 11.6 倍，达到 3830 吨/日，厨余垃圾分出率为20%左右。生活垃圾回收利用率达到37.5%；其他垃圾日均清运量 1.6 万吨/日，比《条例》实施前减量明显。在《条例》实施一年后，北京市全民垃圾分类的知晓率高达 98%，参与率达到了 70%。准确投放率高达 85%。此外，市民积极响应垃圾减量的指引，2021 年 1—4 月的日均清运量为 2.06 万吨，相比 2020 年下降了 6.36%，相比 2019 年下降了 25.6%，日减量 7100 余吨，此减量效果相当于少建了 2 座日处理 3000 吨量级的阿苏卫焚烧厂，仅拆迁、土建等一次性投资就节省 200 多亿元，不仅节约土地资源，还减少了环境污染和碳排放。甚至市民服务热线关于生活垃圾管理的群众诉求从 693 件/日下降至 243 件/日，体现出垃圾分类这一绿色生活方式已蔚然成风。以下为垃圾分类实施之前及之后的垃圾分类情况。

北京市实施垃圾分类（2020 年 5 月）半年之后，北京市家庭厨余垃圾分出量大幅提升。10 月分出量从条例实施前的 309 吨/日增长至 3946 吨/日，增长了 11.7 倍，厨余垃圾分出率达到19.79%。加上餐饮服务单位厨余垃圾 1857 吨/日，厨余垃圾总体分出量达 5803 吨/日，相应的其他垃圾量 1.6 万吨/日，同比去年下降 32%。

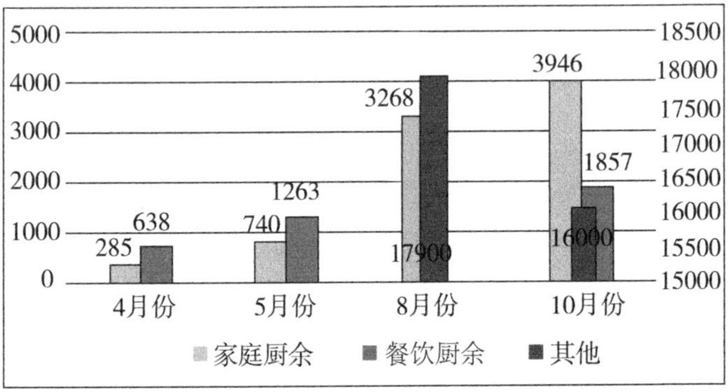

表 2　2020 年北京市垃圾分类情况　单位：吨/日

（二）实践目的和意义

以北京垃圾分类情况为切入点，调查首都生态文明建设情况，并基于调查结果探讨首都生态文明建设前进的方向。

（三）实施方案

本小组通过政策查找、数据筛选、问卷调查、实地走访等方式展开实践，最终针对北京高校、社区及垃圾分类场所的垃圾分类情况进行了相应的调查与探讨。

二、实践过程

（一）数据查阅——以胡浩等人的调查为例

胡浩等人的调查采用随机问卷的方法，以不记名的形式，通过电子问卷对北京居民的生活垃圾分类现状进行了调查。累计回收问卷 1242 份，其中有效问卷 1242 份，有效率为 100%。对于北京市垃圾分类的调查结果及分析具体如下：

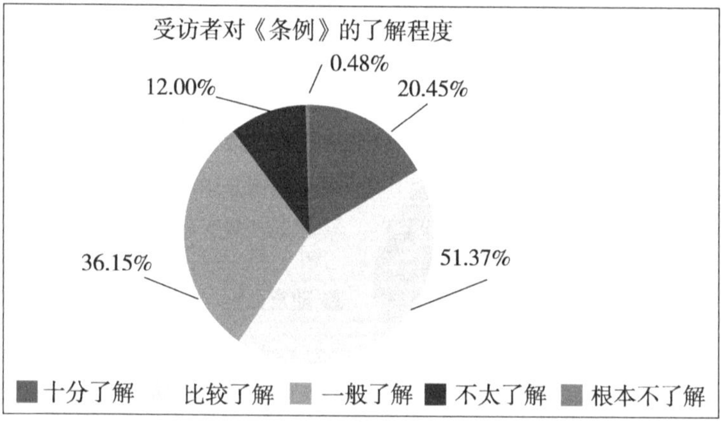

图 5 受访者对《北京市生活垃圾管理条例》的了解程度

由图可以看出，对于《条例》，仅有极小部分受访者（0.48%）对于《条例》根本不了解以外，大部分居民都有一定程度的了解，其中十分了解的受访者约占 1/5。

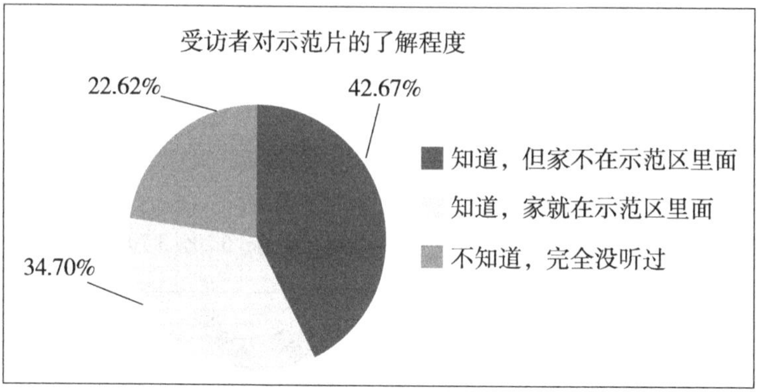

图 6 受访者对北京市垃圾分类示范片区的了解程度

与《条例》的普及程度相比，居民对于生活垃圾示范片区的熟悉程度要低一些，其中有 22.62%的受访者完全不了解示范片区的情况，但与之对照，有 34.70%的居民就生活在示范区内。

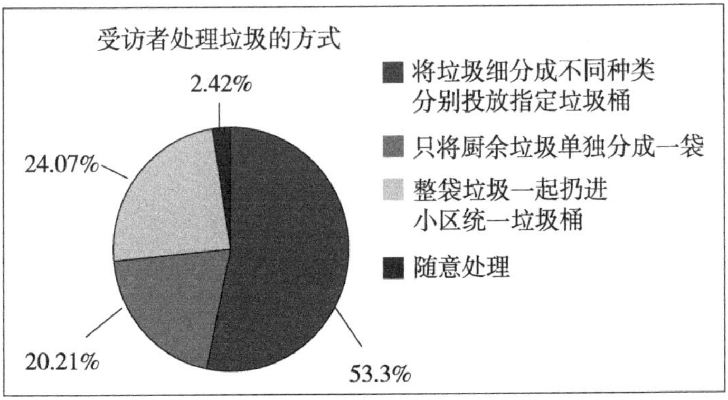

图 7 受访者处理垃圾的方式

根据调查结果显示，超过半数的人都能够正确地处理垃圾，将垃圾细分成不同种类分别投入到指定垃圾桶，仅有 2.42%的人会将垃圾随意处理。这说明北京居民的垃圾分类意识较强。

可能导致受访者不进行垃圾分类的原因主要有以下几点，具体的统计情况如下所示：

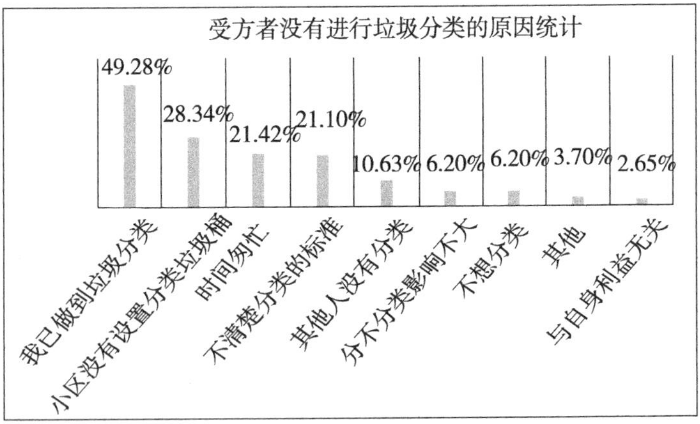

图 8 受访者没有进行垃圾分类的原因

有统计结果知，居民不进行垃圾分类的原因中，外部因素约占四成，自身因素约占六成。这提示我们既要注重改善外部因素，如完善基础设施、提高垃圾运输以及处理能力；又要注重提高居民垃圾分类的意识和认识，改变个人观念和生活方式。

具体的普及工作如图表所示：

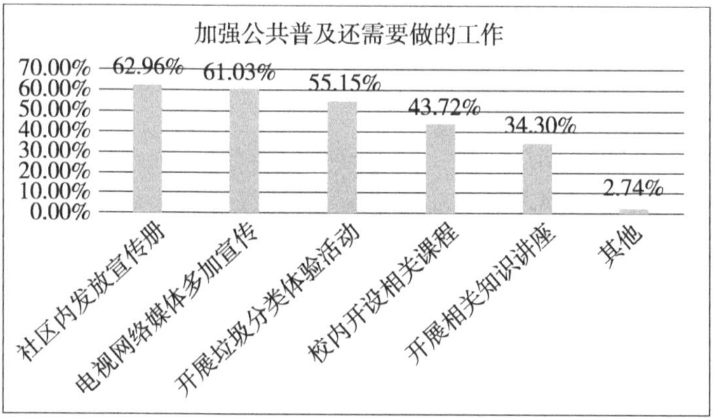

图9　受访者认为加强公共普及还需要做的工作

根据调查结果，相关单位对垃圾分类知识的公共普及应当注意线上线下相结合，在线上可以利用媒体进行宣传，在线下可以通过发放宣传册、开展体验活动、开设讲座等形式进行知识普及。

（二）问卷调查——面向北京高校

“针对北京市高校学生的北京高校垃圾分类情况调查”问卷调查累计回收问卷 89 份，有效问卷 89 份，有效率 100%。结果及分析具体数据如下：

首先，为了获得较为全面，客观的数据，我们的问卷以中央财经大学为主，实现多个北京高校（北京大学，清华大学，北京邮电大学，首都医科大学等）覆盖。

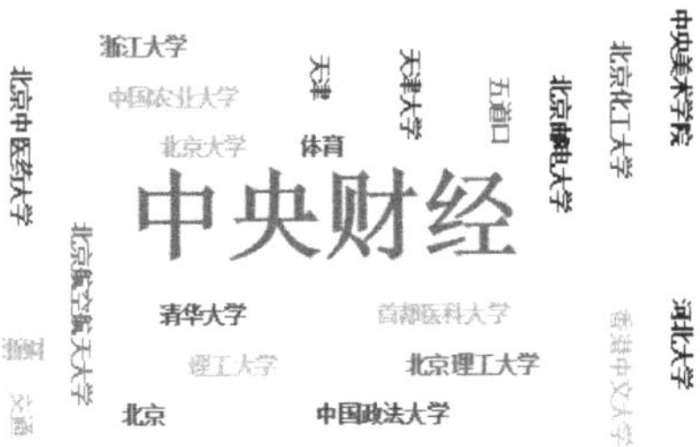

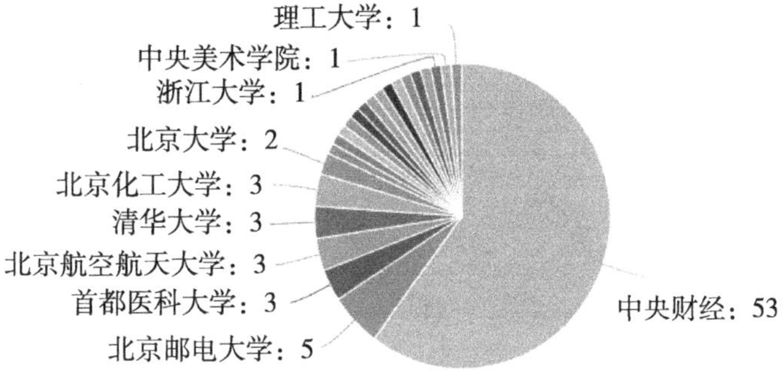

我们统计了所调查大学生所在高校垃圾分类的基本情况——学校是否进行垃圾分类，是安排学生还是专人进行垃圾分类。

从下图可以看出，超 1/3 同学选择学校学生自主进行垃圾分类，众多高校的垃圾分类方式存在差别。

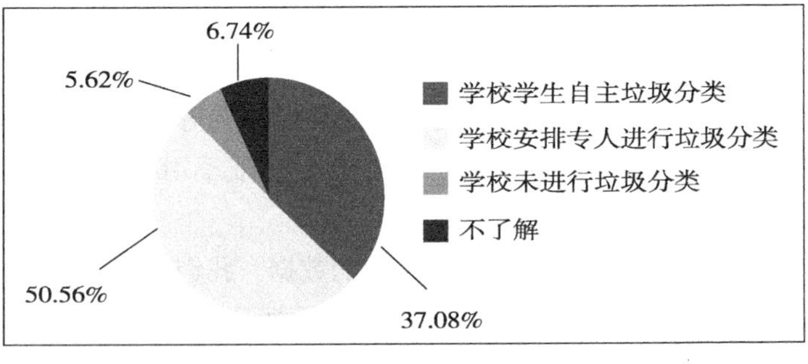

图 11　受访学校垃圾分类情况

垃圾分类垃圾桶作为垃圾分类的基础设施，是我们考察高校垃圾分类情况的第一项指标。在 89 份有效问卷中，分别有 82 位，81 位同学选择学校设置了可回收垃圾垃圾桶和其他垃圾桶，而有害垃圾桶的设置数量明显低于这两者。更有 5.62%的同学表示自己从来没有注意过学校设置了哪些垃圾桶。

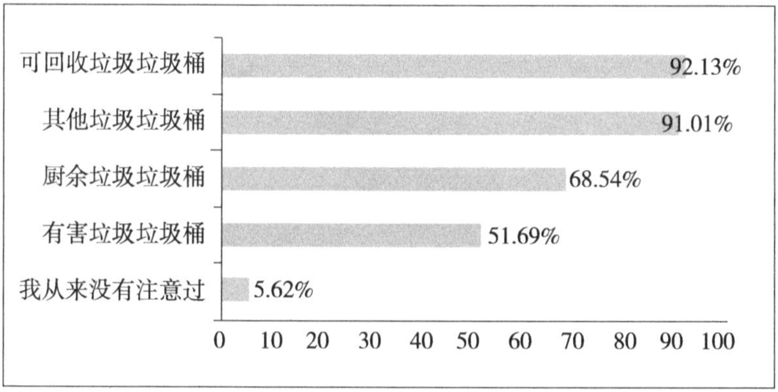

图 12　受访学校垃圾桶类别

接着，我们通过调查“投递垃圾时能快速找到对应垃圾桶吗”来反映高校垃圾桶设置距离的合理性。只有 12.36%的同学认为寻找垃圾桶很难，结果总体比较乐观。

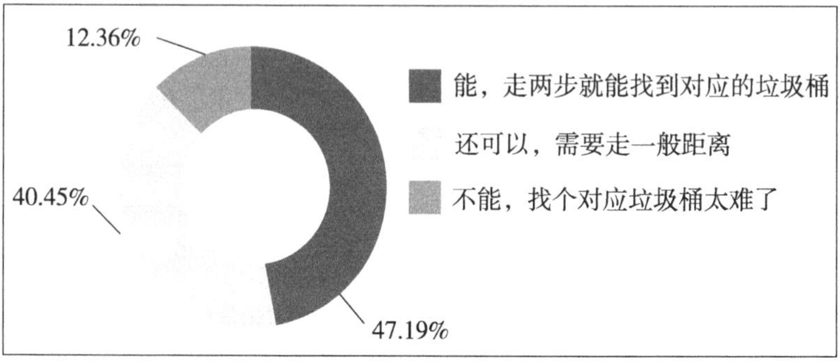

图 13　受访者能否快速找到对应垃圾桶

接下来我们着重通过环境，满意度，问题与建议三个方面考察了各高校垃圾分类的实施情况：

首先我们调查了“进行垃圾分类后，您觉得你们学校的环境有无变化。”在本题 89 个有效的答案中，仅有 9 人选择“明显改善”，大多数同学（54 人）均选择没啥感觉，更有 26 名同学选择反而更糟（其中多数同学来自中央财经大学）。

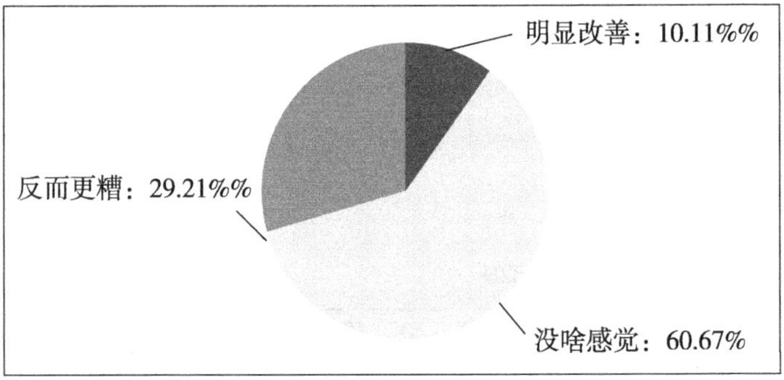

图 14　受访校园环境变化

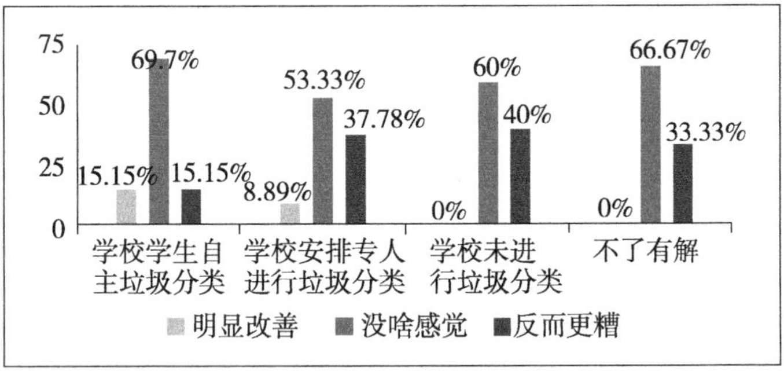

图 15 不同垃圾分类方式下受访校园环境变化

接下来，我们以 1—5 分别代表非常不满意到非常满意的 5 种程度，答案显示出非常平均的分布：选择 3 分“还可以”的 32 位同学占据了35，96%，选择2分“不满意”和4分“满意”的同学均为18个，选择1分“非常不满意”和5分“非常满意”的同学都为10个。经过研究后台精细数据，我们发现中央财经大学同学的选择大多为“还行”，“不满意”和“非常不满意”，与上一题的结论相吻合。

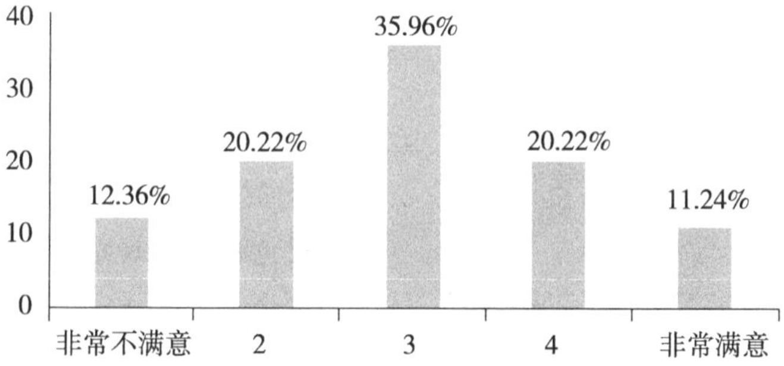

图16　中央财经大学受访者对垃圾分类的满意程度

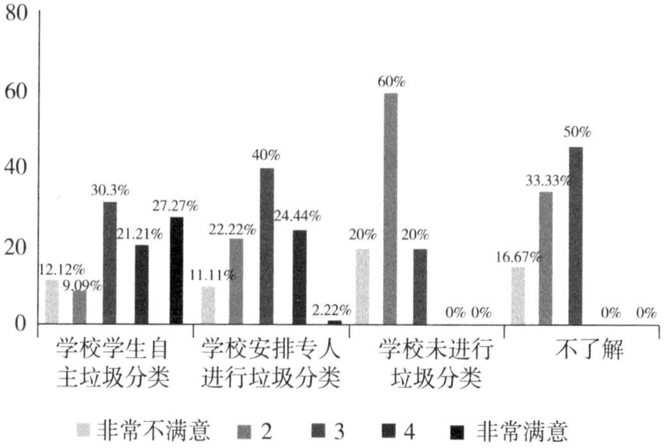

图17　受访者对垃圾分类的满意程度

最后，我们收集了大家对学校垃圾分类的问题和建议。为了保证问卷便于推广，两个填空题均设为选填，因此并未获得太多数据。

通过对收集到的文本的观察（大都为中央财经大学学生所填），我们不难感受到同学们对当下垃圾分类情况非常不满，并认为当下情况亟须改变的情绪。

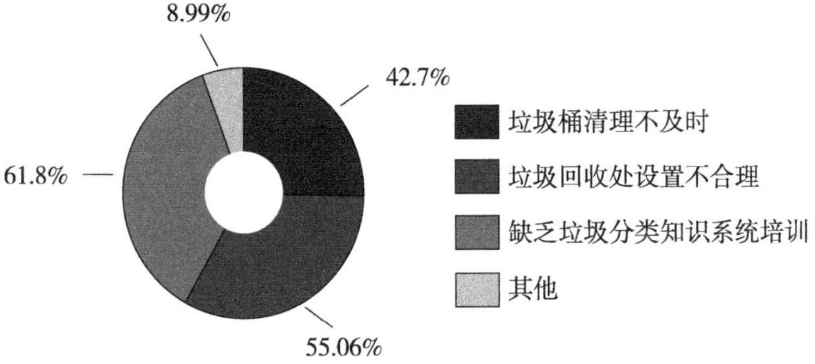

图 18　受访者认为垃圾分类现存问题

表 3　垃圾分类的问题

序号	答案文本
9	整个垃圾分类体系设置很不合理，根本就是“垃圾下楼”
24	没有真正实施，收垃圾时垃圾是被混在一起运走的
29	没什么意见
48	不积极
59	没有垃圾分类
76	垃圾分类回收但不分类处理
77	垃圾的集中管理导致宿舍囤垃圾现象很严重，有些宿舍晚上放在走廊过道，第二天才丢。晚上看很糟心
80	丢垃圾者自主分类的意识不强

表 3　对垃圾分类活动的建议

序号	答案文本
1	希望可以分层设置垃圾箱
5	垃圾桶加盖尽量避免垃圾飞散
9	体系设置者应该好好实际调研一下
10	各楼层垃圾分类
12	能不能宿舍楼放垃圾桶
21	别分类了
33	就不能每层楼分类吗？
35	继续保持
36	烂透了
37	收垃圾的阿姨太累了
49	垃圾分类应当落实到个人
59	可以开展一下垃圾分类吧
62	建议宿舍按楼层放置垃圾桶，都堆在宿舍门前让清洁人员分类不仅没有起到倡导同学自觉分类的效果，反而让校园环境更糟糕
70	取消吧。
74	在宿舍楼下放一个厨余垃圾吧。不然每次都走到食堂倒剩饭？
77	恢复以前的每层都有垃圾桶吧
78	不强制性
81	建议单独设立垃圾分类的区域，不要影响其他公共区域的景观
82	还可以

接下来，第 9、10 题面向学校垃圾分类知识宣传形式及宣传力度，题目分别为："你们学校举办过什么垃圾分类相关活动"以及"您参加过学校或社区垃圾分类志愿者活动吗"，根据如下的统计图表，我们可得出学校多举办垃圾分类志愿、知识竞赛、宣传培训讲

座等，且学校宣传力度明显不够。

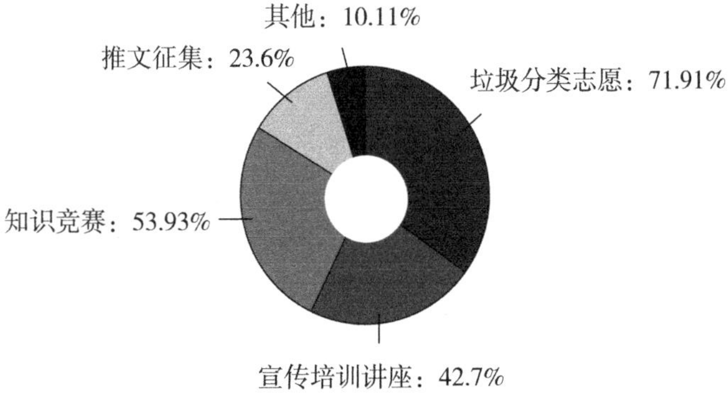

图 19 受访者学校举办的垃圾分类活动

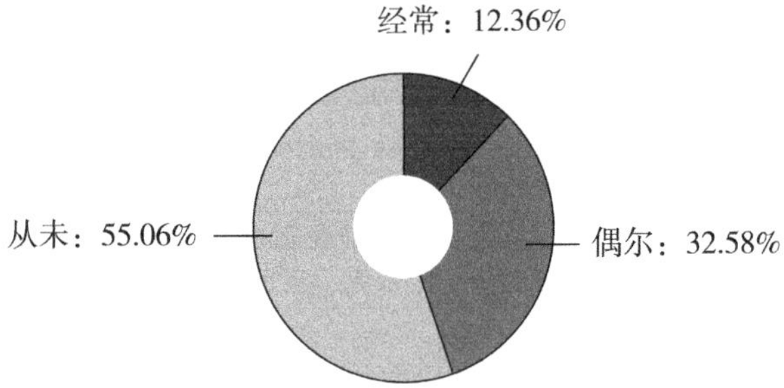

图 20 受访者是否参与过垃圾分类相关活动

第 10 题图表

第 12、14、15 题注重考查问卷填写者的垃圾分类知识，分别为：“头发是什么垃圾”“洗净的外卖盒应扔进什么颜色的垃圾桶”以及“您会给自己的垃圾分类回收知识打几分”，根据下面三表统计情况可得出，大部分同学的垃圾分类回收知识尚未形成体系，只有极少数同学掌握了比较完备的垃圾分类回收知识。

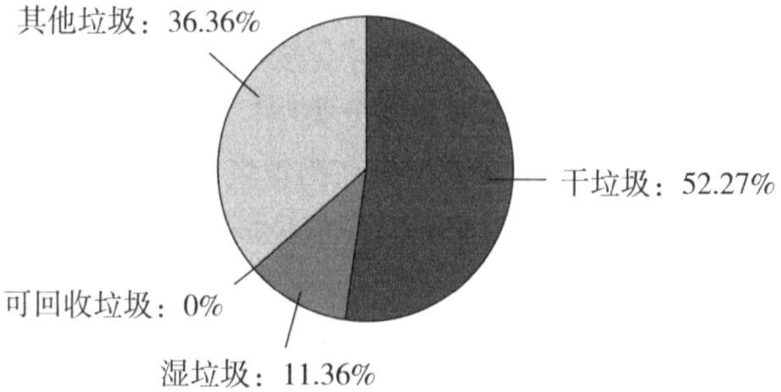

图 21　头发是什么垃圾

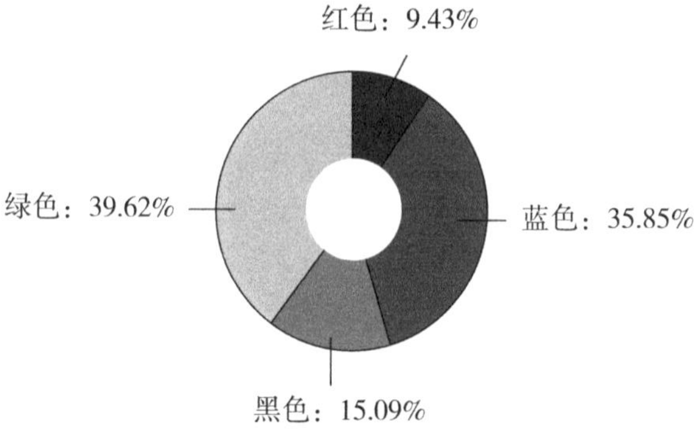

图 22　洗净的外卖盒应扔进什么颜色的垃圾桶

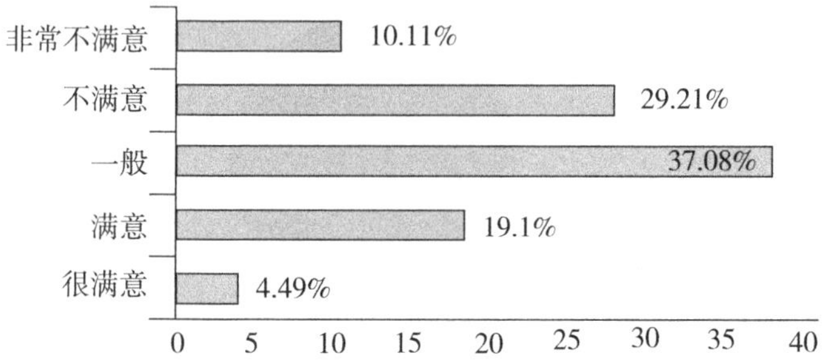

图 23　受访者对自己垃圾分类知识打分情况

第16—19题意在调查高校垃圾分类实施现状及影响垃圾分类的原因，题目设置分别为："您平时会按照垃圾分类的标准扔垃圾吗""您身边的人会自觉进行垃圾分类吗""您认为妨碍您或您身边人垃圾分类投放的原因"及"您在扔垃圾的过程中遇到过什么问题"，从16、17题调查结果来看，高校垃圾分类情况并不理想，同学们垃圾分类意识尚且不足，多数人不会经常进行垃圾分类；同时我们聚焦18、19题可以看出，垃圾分类意识、垃圾分类知识是造成垃圾分类不够成功的重要原因，同时，垃圾处理不够及时也是一大难题，需要久久为功。

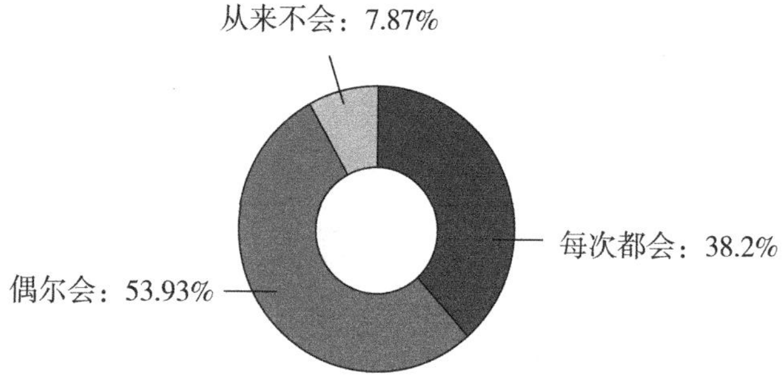

图24 受访者日常是否会按照垃圾分类的标准扔垃圾

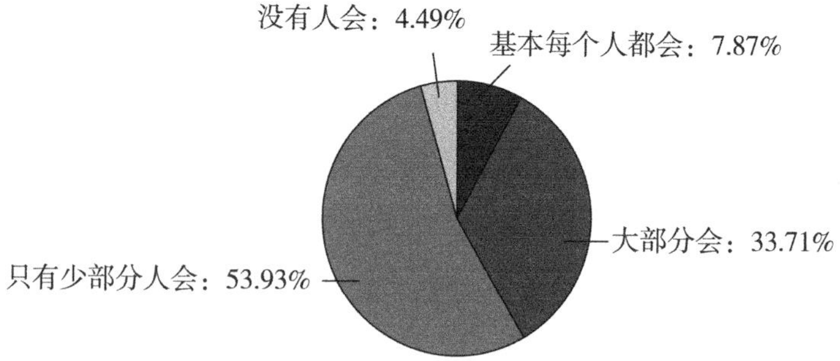

图25 受访者身边的人是否会自觉进行垃圾分类

（三）实地调研——面向社区及垃圾处理站

1. 居民区调研

（1）昌平区

2021 年 5 月 13 日，我们来到昌平区青秀尚城一区生活垃圾分类驿站进行调研，通过采访几位居民和负责垃圾分类的工作人员，对不同社区垃圾分类情况有了基本了解。

一些居民告诉我们，垃圾分类政策出台后，小区进行过相关的宣传，垃圾桶旁也会有专人监督，不同类型的垃圾要扔进对应的桶内，因此在家中就会进行分类。现在居民们已经比较自觉，不需要专人监督也可以正确分类。总体而言，虽然垃圾分类会给生活带来一些不便，但家中已经基本养成习惯。但与此同时，也有一位居民表示，他对于小区的垃圾分类现状比较满意，但并不清楚个人进行垃圾分类能带来什么益处，因此也就缺乏主观积极性，而是被动地依靠专人进行集中整理分类。

通过采访负责垃圾分类的工作人员，我们得知现在的垃圾分类政策更加细化，厨余垃圾中要分生熟两种，果皮、蛋壳、蔬菜等属于生，米饭糕点则属于熟。他说目前垃圾分类情况并不乐观，居民们普遍不进行垃圾分类，即使反复劝告也没能起效，因此需要他们一点点地将垃圾整理归类，增加了很多工作量，需要花费大量时间。分类后的厨余垃圾、其他垃圾由专车运走，可回收物和有害垃圾放置到专门区域。他认为居民对垃圾分类并不了解，之前开展的大喇叭宣传也因为被反映扰民而搁置，居民的主动性还有待提高。

（2）朝阳区

我们走访了奥北中心以及明天第一城——一号院以及附近的垃圾分类驿站，通过对朝阳区两个居民小区及两个垃圾处理站的调研，对比之下，我们发现了很多问题。

在采访奥北中心时，居民告诉我们大多数人家是直接将垃圾扔入垃圾桶，部分垃圾缺乏详细分类。而且，小区内部有很多老爷爷老奶奶会捡走他人扔掉的可回收垃圾，长久下来，最终导致小区内甚至很难找到一个“可回收垃圾垃圾桶”。

我们还采访了该小区附近的一个垃圾集中回收站。负责该回收站的老大爷告诉我们，该回收站是由老板的公司公开竞标获得的，是合法的。但是，大部分小区内部老爷爷老太太收走的可回收物品都被其他非法的人收走了，最终导致该回收点形成了亏本运营的现状。

我们还采访了明天第一城内社区的爷爷们。他们对小区垃圾分类建设的现状较为模糊，只是告诉我们近几年的垃圾分类状况还是有所改善，但是明显受个人因素影响。

在此之后，我们专门采访了立水桥西路专门负责某小区的垃圾分类驿站（明天第一城隔壁）。该驿站是专门负责一个小区（未成功进入调研）的垃圾分类。小区内部垃圾分类完后集中到该驿站，再由该驿站二次分类，最终运输给其他垃圾站。该小区仅与明天第一城有一墙之隔，但垃圾分类的结果却最终呈现截然不同的状况，其结果值得深思。

（3）海淀区

我们走访了上地佳园、农业大学附属中学家属楼以及海淀区竹园东街厨余垃圾投放管理站，通过对海淀区两个距离较远的小区（4公里左右）的对比，我们可以明显感受到两个小区建设的差异，由此衍生出在垃圾分类方面的问题差异也较大。上地佳园的小区建设明显优于农大附家属楼。

我们通过调研发现，上地佳园在每日早晚都会有垃圾车在各个单元门口组织垃圾回收，有垃圾车司机的现场指导和小区门侧垃圾箱处人员的监督指导，小区居民在耳濡目染之下也养成了较好的垃圾分类观念。据小区人员分享，小区中老人在垃圾分类的理念上明显高于年轻人，在日常生活中，年轻人甚至经常请教家中老人关于垃圾分类的问题。

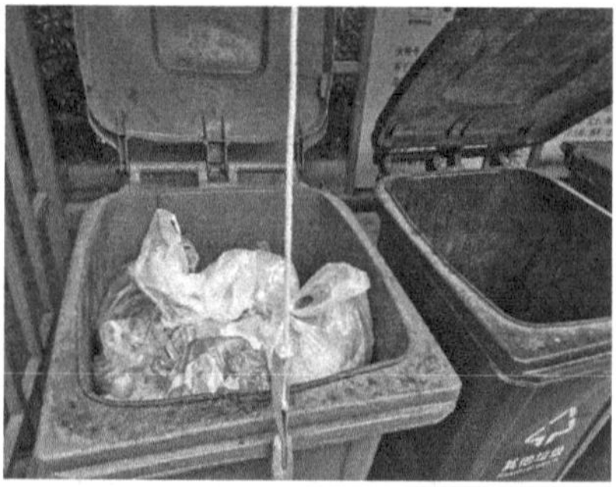

农大附家属楼的建筑较为老旧，垃圾投放处的设施也出现了一定程度的破坏。据小区居民介绍，小区内部是有垃圾分类知识的普及和宣传的，但后期在该方面的投入及管理并不积极，居民的垃圾分类热情也逐渐冷却，间接影响了小区垃圾分类的建设。但从整体上看，该小区的卫生建设较为良好，除了垃圾处理点外基本没有垃圾。途中我们还参观了位于该小区内部的一个厨余垃圾集中处理站，其规模较小，也没有管理人员的监察，未得到有效反馈。

综上，我们很明显发现，生活质量较高的小区，其垃圾分类的效率及质量都明显更高。而且，社会上有很多企业还是会对基层垃圾分类有较高的投入，但是，受某些如非法私人收购者的影响，最终会对其工作产生影响，并进一步影响垃圾分类政策的实施。

2. 垃圾处理站调研

通过查阅资料，我们得知垃圾从产生到最终被处理要经历四个步骤：家庭或单位对垃圾进行分类并倾倒至小区垃圾回收处——社区工作人员进行检查和再分类——垃圾车收集垃圾并且将对应类型的垃圾运至相应的处理场——垃圾处理场进行处理。

北京市阿苏卫垃圾综合处理中心（图源于网络）

我们选取了北京较大的垃圾场——阿苏卫垃圾综合处理中心线下访问及与工作人员进行交流、线上查阅相关资料，进行深入了解，以下是我们了解到的具体内容：

阿苏卫循环经济园（线下调研拍摄）

1. 阿苏卫垃圾处理站主要进行垃圾焚烧工作，在北京市垃圾分类政策施行后对于焚烧的垃圾类型规定更加明确、要求更加严格、检查更加规范。垃圾是来自北京市朝阳区、顺义区、昌平区、西城区和东城区等多地的商业垃圾，在垃圾分类政策实行后，只有需要焚烧处理的垃圾才能被运送至阿苏卫，其中，厨余垃圾、其他垃圾等需要焚烧处理，而可回收垃圾、有害垃圾不列入焚烧垃圾的范围之中，工作人员会检查垃圾车内的垃圾是否类型合格，检查合格的垃圾在阿苏卫垃圾处理中心还要再次进行分类和筛选，才进入到焚烧阶段。

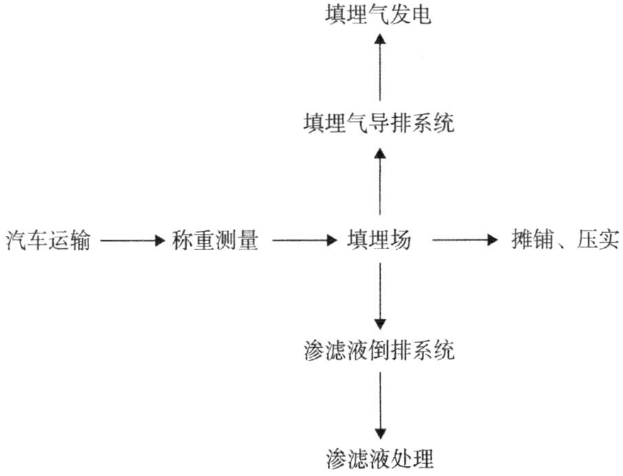

垃圾焚烧流程[1]

2. 阿苏卫从投入使用至今，在居民反对、政府管控、技术发展等多重因素的推动下，展现出了焕然一新的面貌。早年阿苏卫垃圾填埋会散发出巨大的恶臭味，给周围的居民带来了极大的不便，2000 年左右居民先后七次拦截通往垃圾填埋场的各种车辆，还在 2009 年 9 月 4 日在“2009 年北京环境卫生博览会”后，进行和平示威等等，这些行为均引起了社会的广泛关注；2012 年后政府开始重视阿苏卫垃圾处理问题，官方相继发布并实施《居民反映阿苏卫填埋场和焚烧厂建设、环评相关问题的答复意见》、国内首部以立法形式规范垃圾处理行为的地方性法规——《北京市生活垃圾管理条例》等文件，高度重视垃圾焚烧问题。目前正在调试中的阿苏卫生活垃圾焚烧发电厂位于阿苏卫循环经济园西北侧，占地 8.45 公顷，配置了 4 台 750 吨/日机械炉排式生活垃圾焚烧炉和 2 台 30 兆瓦抽凝式汽轮发电机组，设计能力为日焚烧垃圾 3000 吨，这里将成为国内第一座数字化清洁环保垃圾焚烧发电厂。发电厂的烟气净化采用“选择性非催化还原脱 NOx 工艺（SNCR）+半干法脱酸+袋式除尘器+选择性催化还原脱 NOx 工艺（SCR）”相结合的烟气净化工艺，并辅以活性炭和干性脱酸药剂喷射系统。净化处理后的烟气经烟囱排放，排放指标符合欧盟 2000 标准和国家《生活垃圾焚烧污染控制标准》。

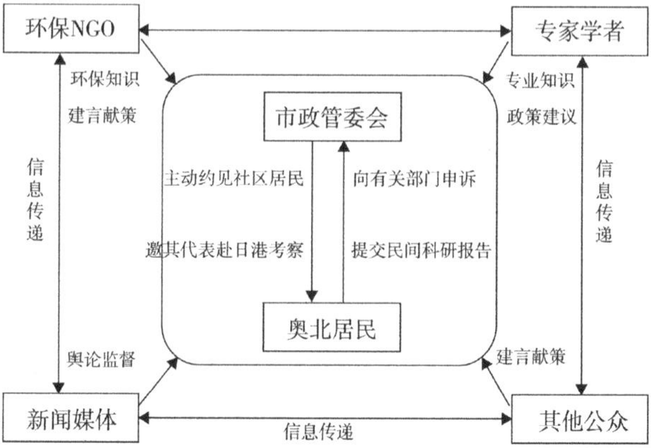

阿苏卫垃圾处理站各行为主体之间的博弈网络关系[2]

三、实践感悟与思考

（一）实践感悟

通过本次全方位多角度的调研活动，我们深刻体会到了垃圾分类作为首都生态文明建设的重要一环，已经走入了千家万户，并取得了巨大的成效。但是，正如我们在前面报告中展示的那样，目前垃圾分类还存在着诸如分类设施不完善，后续宣传不到位，居民/学生垃圾分类自主意识不强，实际垃圾分类细致程度远不达标等一系列亟待解决的后续问题。

（二）后期建议

通过查阅资料、汇集各方意见，我们结合当下垃圾分类的实际情况提出以下几点建议：

1. 推行垃圾分类是起点而不是终点。各小区/高校的垃圾分类制度设计应该立足于实际情况，制度制定者要在制度推进过程中真正做到勤考察，勤修改，不要搞懒政、搞形式主义。垃圾分类要的不仅仅是最后分好类的垃圾，更是在垃圾分类过程中每一个参与者的付出和收获。

2. 居民/学生垃圾分类意识明显不足，各小区/高校应该加强重视程度，用心、精心举办诸如垃圾分类知识宣传会等活动，培养人们学习垃圾分类知识，践行垃圾分类的积极性。

参考资料

[1] 赵瑞东．阿苏卫卫生填埋场渗滤液处理工艺分析研究［J］．中国资源综合利用，2018，36（05）：43-46.

[2] 李少惠，王迪．“价值—利益—权利”：公众参与公共政策制定的行为逻辑——基于《北京市生活垃圾管理条例》的出台过程解读［J］．上海城市管理，2020，29（02）：53-61.

教师点评

为了促进北京生态文明建设，该实践小组对北京垃圾分类情况进行了调查。考察了北京垃圾分类现状，进行了问卷调查，掌握了第一手材料，并查阅相关数据进行了正反两方面的分析。该小组实践报告文字流畅，图文并茂，可读性强，达到了实践的预期目的。

首都生态文明建设垃圾分类现状调研分析

团队：毛概小组冲冲冲

成员：周姝言　杨超群　贾睿哲　余思玮　韩　颖　陶华淳
宋妮瑾　雷王瑞　李文君　莫惠琪　阿衣什布莫
刘奕萌

一、实践方案

（一）背　景

据文献显示，我国城市垃圾分类的试点工作早在20世纪90年代就已经开始推行。在过去30年中，尽管我国政府多次强调严抓垃圾分类工作但收效甚微。其中的主要原因还是各参与主体在许多实际议题上没有达成一致的共识。

在宏观层面上，我们实施垃圾分类的最终意义与目的是什么？是为了促进资源的循环再生，还是为了提高我国焚烧处理垃圾的效率；推进垃圾治理时，我们应先做前端的居民垃圾知识普及与分类动员，还是应该先建后端的垃圾分类设施与处理系统；在号召方面看，激励民众垃圾分类的机制是应主要依托奖励还是惩处等等。

在微观层面上，让民众主动去实行垃圾分类的根本原动力在于什么；垃圾二次分拣员的设置能否有改善、是否有必要；智能垃圾桶的研发与需求是否相匹配……

只是从以上列举出来的问题我们就可以发现，多元共治机制很难在实际应用中形成。这也就导致了现实生活中居民的垃圾分类实践不断重复、敷衍了事、踌躇不前。

（二）目的与意义

我们本次实践主要聚焦北京市“学院区、居民住宅区、公共服务区、商业办公区”四大重点区域进行深入地实地探访与调研，重点针对北京城市居民对于垃圾分类的认识、地区垃圾分类实施情况、相应的管理措施与督查力度等方面做一次全方面多维度的调查，探究北京城市生活垃圾分类的现状。结合相关的文献、国家层面的政策与方针与相关从业人员专家的提议与研究成果，从实际情况出发，给出我们小组的一些建议与策略。

（三）研究方法

在本次社会实践中，整体上我们使用了定性调研的方法，通过对人们的言谈举止的观察和陈述进行数据收集、分析、说明，非程序化地基于问题的性质对首都各类型区域的垃圾分类现状进行调查。

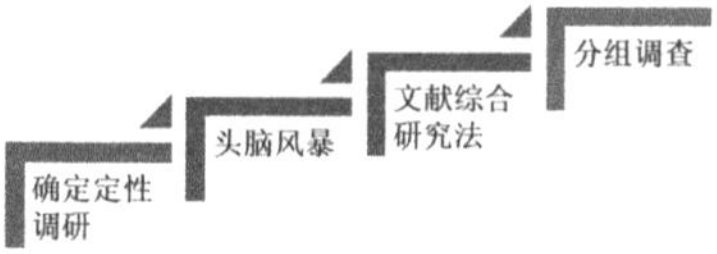

在展开具体的实践之前，我们先在小组内进行头脑风暴，并运用了文献综合研究法，广泛地查阅了新闻媒体、中国知网等各平台上有关北京垃圾分类的文章，对于从中央政府到市政府再到具体区域的政策引导、落实情况等有了基础的了解。

（四）领域划分

我们确定了如下四个代表性的调查区域并分成四个小组对这四个区域进行个案研究与调查。

学校	社区	商圈	公共区域
我们选取了中央财经大学学院南路校区、北京理工大学、中国人民大学作为个案样本。	选择了皂君庙东里73号院社科院宿舍、奥运村街道作为老旧社区和新开发社区的代表进行实地调查。	选择北京市朝阳循环经济产业园、朝阳区八里庄街道，重点考察垃圾处理链，并对居民进行走访观察。	联系了紫竹院公园哇沃生活广场进行实地考察，并与已有成熟管理的朝阳大悦城对比。

（五）时间安排：

3. 10—4. 26	查阅文献，确定实践主题方向，进行筛选。
4. 27—5. 01	以首都垃圾分类的现状为核心，对相关资料进行搜集。
5. 01—5. 07	各组前往调查点进行实地考察，收集一手资料。
5. 07—5. 11	各组根据已有资料撰写报告，针对调查中发现的问题研究解决方案。
5. 11—5. 14	整合各组报告。
5. 14—5. 17	完成报告的初稿，向指导老师寻求意见，对架构与语句进行调整与润色，补充不足之处。
5. 17—5. 20	报告资料整合，最终定稿；提交

（六）国家政策调研

2015 年 5 月 5 日：《中共中央、国务院关于加快推进生态文明建设的意见》发布，意见提出，到 2020 年，资源节约型和环境友好型社会建设取得重大进展，生态文明建设水平与全面建成小康社会目标相适应。

2018 年 3 月 11 日："生态文明"写入宪法。同时，北京市坚持以习近平新时代中国特色社会主义思想为指导，深入贯彻习近平生态文明思想，坚持以改善首都生态环境质量为核心，积极推进生态文明建设，努力提升生态环境治理体系和治理能力现代化水平。

2019 年：新修订的《北京市生活垃圾管理条例》颁布实施。垃圾分类作为生态文明建设中最贴近我们日常生活的一部分再次成为社会目光的焦点。

2020 年：截至 2020 年，全市污染防治攻坚战取得关键进展，细颗粒物（PM2.5）年均浓度创历史新低；地表水水质持续改善，劣 V 类水质河流进一步减少；土壤环境风险得到有效管控；生态环境状况持续向好。

二、实践过程

（一）问卷调查

本次问卷一共回收 557 份。对于日常生活垃圾的分类，选择正确的有 283 人，占半数；对于可回收垃圾的正确识别，有 30%以上没有做到；日常生活中 80%以上左右的同学偶尔或经常会进行垃圾分类。

了解所在地区垃圾分类法律规范的同学仅有 20%左右；对于当前城市的垃圾分类状况进行打分，平均分仅为 2.64 分（满分 5 分）；对于所在学校垃圾分类状况进行打分，平均分也仅有 2.47 分（满分 5 分）。

绝大多数同学（70%以上）认为公民是推行垃圾分类的主力军，政府（58%）和小区物业（60%）也被认为起到很大作用；但是对于上述主体之间的配合状况，仅有 10%的同学认为他们配合很好，绝大多数认为其配合一般，甚至没有配合。

60%以上的同学认为垃圾分类投放环节最需要治理；对于垃圾分类，同学们给出的建议是，希望更多宣传，尤其是在垃圾桶旁边给出指引，提高人们的分类意识。

问卷样例：

第2题：根据最新的垃圾分类标准，日常生活垃圾可以被分为哪几类？

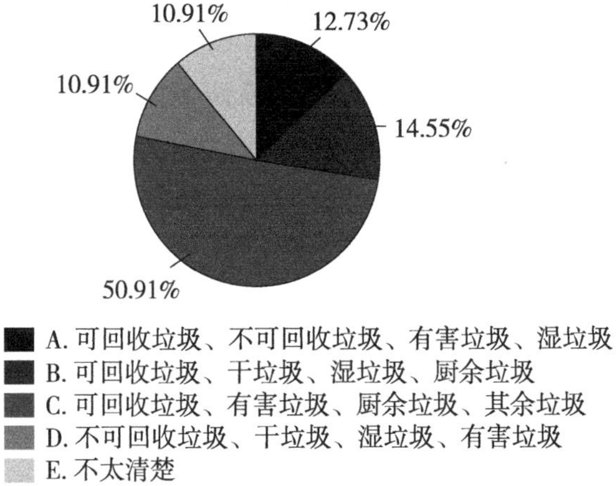

第4题：在日常生活中会进行垃圾分类吗？

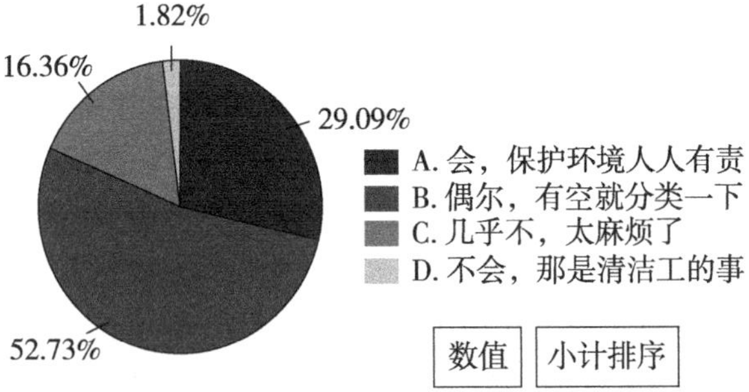

（二）实践调查

·1·

商圈组：

1）调查地点：北京市朝阳循环经济产业园、朝阳区八里庄街道

2）调查时间：2021 年 5 月 2 日至 5 日

3）调查参与人：贾睿哲、余思玮、周姝言

4）调查过程：

1. 实地调研计划

我们这次走访涉及的两个地点分别处于垃圾处理链的上下端。从上端我们通过走访 CBD 及其周围社区——朝阳区八里庄街道，了解到了垃圾分类的落实情况以及现状。

在下端部分，我们走访了垃圾处理厂——北京市朝阳循环经济产业园。垃圾处理厂是城市垃圾最终的“归宿”。

通过垃圾处理链上下端结合，我们可以以一个更系统全面的视角来研究城市垃圾处理以及从中来探究垃圾分类政策推行的“多方共治”的具体含义。弄清楚垃圾“为何分类”，“从哪来，到哪去”，“如何分类、如何收运、如何处置”等一系列问题。

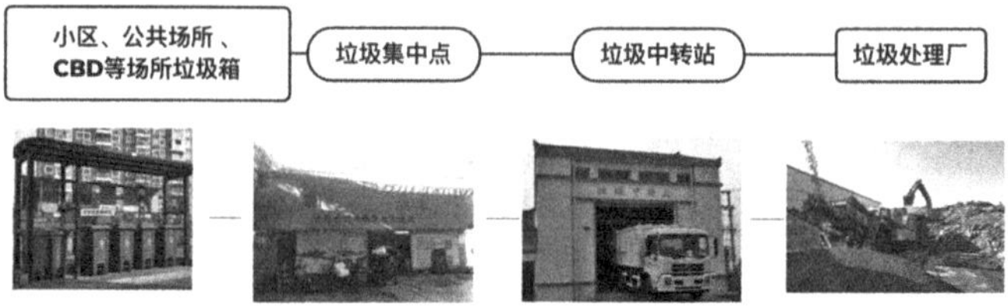

2. 北京市朝阳循环经济产业园

北京垃圾处理厂概况：最新统计数据显示，北京市属的垃圾处理设施共有 28 处：海淀 2 处、朝阳 3 处、丰台 2 处、顺义 2 处、昌

平3处、房山3处、大兴3处、通州2处、门头沟2处、怀柔2处、延庆2处、密云2处。

·走访过程：

焚烧中心同时具有展示、教育的社会服务功能，在厂房内部空间设置了一条生动、安全、清洁、全面的教育展示通廊和一条垃圾处理参观廊道；园区包括了七座垃圾处理设施，生活垃圾焚烧发电厂、高安屯卫生填埋场等。在参观展厅中，有许多与垃圾分类处理相关的知识教育，以及一些用垃圾制成的模型。我们还了解到了，一些厨余垃圾是如何通过处理，回收利用，转化成可供工业生产的粗油脂及居民使用的生物质柴油。

在垃圾处理站，尤其令我们印象深刻的是焚烧中心巨大的坑中的垃圾量，以及在玻璃外淡定操纵着机器臂的工作人员。设施完善、高科技赋能、管理规范、环境优美的园区，并且极富教育意义。

3. 朝阳区八里庄街道

·八里庄街道概况：

八里庄街道位于朝阳区CBD附近，在4平方公里的辖区内共有14个社区，居住着超过12万人口。在人口密度如此之大的街道推行垃圾分类已非易事，而朝阳区八里庄街道的情况更为复杂：14个社区情况不一，新旧小区错落混合，不同小区年龄结构差异化明显，且过往并无垃圾分类习惯，在这里推进垃圾分类工作的难度可想而知。

· 走访观察：

我们来到的第一个社区是徐庄社区。我们了解到，徐庄社区为了提升居民的垃圾分类意识，在一年来邀请垃圾分类专业人员进行了多场专题讲座，并举办垃圾分类趣味竞赛、开展“垃圾分类我报到”家园清洁日等活动，充分调动当地居民参与垃圾分类、维护分类成果的积极性，真正实现从“他律”到“自律”的飞跃。

在谈话中得知，该社区曾举办《感“恩”有你共“济”百年系列活动》的垃圾分类宣传活动，恩济庄社区党委领导在活动中讲到——垃圾分类是一场“持久战”，每一名党员都要当先锋，走在前、带好头、做表率，做好垃圾分类的宣传员、分类员，为建党百年，建设美丽社区奉献自己的力量。

4. 调查总结

经过小分队此次走访调查，我们对北京市垃圾处理链上下端的两个典型样板有了一定了解，在学习垃圾分类处理、了解街道社区推进实况的同时，也对首都人民群众积极参与垃圾分类、保护生态文明建设成果的意愿和动力源泉有了深切体会，更对我国基层党组织杰出的领导号召能力、党员干部带头攻坚的精神意志感到敬佩、自豪。

· 2 ·

社区组：

1）调查地点：皂君庙东里社科院小区、奥运村街道融域嘉园等

2）调查时间：2021 年 5 月 1 日至 3 日

3）调查参与人：杨超群、韩颖、李文君

4）调查过程：

1. 皂君庙东里 73 号院社科院宿舍

据了解社科院宿舍建于 1980 年代，是海淀区典型的社区类型之一，由于年代较久远，小区内设备比较破旧，但是在入口旁边有醒目的告示栏，其中一部分就是宣传垃圾分类的海报，讲述垃圾分类细节，公示牌附近就是社区垃圾集中处理的站点，“站牌结合”提高居民垃圾分类的准确性。

随着我们深入探究得知，社区将持续宣传垃圾分类工作，开展垃圾分类知识普及活动，加强志愿者、物业公司、辖区单位等多方联动，扩大垃圾分类志愿者队伍，提高居民垃圾分类的自觉意识，推动居民养成垃圾分类的好习惯。

作为模范小区，在北下关街道甚至海淀区发挥引领作用，扩大示范效应，坚持以“党建引领作用好、分类设施规范、桶前值守到位、分类成效显著和居民满意度高”为标准，广泛动员社区社会组织、党员、居民志愿者、辖区单位等各方力量积极参与。

2. 奥运村街道融域嘉园

再看奥运村街道，二十一世纪以来开发的楼盘如融域嘉园在道路、绿植、建筑物布局、色彩搭配方面与三环内的老旧小区对比鲜明。

融域嘉园结合实际情况，加强垃圾分类全流程规范化，抓紧落实小区垃圾分类投放点规范化建设，统一规范卫生回收点的公共标识、卫生宣传内容及垃圾投放时间、垃圾收集单位、垃圾管理员信息等；同时也进一步加强垃圾分类信息公开，设置信息公告牌。

此外，街道垃圾分类第三方公司定期参加并协助开展分类指导员培训，随机抽查监督小区分类情况，提高分类水平。大件渣土实施暂存点规范化设置，此外还会签订相关卫生的四类合同，从垃圾分类整个流程：不管是收集、运输，还是处理、记录都会辅助指导监督。

3. 调查总结

结合以上调查，我们发现各个社区都有自己独特实际情况："橘生淮南则为橘，生于淮北则为枳"，因地制宜，找到最合适最有效的方法，社区应当对本区进行充分调研，了解本区的居民年龄结构、生活习惯等等；更加细化垃圾分类措施，如垃圾投放路线图、投放时间表等等，引导居民参与到垃圾分类中，确保分类过程的协同性与有效性。

·3·

学校组：

1）调查地点：中央财经大学两校区、中国人民大学

2）调查时间：2021 年 5 月 4 日至 6 日

3）调查参与人：莫慧琪、阿衣什布莫、雷王瑞

4）调查过程：

1. 北京高校垃圾分类现状

（1）北京市相关政策

2020 年 5 月 1 日，修订后的《北京市生活垃圾管理条例》正式实施。如今，一年过去了，全市卫生健康系统在全力做好新冠肺炎疫情防控工作的同时，持续推进全行业生活垃圾分类管理并取得初步成效。

（2）相关高校一年后实施现状：

· 中央财经大学：

沙河校区：从东区的宿舍来看，学校目前垃圾分类主要是减少了楼道的垃圾桶，并且在宿舍楼前设立了不同的分类垃圾桶。但是从宿舍楼前可以看到情况来说，大多数垃圾都超出了垃圾桶的范围。

学院路校区：占地面积不大，但校园内垃圾桶分布十分密集，且几乎都为分类垃圾桶。

调查校园内垃圾投放情况的结果显示，垃圾桶内的分类投放情况良好，大部分垃圾都按照可回收与不可回收进行了分类。在调查中我们也发现，教学楼附近垃圾桶内的投放情况较为明显的好于宿舍区及操场附近垃圾桶内的投放情况。

·中国人民大学：

一是人大校园内的垃圾桶配置。人大的校园内几乎所有的垃圾桶都采取了可分类垃圾桶这种统一配置，这是非常值得推崇的。但是垃圾桶的密度分布却“有失偏颇”。比如，从食堂到图书馆的最近路线上有 7 个可分类垃圾桶，而从宿舍到食堂的最远路线却只有 1 个。

二是垃圾站的配置。人大的垃圾站从外面看起来感觉非常正规，内部也配有多台机器。但调查当天却没有一台是运转的，而且很明显可以看出那些机器已经很久没有使用了。

2. 调查总结

（1）高校垃圾分类问题垃圾分类设备与回收问题

一方面高校每天产生的垃圾种类繁多，但垃圾收集设备品类依然单一，主要以垃圾桶为主。垃圾桶也以老旧的“可回收”“不可回收”为主，或是混合垃圾桶。与此同时，垃圾袋也依然是大容量黑色塑料袋，这样不便于区分垃圾种类。

此外由于高校几乎没有专门的垃圾回收机构和组织，大多数师生对于垃圾分类后的处理情况不信任，消耗了其进行垃圾分类的热情，使得垃圾分类停滞于后端。且垃圾分类的不利会增加环卫工人进行垃圾回收时的困难，降低垃圾回收的效率，垃圾的处理陷入了恶性循环。

（2）学校宣传监督问题

学校虽然会进行一定的垃圾分类宣传活动，但这些活动往往浮于表面，对于垃圾分类的基本知识宣传较少。且这些宣传活动往往只出现一段时间，不能有效持续地进行；此外，如果没有有效的监督和约束机制，学生的主观能动性就会大大降低，造成一定的资源浪费，且很难有效提高学生的分类意识。

·4·

公共区域组：

1）调查地点：紫竹院公园、西直门凯德 MALL、哇沃生活广场

2）调查时间：2021 年 5 月 3 日至 7 日

3）调查参与人：陶华淳、宋妮瑾、刘奕萌

4）调查过程：

1. 实地调研计划

公共区域作为公众共有共享的活动区域，其环境的优良也是大家共同维护的。垃圾分类作为建设绿色生态的重要组成，在维护公共区域卫生中不容忽视。我们选取了较易产生垃圾的两类公共区域：公园和商场作为研究对象，对其垃圾分类现状进行实地走访，考察垃圾分类落实情况与面临的问题。

2. 紫竹院公园

·走访过程：

我们首先通过电话采访了紫竹院公园方面垃圾处理的负责人，得到了一些有关公园垃圾处理的信息：

从国家提出倡导垃圾分类开始，紫竹院公园积极配合，在公园全部401个垃圾桶上张贴符合国家标准的垃圾分类标识，并在公园LED大屏上宣传垃圾分类相关内容。在垃圾处理阶段，公园将生活垃圾和绿化垃圾分类处理，将绿化垃圾粉碎回田，运回公园作为园区内植株根部覆盖物，对改良土壤有所助益。

我们还询问了公园是否有撤桶并站、设置智能垃圾桶的计划，公园方面表示，曾经有过这样的设想，但起码要四五年左右才能真正实施。原因在于，虽然现在公园里几乎每50米就有一组垃圾桶，但很多游客的素质还有待提升，愿意主动进行垃圾分类、甚至垃圾入桶的意愿都并不高。

3. 西直门凯德MALL、哇沃生活广场

·走访过程：

（1）商场垃圾桶配备欠佳，垃圾混装现象普遍

在对哇沃生活广场调查中发现，该商场并未设置分类垃圾桶，大多为如下左图所示的单个垃圾桶；在少量餐饮店旁，还增设了黑色塑料筐为厨余垃圾处，不论就外表还是处理效果，都未达标。其次，我们还随机选取多个餐饮店，就其店铺垃圾处理方式进行询问，大多员工仅回答出垃圾分类，但对于垃圾分类的流程方式表示并不了解，也有少部分员工说明店铺垃圾有专人负责。可见小型商场垃圾分类普及与落实欠缺。

普通垃圾桶

增设厨余垃圾筐

（2）公众垃圾分类知识欠缺，部分垃圾难以处理

垃圾混装便是公众垃圾分类知识欠缺的表现之一。除此之外，我们还随机选取15位购买奶茶的顾客采访，就打算如何处理喝完的奶茶和理论上奶茶的正确处理方式进行提问，打算扔进商场垃圾桶顾客选择“可回收物”和“其他垃圾”两者居多，绝大多数顾客知道奶茶的垃圾处理方式复杂但均未答出。

按照垃圾分类标准，未喝完的奶茶应倒入下水口，珍珠果肉等属于厨余垃圾，杯子吸管已被污染，应丢入其他垃圾。然而，这个标准是难以实现的。一方面，逛商场的公众没有记住也没有耐心按照这种方式处理，另一方面，在我们查阅的北京商场垃圾桶设置资料中，很多商场仅设置“可回收物”和“其他垃圾”两类，没有实现“奶茶正确垃圾分类”的条件。

4. 调查总结

商场垃圾桶应遵循因地制宜原则，堂食为主的商场可以不设厨余垃圾桶。但“可回收物”和“其他垃圾”两类是必要的；对于小型商场的垃圾分类监管落实尚不足够；另一方面，公众与多数餐饮企业垃圾分类的知识储备量远不足。

三、实践感悟与思考

（一）实践总结

1. 多元主体的协同才是垃圾分类的“助推剂”

垃圾分类的成功与否取决于垃圾治理全过程的推进情况和多元主体的协同情况。垃圾分类治理需要全民参与进来，不仅是政府单方面的政策下达，也需要调动每一个相关部门以及群众、社区的参与，实行高效共建。只有每个齿轮都转动正常运行，垃圾分类治理这个大的政策体系才会转动起来，平稳运行。

2. 垃圾分类可以借鉴疫情防控的管理经验，对社区进行网格化管理。

如应用二维码或者开发小程序，让居民联网进行垃圾分类，这样既有助于垃圾溯源，起到一定的监管作用；又可借助大数据分析实际情况，能够更有针对性地解决问题。

对于不同年龄结构的社区也可采取不同的分类措施：例如以年轻人为主的社区可以进行更智能化的管理，引入智能垃圾桶等；以老年人为主的社区可以安排志愿者进行垃圾分类引导，也可采取积分兑换生活用品等激励措施，提高参与积极性。

3. 设置奖励性分类垃圾桶，调动民众积极性

在垃圾桶入口处放置 AI 自动识别装置和阻拦隔板，若 AI 识别垃圾投放正确，隔板打开，垃圾掉落，且在另一出口每次都会有不同小礼品送出；若不正确，隔板不打开，垃圾将需重新投放，直到分类正确。这样，利用人们的好奇心和收集心理，激励人们进行垃圾分类。垃圾桶旁也应设置详细的垃圾分类指示牌，帮助人们正确投放垃圾。

（二）结　语

生活垃圾分类，宏观上是北京市城市生态文明建设大主题下与

人关系最密切的一环，是生态文明可持续发展的关键节点；微观上事关每一位居民生活水平，居家幸福感。

虽然自新修订的《北京市生活垃圾管理条例》实施以来，首都已取得长足进步，但生态文明建设是一场持久战，在政策大局上，今年将推进以“无痕山林”为主的垃圾不落地试点，上半年每区至少建立一处“无痕山林”或“无痕公园”。此外，年底前将再创建600个以上生活垃圾分类示范小区。每一位首都居民都是生活垃圾分类持续推进的见证者，都将见证首都生态文明建设的伟大。

教师点评

该实践报告以垃圾分类现象为切入点来探究首都生态文明建设，选题有特点、有意义。整个实践方案切实可行。调研小组确定了学校、社区、商圈、公共区域等四个代表性的调查区域，分别对其进行了个案研究和调查。整个调查以实地调查为主、问卷调查为辅。调研小组对调查问卷的分析认真客观。实地调研计划较为详细，既分工合作，又注意发挥团队的合力。该实践报告得出的结论正确，是一篇优秀的实践报告。

基于北京通风廊道建设对空气质量影响的实证研究报告

团队：追风实践团队

成员：胡钰霆　熊元恺　许宏祈　杨麓宁　解镜仪

李　阳　赵澜萍　余　成　龙　崔译文　梁可为

一、实践方案

（一）实践背景

早在二十世纪 70 年代初期，气候学家就提出“将新鲜气流引入城市”的观点，并致力于研究基于城市气候学的城市规划理论模型。90 年代末，德国斯图加特市率先将城市通风廊道的理念运用于实际城市规划中。在中国，武汉、香港、长沙等城市相继成功开展城市通风廊道的研究与规划工作。

作为中国发展最快的大都市之一，北京城市人口超过 2000 万。而六个主要城区虽然面积仅占全市总面积的 8%，却集中了超过 1200 万人口。在城区风速逐年下降的同时，城区内的热岛面积不断扩张，空气污染问题也日益严重。

日前，国家发改委和住建部联合印发《城市适应气候变化行动方案》，明确提出“打通城市通风廊道，增加城市的空气流动性”。在此背景下，北京市进一步完善中心城区通风廊道系统，将构建两级通风廊道，未来将形成通风廊道网络系统。划入通风廊道的区域严控建设规模，并在有条件的情况下打通阻碍廊道连通的关键节点。

通风廊道指以提升城市的空气流动性、缓解热岛效应和改善人体舒适度为目的，为城区引入新鲜冷湿空气而构建的通道。通过减少城市对风的阻挡，增强通风潜力，达到促进城区内外热交换和污染物扩散的作用，从而缓解热岛效应和空气污染。

（二）实践目的

围绕本次首都生态文明建设的社会实践主题，我们着眼于《北京城市总体规划（2016 年—2035 年）》中提出的，到 2035 年，北京市将建成 6 条宽度 500 米以上的一级通风廊道、多条宽度 80 米以上的二级通风廊道体系，通过实地考察、风速测量、模型建立、效果测试等途径，对首都通风廊道的可行性与效果进行研究。

总体看来，首都生态文明建设仍然任重道远。通风廊道的建设，不仅作用于北京未来生态，对其他城市未来环境治理也有很大的借鉴意义，因此本次研究对象的选择具有高度的实践价值和现实意义。

（三）实践可行性分析

本项目通过测试风廊风口的风速并监控北京市空气指标数据，探索风廊对于北京市空气污染的实际改善作用。目前，北京已开放五条廊道，空气质量也有明显改善，2020 年北京天气优良天数比 2012 年增加 100 天，这也说明通风廊道对于北京市的空气质量有正面作用。事实上，通过文献综述与现实认知，我们认识到呼啸的北风能够显著降低北京市 pm2. 5 指数，减轻空气污染。而风廊通过放大包括北风在内的各风向影响，应该对控制 pm2. 5 指数有一定作用。

于是本项目作出上述假设，并收集气象站的风速数据与空气污染数据建立统计回归模型加以分析。在此基础上，小组成员进行实地调研，利用风速计检测收集现实数据，考察并测算风廊对于北京市区的风速的影响及其显著性。数据可得性好，模型选取科学，实地测量处交通便利，测量工具配备，故本项目具备科学性，实践调研切实可行，符合大学生的能力水平，具备较高的现实意义。

（四）文献综述

习近平生态文明思想是习近平新时代中国特色社会主义思想的重要组成部分，是马克思主义关于人与自然关系思想在当代中国的新发展，蕴含了坚持人与自然和谐发展、把握马克思主义生产力理论的观点、发挥政治上层建筑对经济基础的反作用、坚持马克思主义群众史观等丰富的哲学方法论智慧，为新时代我国推进生态文明建设提供了思想遵循和行动指南。[1]

中国在资源、环境的约束下实现经济社会的发展，降低资源消耗，提高资源利用率是实现生态文明建设的重要策略之一，探索资源循环利用与生态文明建设的耦合关系对资源生命周期内的环境治理和绿色发展具有重要意义。应从控制资源投入和废物排放量的层面完善资源全生命周期过程中的相关法律制度，加强节约集约利用资源，规范资源在生产系统和生活系统中的流动，进一步采取协调两系统的措施强化两者的耦合关系。[2]

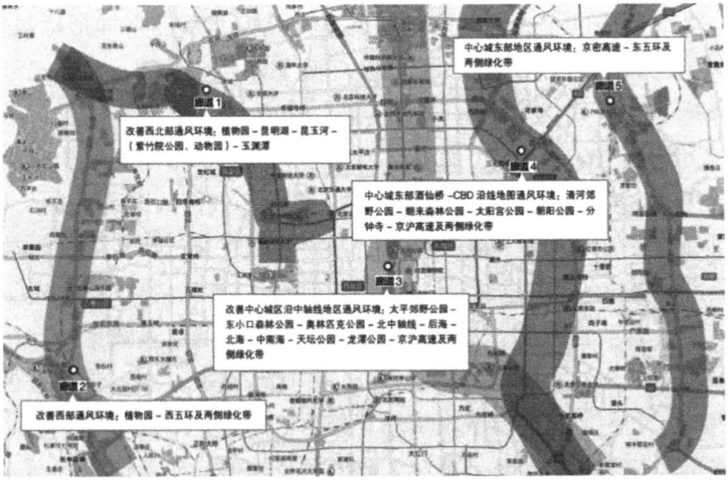

图表1　北京通风廊道建设情况

近年来北京市空气质量日益恶化，城市森林建设一定程度上可以改善空气质量。受既有上位规划、气候、河流等基础条件的限制，城市边缘区的城市森林营建是一大难点，尤其是通风廊道型城市森林建设面临诸多困难。本文以北京市黑庄户地区通风廊道型城市森林营造为例，详细介绍其具体营建策略与方案并验证有效性，为此类区域开展森林城市建设提供案例依据。[3]

随着空气污染、雾霾频发、城市热岛效应加剧等气候问题的日益凸显，城市气候在城市规划中的应用成为当前城市规划的重要课题。其中，针对城市弱风或静稳风环境下的城市通风廊道研究尤其重要，近年来国内外许多城市已开展相关研究和建设，其经验值得正在经历城市化发展的亚洲城市借鉴。[4]

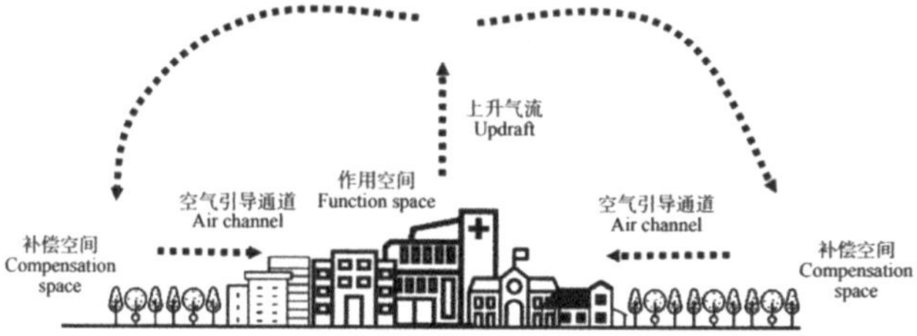

图表 2　通风廊道原理

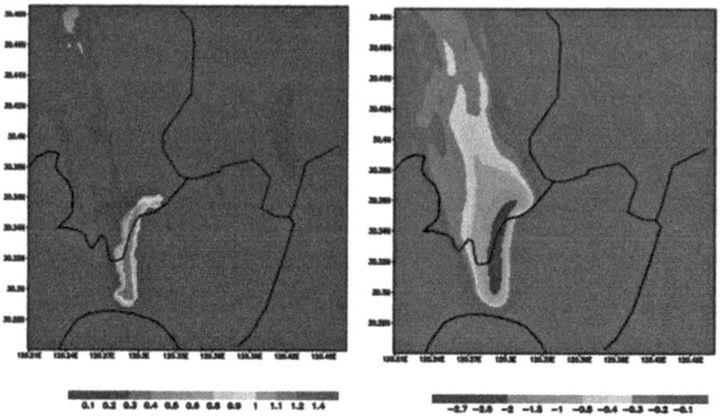

图表 3　风速、气温有廊道—无廊道效果对比图

图表 4　京津冀、武汉、广州通风廊道建设情况比较

案例	研究范围	城市规划类型	背景风类型	规划重点	规划内容	典型规划案例
区域尺度	50—500公里	城市群规划、省域城镇体系规划、大都市圈规划等	季风和局地环流系统	考虑区域整体风环境情况，研究区域风场与城市群地区的城市之间的相互影响问题。	(1) 结合区域大气风场环境特征，合理确定大中小城市协调发展的布局形态；(2) 加强污染物传输影响分析，做好主要工业集中区的选址工作，明确限制大气污染企业布局的地区；(3) 识别区域性绿源系统，提出规划管制措施；(4) 提出区域内城市通风廊道规划要求。	京津冀城乡规划（2015—2030年）
城市尺度	5—50公里	城市总体规划、城市近期建设规划、分区规划等	季风和局地环流系统	全面评估城市可利用的风环境系统，结合城市自然山水格局和绿地、水体、公园、开阔道路等开敞空间，将清洁空气更流畅引入城市中心地区。	(1) 根据背景风场模拟，结合粗糙度长度和天空开阔度计算地表通风潜力等级，统筹考虑中心城区绿源分布和用地规划实施情况，构建各级通风廊道；(2) 明确通风廊道的等级、走向、宽度、长度等规划控制要求；(3) 对通风廊道的善良节点和重要的障碍点提出具体措施，保障廊道系统的基本畅通；(4) 提出对通风廊道上游地区绿源保护要求；(5) 结合城市存在的大气和气象问题，提出解决措施。	武汉市城市总体规划（2012—2020年），西安生态隔离体系控制规划

续表

案例	研究范围	城市规划类型	背景风类型	规划重点	规划内容	典型规划案例
街区尺度	5公里以内	控制性详细规划、修建性详细规划、城市设计等	季风、局地环流系统、局地压力风	根据局地风环境系统，合理安排绿地、水体、公园、道路等布局，重点确定城市建筑具体的形态指标。	(1) 依据局地风环境系统，合理安排绿地、水体、公园、道路等布局，提出具体的控制要求；(2) 结合街区布局，提出对建筑空间布局的要求，重点是建筑密度、容积率、建筑高度等指标；(3) 根据风环境，提出对街区内风环境敏感地区和大型建设项目控制要求。	广州市白云新城北部延伸区控制性详细规划

（五）通风廊道建设经验

目前我国多所城市陆续推进了通风廊道的实践与研究，例如香港、长沙、廊坊、杭州等，但总体存在两方面的问题：第一，建成区以及规划新区因空间不合理带来的通风不畅问题难以解决；第二，通风廊道边界与沿线管控地区的边界难以清晰界定、规划可操作性降低。下面以两个典型城市为例，分析通风廊道建设的状况与经验。

浙江杭州综合考虑影响城市通风环境的多源评价指标，构建了集城市气候观测、多尺度数值模拟、城市形态控制为一体的城市多级通风廊道系统。体系由三级廊道构成，根据季风风向、河流走向、海陆分布等因素设计。

江苏南京作为重化工工业城市，且静风频率较高、污染物扩散条件差，所以需要充分考虑地面风场特征。所以南京全年以偏东风风向为主，从东南方向到东充分结合与利用城市绿地规划是城市潜在通风廊道构建的基础，目前形成了“一带两廊四环六楔十四射”的都市区绿地系统。

北京作为历史文化古城，通风廊道的建设具有特殊性，要充分考虑历史街区与文化遗址的保护。为此，可以进行历史廊道的建设，融入地域文化特色，在增加旅游景观的同时缓解城市热岛效应。但是城市改造与建筑保护面临许多难以调和的矛盾，需要以可持续发展的思想来解决问题。

在新冠疫情的背景下，通风廊道还能够有效地降低病毒密度，加快城市中的空气循环，对气溶胶传播的疫情来讲，具有明显的抑制作用。后续建设可以将廊道建设与公共健康相结合，构建出既具有通风廊道增强空气循环的特点，同时又具有绿地空间滞尘杀菌特点的城市防疫空间，提高城市空间的公共健康质量。

（六）实践准备

1. 设备准备

（1）设备构成

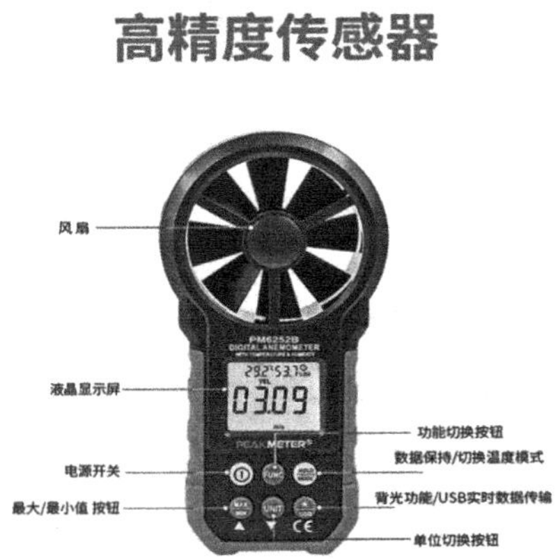

图表 5　测风设备

风向部分：由风向标、风向度盘（磁罗盘）等组成，风向示值由风向指针在风向度盘上的位置来确定。

风速部分：采用传统的多环旋转架结构，仪器内的单片机对风速传感器的输出频率进行采样、计算，最后仪器输出瞬时风速、一分钟平均风速、瞬时风级、一分钟平均风级、平均风速。

（2）工作原理

该设备把转动转换成电信号，先经过一个临近感应开头，对叶轮的转动进行“计数”并产生一个脉冲系列，再经检测仪转换处理，即可得到转速值。风速仪的转轮式探头的正确调整位置，是气流流向平行于转轮轴。在气流中轻轻转动探头时，示值会随之发生变化。当读数达到最大值时，即表明探头处于正确测量位置。

（3）设备参数

精　　度：±（0.3+0.03V）m/s±6°（±3°）

起动风速：≤0.5m/s≤0.5m/s

输出形式：方波6位（7位）码（或电压）

工作电压：5V~12V5V~12V

工作电流：10mA20mA（或2~3mA）

工作环境：温度—60℃~50℃湿度≤100%RH温度—60℃~50℃湿度≤100%RH

（4）应用优势

操作简便；

体积较小，易携带；

可用电池供电，续航时间长；

非常适合用于流场的测量；

可以内置于其他模型设备中；

2. 实施方案

（1）路线选择

北京市正在利用通风潜力较大地带，完善中心城区通风廊道系统，以提升建成区整体空气流通性，其中，6条宽度500米以上通风廊道被定位为“一级”。

我团队主要选择廊道 2（植物园—昆明湖—昆玉河—紫竹院公园—动物园—玉渊潭）与廊道 4（太平郊野公园—东小口森林公园—奥林匹克公园—北中轴线—后海—北海—中南海—天坛公园—龙潭湖公园—京沪高速及两侧绿化带）。通过分成不同小组，前往通风廊道关键节点进行实时实地现场测度，从而研究通风廊道的通风效果。

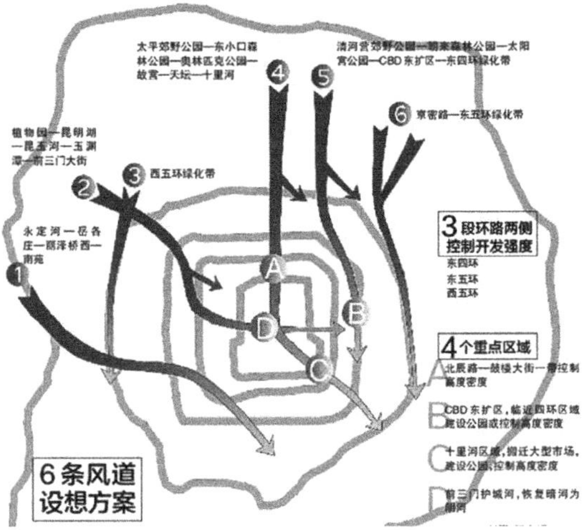

图表 6　通风廊道示意图

（2）观测方法

2021 年，5 月 1 日——5 月 5 日，每日 14：00。

分成不同小组到达相应位置开始实时测度，进行变量控制。每个点位都测量 20 分钟之内的最大风速、最小风速和平均风速。共选择 6 处一级重点大范围点位（分别为植物园、昆明湖——昆玉河、动物园、奥林匹克公园、后海—北海、天坛公园），每个重点的大范围点位，在一小时内测度其所包含的共 18 个二级重点小范围点位。每日定时定点测度后详细记录实时观测数据。

（3）数据处理

考虑风速风向的极端变化性对于观测异常值的影响，为减少变量异常值对研究结果的影响，我团队按照“三倍标准差法”检查变量是否存在异常值，对于存在异常值的变量，进行99%分位和1%分位的缩尾处理。

将处理后的数据，结合北京市内空气污染指数，通过EXCEL、SPSS等软件，进一步建模分析风速与空气质量两者间的关系，并做出时间序列上的未来趋势预测。

二、实践过程

（一）前期准备

在明确实践背景与实践目的后，小组通过对项目可行性进行分析，并查阅相关文献与新闻稿件，进行了充足的理论准备。随着工具准备和实践方案的拟定，选择线上与线下相结合的方式，对通风廊道之于空气质量指数的相关性进行研究，助力首都生态新文明建设。

（二）线下实践部署

测度过程记录：

图表7　植物园（地铁口、入口、花卉园）

图表8　颐和园（昆明湖北侧石舫、昆明湖东侧仁寿殿、昆玉河畔）

图表 9　动物园（正门、水禽湖、游客服务中心）

图表 10　奥林匹克公园（地铁口、水立方、鸟巢）

图表 11　后海—北海（地铁口、湖边、入口）

图表 12　天坛（回音壁、入口、祈年殿）

（三）变量的描述性统计

图 13 是根据本实践小组实地考察廊道 2 后的各时间段的风速曲线，图示横坐标数据地点按照自北向南走向依次排列，展示了通风走廊自北向南的风速变化，由数据可得，廊道 2 整体平均最大风速接近 6.5m/s（四级），平均最小风速接近 2.5m/s（二级），平均风速接近 4m/s（三级），通过查询资料，得到北京同时期平均风速在 1.8—3 米/秒之间，经过对比，发现风道走廊提高风速的效果明显。

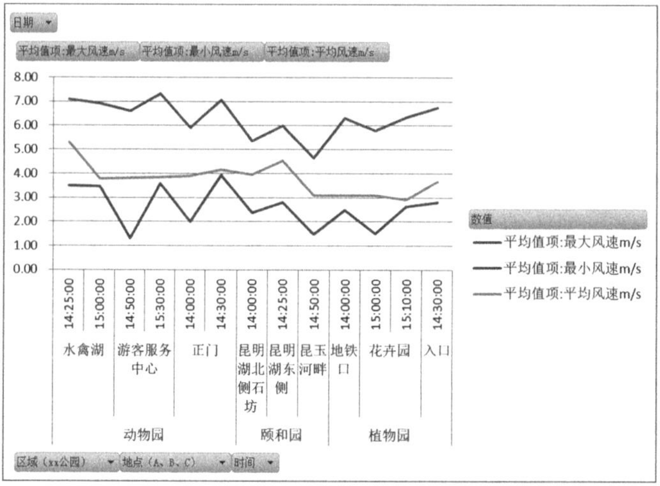

图表 13　廊道 2 实地测量数据各时间段风速曲线

同理，图 14 是根据本实践小组实地考察廊道 4 后的各时间段的风速曲线，并且图示横坐标数据地点按照通风廊道自北向南走向依次排列，展示了通风走廊自北向南的风速变化，从图中数据可以看出廊道 4 整体平均最大风速接近 6m/s（四级），平均最小风速接近 2m/s（二级），平均风速接近 3.5m/s（三级），风道走廊提高风速的效果明显。

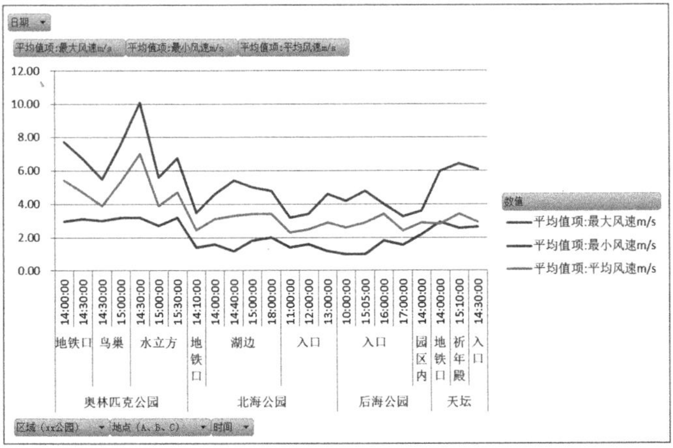

图表 14　廊道 4 实地测量数据各时间段风速曲线

为了更清晰地展现廊道 4 自北向南走向的风速变化趋势，将图 13 进行整体趋势的平均后，得出图 15 的平均值曲线，通过该曲线，我们可以更细致地判断出整个廊道 4 各地区的风速趋势。通过图 15，我们发现廊道 4 南北两端的风速明显比中部的风速要大，尤其是北边的风速，最大值甚至突破了 7m/s。中部的效果比较小，可能是由于中部的建筑较多对通风效果产生了一定的影响。

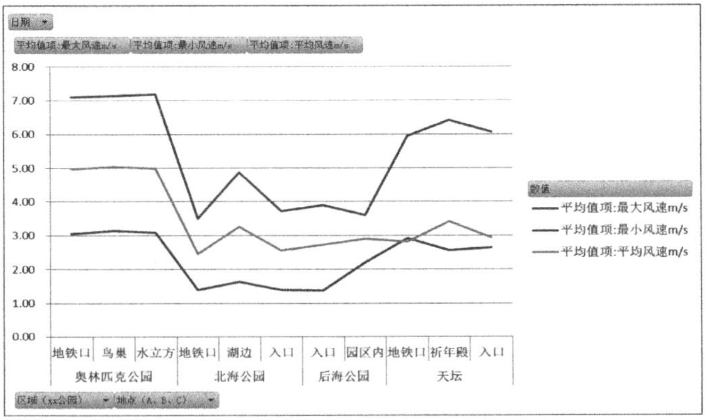

图表 15　廊道 4 实地测量数据平均值曲线

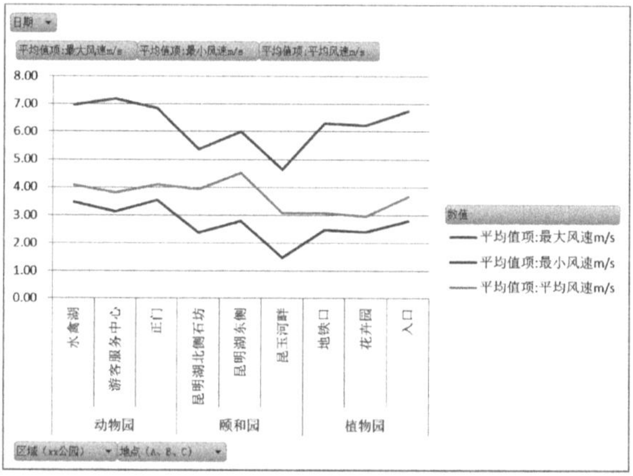

图表 16　廊道 2 实地测量数据平均值曲线

同理，为了更清晰地展现廊道 2 自北向南走向的风速变化趋势，将图 14 进行整体趋势的平均后，得出图 16 的平均值曲线，通过该曲线，我们可以更细致地判断出廊道 2 各地区的风速趋势：各地风速较平均，平均风速整体上集中在 3—4.5m/s。将图 15 和图 16 进行比较还可以发现，廊道 2 风速平均的集中可能因为 1 整体地貌较均匀，线路较短。

附表：

图表 17　风力等级对照表

风级	名称	风速（m/s）	（km/h）	陆地 地面物象	海面波浪	浪高 （m）	最高 （m）
0	无风	0.0—0.2		静， 烟直上	平静	0.0	0.0
1	软风	0.3—1.5	1—5	烟示风向	微波峰无飞沫	0.1	0.1
2	轻风	1.6—3.3	6—11	感觉有风	小波峰未破碎	0.2	0.3
3	微风	3.4—5.4	12—19	旌旗展开	小波峰顶破裂	0.6	1.0
4	和风	5.5—7.9	20—28	吹起尘土	小浪白沫波峰	1.0	1.5

续表

风级	名称	风速（m/s）	（km/h）	陆地 地面物象	海面波浪	浪高 （m）	最高 （m）
5	清风	8. 0—10. 7	29—38	小树摇摆	中浪折沫峰群	2. 0	2. 5
6	强风	10. 8—13. 8	39—49	电线有声	大浪白沫离峰	3. 0	4. 0
7	劲风 （疾风）	13. 9—17. 1	50—61	步行困难	破峰白沫成条	4. 0	5. 5
8	大风	17. 2—20. 7	62—74	折毁树枝	浪长高有浪花	5. 5	7. 5
9	烈风	20. 8—24. 4	75—88	小损房屋	浪峰倒卷	7. 0	10. 0
10	狂风	24. 5—28. 4	89—102	拔起树木	海浪翻滚咆哮	9. 0	12. 5
11	暴风	28. 5—32. 6	103—117	损毁重大	波峰全呈飞沫	11. 5	16. 0
12	台风 （一级飓风）	32. 7—36. 9	117—134	摧毁极大	海浪滔天	14. 0	—
13	台风 （一级飓风）	37. 0—41. 4	134—149				
14	强台风 （二级飓风）	41. 5—46. 1	150—166				
15	强台风 （三级飓风）	46. 2—50. 9	167—183				
16	超强台风 （三级飓风）	51. 0—56. 0	184—201				
17	超强台风 （四级飓风）	56. 1—61. 2	202—220				
17 级 以上	超强台风 （四级飓风）	≥61. 3	≥221				
	超级台风 （五级飓风）	≥69. 4	≥250				

（四）实证研究

在实地考察前，我们已经完成了包括资料收集在内的多项工作，并选择如下公式研究廊桥通风与其相关地区之间的空气质量关系

$$AQI_{(i,j,t)} = \beta_0 + \beta_1 * WDSP_{(i,j,t)} + \beta_2 * X_{(i,j,t)} + \beta_3 * L_{(i,j,t)} + \beta_4 * T_{(i,j,t)} + \varepsilon_{(i,j,t)}$$

其中 $AQI_{(i,j,t)}$ 代表城市 i 低点 j 时间 t 的空气质量指数，$WDSP_{(i,j,t)}$ 为定时定点测度后的风速风向指数；可用空气流动速率（Air Flow Rate），风向（Wind Direction）衡量；$X_{(i,j,t)}$ 为其他控制变量，包括风切变指数、测度地点、周边产业、人口密度等指标；$L_{(i,j,t)}$ 为设备固定效应；$T_{(i,j,t)}$ 为时间固定效应，$\varepsilon_{(i,j,t)}$ 为随机扰动项。

为控制人力物力损耗，我们主要在此模型的基础上抽象出空气质量指数与风速风向指数（以空气流动速度衡量），研究两者间的关系。

Time	Place	风速	空气质量指数
1	奥林匹克公园	6.966667	3.111296
1	北海公园	2.875	4.956073
1	动物园	4.333333	4.517565
1	后海公园	2.9	4.702302
1	天坛	3.333333	4.615312
1	颐和园	4.333333	3.897968
1	植物园	3.4	4.858431

上图是我们用于带入模型进行计算的部分数据样例，此空气质量指数为综合处理后并进行对数处理的终值，而后我们利用统计软件 SPSS 进行处理。

模型摘要				
模型	R	R方	调整后R方	标准估算的错误
1	.853[a]	.728	.720	.304771611448040

a. 预测变量：(常量)，风速

ANOVAa						
模型		平方和	自由度	均方	F	显著性
1	回归	8.199	1	8.199	88.271	.000[b]
		残差	3.065	33	.093	
		总计	11.264	34		

a. 因变量：空气质量指数 b. 预测变量：(常量)，风速

系数a						
模型		未标准化系数		标准化系数	t	显著性
		B	标准错误	Beta		
1	(常量)	6.234	.195		31.974	.000
	风速	—.497	.053	—.853	—9.395	.000

a. 因变量：空气质量指数

以上是主要的数据处理过程及结果。通过风速与空气污染指数进行了相关、回归分析，得出空气质量与测试点的空气流速呈显著的负相关关系。根据上述常量项，还能得出如果这些通风廊完全不通风，空气污染指数将达到数百的高值，这说明通风廊道对于改善首都空气质量具有重要作用。回归结果显著，结论较为可靠。

三、实践感悟与思考

（一）实践思考——通风廊道建设对北京市空气质量改善的影响

1. 积极方面

我们通过实地调研结果发现，通风廊道对于城市的空气污染情况有明显改善作用。具体的积极影响如下所示：

改善通风效果。通风廊道主要应用自然风和城市布局的协调配合，避免由于建筑物阻碍降低自然风风速。通过通风廊道 4 的风速曲线与北京市平均风速的对比，我们发现通风廊道 4 的通风效果较为显著。结合其布局，我们认为通风廊道 4 的结果更能够直接体现出其积极作用。原因是该线路经过五环一侧，建筑物相对较少，因此更能够直接体现通风廊道的通风效果。因此，可以认为通风廊道对于通风效果的改善情况较好。

降低建筑物能耗。通风廊道 2 经过城区较多，接近通风区域，因此我们通过测量其风速情况来确定规划好的通风廊道对于已有建筑布局的通风效果影响。通过结果来看，廊道 2 尽可能利用地势影响因素，缓解城市的热岛效应和建筑物能耗，降低城市的气温，满足人体舒适度。

缓解热岛效应。根据廊道 2 实地测量数据显示，中部风速较南北两侧的风速仍然偏低，但是对于北京当地的平均风速 1. 8—3m/s 来看，中部平均值 2. 5—3. 5m/s 的风速已经对城市热岛效应有所改善，并且这是在不考虑对南北风速进行平均的基础上。所以，由实地测量结果可知，通风廊道能够提升城市的空气流动性，缓解热岛效应。

2. 消极方面

奥森公园所在廊道南北两端的风速明显比中部的风速要大，中部的效果较小。可能原因有：

A 中部的建筑较多，对通风效果产生了一定的影响。

B 中部绿化类型和绿化面积与周边有差异，造成了影响。

所以，北京通风廊道的规划仍然需要合理规划。以本廊道为例，中部风速过低会对污染物扩散造成不利影响，可能引发污染物的堆积。在规划建设廊道时，需要从廊道内、廊道间，乃至城市间的各个尺度考虑。

与周边城市的协同作用低，未统一布局扩大通风效果。京津冀地区作为中国北方规模最大的人口产业密集区，具有区域性雾霾、城市病等严重的区域性生态问题，所以北京及其周边地区通风廊道的建设需要整合区域资源，综合分析区域特点。此外，在城市用地规划方面，要合理限制城市增长边界，避免对通风廊道的效果和进一步扩展造成负面影响。

目前，国内针对通风廊道的研究主要关注中小尺度，尤其是街区尺度，很少跨行政边界进行统一规划和研究。但是，我们需要认识到，生态问题是不受行政边界约束的，污染物的大面积扩散、风场的连续性都要求我们更加重视地区协同作用，完善大尺度通风廊道的构建体系。

春季沙尘暴等天气较多，通风廊道一定程度上加剧了沙尘的盛行。由于北方冷空气活跃，气压梯度较大及冷空气影响下的气流下沉造成的大风叠加，北京春季风力较为强劲。通风廊道不可避免地加剧了春季的沙尘天气。

（二）现实分析与政策建议

通风廊道的政策建议集中在两个维度。第一，城市规划方面，综合规划管理层次，对北京市现有的五条通风廊道的不同尺度提出管控要求。针对地面粗糙度以及道路通风性提出宏观、中观、微观的城市风道控制指引。在具体政策实施层面，针对夏热冬冷地区的河道通风、车道通风管控方式，老城区以“改善现有的通风环境”为目标，对于通风环境较差的地区，提出近远期不同的改善策略。第二，对于现有的五条通风廊道，从宽度、建筑密度、阻风率、高度比和开放度等方面提出控制指标要求以及规划策略，总结为“未雨绸缪”。通过探索城市内不同地区的差异化通风对策，以及对今后其他通风廊道的规划研究提供参考。

具体来看，具体政策规划的提出是为了在市域范围内构建“一屏、三环、五水、九楔”生态空间格局。其中，“一屏”为山区绿色屏障，“三环”为“一道绿隔城市公园—二道绿隔郊野森林公园—环首都国家公园”体系，“五水”为拒马河、永定河、温榆河、潮白河、泃河构成的河湖水系，“九楔”为平原区九条连接中心城、新城及周边区域的楔形生态空间。

除此之外，应通过长期治理和短期缓解相结合的手段来为民众创造更良好的生存环境。

（三）实践感悟

“千里之行，始于足下。”正所谓实践是认识的基础，我们团队实现了从认识到实践再到认识的飞跃。从开始的实验设计、数据处理，到模型设计与文献搜集，都以解决问题，更好地进行分析研究为目的而进行。整体的实践过程让大家受益良多，也更加理解了生态文明建设对于中华民族永续发展的关键作用。建设通风廊道是实现生态文明目标的措施之一，从穹顶皆霾到“Apec 蓝”再到常态蓝，首都的空气治理走过了很长的一段路，相信在党和国家的领导下，首都空气质量会持续向好。

参考文献：

［1］刘嘉敏．论习近平生态文明思想的哲学方法论意义［J］重庆理工大学学报（社会科学），2021（3）：31-36.

[2] 王敏晰，马宇，刘威，等．生态文明建设与资源循环利用耦合关系[J]．资源科学，2021，43（3）：577-587.

[3] 徐一丁，杨子蕾，李运远．北京市城市边缘区通风廊道型林地营建方法研究——以黑庄户地区为例 [J]．北京林业大学学报，2020，42（2）：135-148；

[4] 任超，袁超，何正军等．城市通风廊道研究及其规划应用 [J]．城市规划学刊，2014（3）：52-60.

教师评语

作为我国的首都，北京有其独特的地理和区位优势，但是，随着社会经济的快速发展，北京也出现了大城市病，尤其是空气问题非常严重。而除了各种空气污染源，北部和西部环山的地理特点使得北京的空气流动受到一定的阻碍，也是造成空气污染的重要原因，因此近年来北京提出完善中心城区通风廊道系统，构建两级通风廊道，未来将形成通风廊道网络系统。在构建北京生态文明的社会实践题目中，胡钰霆等同学的逐日追风实践团队以北京通风廊道建设对空气质量影响为实践课题，进行了认真的研讨和准备，去多个地点进行实际测量，取得了相对准确的数据并建立模型进行了分析，最后得出了自己的研究结果并提出了政策建议。我认为这一社会实践很有现实意义，实践过程也很认真严谨，数据处理科学准确，结论可靠，因此予以推荐。

针对疫情防控背景下医疗垃圾处理的研究

——首都生态文明建设主题实践活动

团队：大洼村小分队

成员：蒋晓宇　杜思琪　罗欣然　黄雨欣　王豫蒙
王佳雪　刘盈莹　贾晓彤　张秋雁　吴伊凡

一、实践方案

（一）实践背景

作为中国梦的一个重要组成部分，“美丽中国”的生态文明建设目标在党的十八大第一次被写进了政治报告。经过五年气势磅礴的伟大实践之后，尤其是中国特色社会主义进入了新时代的今天，我国对于生态文明建设的理论思考和实践举措越来越重视，而垃圾的处理正是其中的重要一环。随着医疗事业的发展，新技术、新药品、新疾病——尤其是近年来新冠疫情的爆发，医疗垃圾无论是在种类上还是数量上，都发生着极大的变化。因此，医疗垃圾的分类处理变得尤为重要，已经成为国际研究热点之一，更是生态文明建设中的重要一环。

在我国疫情防控常态化的背景之下，对于医疗垃圾分类处理研究也在不断跟进，理清医疗垃圾处理过程对于疫情防控、医疗垃圾分类处理知识普及都具有重大意义。本次的实践分为两条路线：学校线、医院—社会处理公司线，旨在更加深入地了解医疗垃圾在收集、运输、处理的流程，分析国家政策的落实情况以及医疗垃圾处理过程中的优点与不足，提出可持续化的发展建议，为首都生态文明建设献出自己的力量。学校作为学生的主阵地，其对于国家政策的落实情况以及医疗垃圾处理方式与我们息息相关，对于学校疫情防控垃圾处理政策的了解以及研究有助于学校疫情防控政策的宣传，打破学校与师生之间信息不对称关系，呼吁学生增强垃圾分类意识，了解医疗垃圾处理的重要性。

同时，除了对于学校医疗垃圾处理的研究以外，医院更是医疗垃圾处理的主阵地，疫情期间医疗垃圾的处理我们向外拓展到医院—社会处理公司线，深入了解社会垃圾处理运营方式，贯彻落实“绿水青山就是金山银山”发展理念，加强首都生态文明建设。

（二）实践目标

通过文献研究及相关人员访谈了解校内疫情相关垃圾处理流程，通过多方访谈、问卷调研及实地考察了解校内疫情相关垃圾处理效果，最终通过实践了解我校疫情相关垃圾处理现状并为之提出建议；以我校为首都高校的样本，为首都高校的生态文明建设建言献策。同时根据我们已有的新闻资料对医疗垃圾处理有了一定的了解，通过实地考察、采访等方式针对医疗垃圾处理的各个过程有更深入探索，最后对比医院与学校的垃圾分类情况提出针对性建议。

（三）实践方案

1. 背景调研

阅读疫情相关垃圾处理的政府公文与学校公文、相关案例、论文；初步了解疫情相关垃圾一般处理流程，确定实践计划。

2. 调研材料的处理

撰写访谈大纲、问卷；准备手机拍照录音。

3. 联系相关负责人

由组内联系员负责提前联系昌欣物业负责人、校医院相关负责人。其中，我们将进行针对性访谈：首先采访宿管阿姨，了解垃圾处理大致流程，以此确定需实地调研的地点以及重点访谈人员；然后采访昌欣物业工作人员，访谈对象为物业负责校园环境的副经理，了解疫情相关垃圾具体分类，校内垃圾处理模式，物业职能职责，垃圾处理效果；最后实地调研垃圾场，访谈分拣阿姨，实地了解垃圾分拣流程及效果。

而其余小组成员一同前往昌平区医院，针对调查对象展开采访，录音。同时，观察医院的医疗垃圾相关设施，拍照。其中，采访侧重点有所差异。

图1 调研中财大昌欣物业流程

4. 校内学生问卷调查

发放问卷，调查学生角度校内疫情相关生活垃圾处理现状。

二、实践过程

（一）对于校园医疗垃圾的结果分析

根据对中财大昌欣物业负责人、垃圾分拣阿姨的访谈以及小组前往垃圾站实地调研的情况，我们总结得到以下五点成果，并在此基础上总结了中财大沙河校区疫情相关生活垃圾处理现状，指明优势与不足，并针对其中的问题提出了建议。

1. 疫情相关垃圾界定及口罩的处理

我校疫情相关垃圾可以大体上分为两大块，由不同的责任主体负责分拣清运。一部分是生活区、教学区产生的垃圾，由昌欣物业负责，这一部分以生活垃圾为主；另一部分是校医院产生的垃圾，包括在校医院直接产生及疫苗、体检等活动产生的垃圾，由校医院单独负责，这一部分以医疗垃圾为主。在中财大昌欣物业的调研结果中，我们重点阐述生活区及教学区产生的疫情相关垃圾的处理。

接下来我们重点关注口罩在其中所属的分类。据中财大昌欣物业负责人说法，日常使用的口罩属于一般生活垃圾，而与确诊病患直接或间接接触的口罩属于医疗垃圾。对于属于一般生活垃圾的口罩，只需要按照生活垃圾的标准来处理，不需特殊对待；而对于属于医疗垃圾的口罩，需要先区分这些口罩由谁产生，再使用黄色垃圾袋分装，正式运输前先消毒，经核实之后再清运。

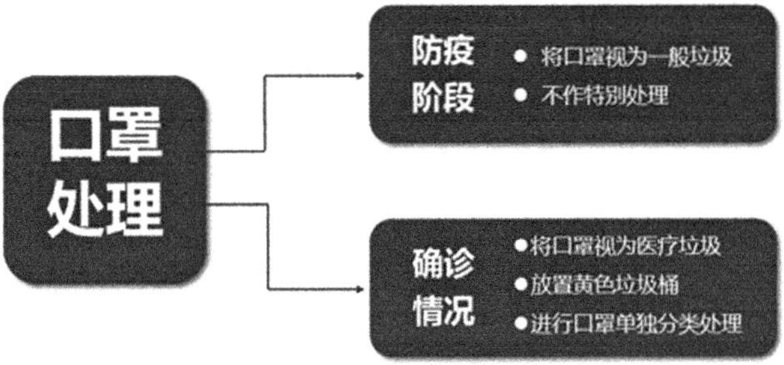

图 2　我校关于口罩在不同情况下的处理方式

2. 中财大沙河校区疫情相关生活垃圾处理流程

我校疫情期间垃圾处理流程并非一成不变，而是分为三个阶段，疫情开始至 2020 年 5 月 1 日为第一阶段，2020 年 5 月 1 日到目前又以昌平区政府改变垃圾分类监管方法为标志分为两个阶段。这三个阶段中，第一阶段到第二阶段变化之处在于垃圾分类区域由高校办公区扩大到生活区，第二阶段到第三阶段则主要因为昌平区监管措施由前端督促改为后端严厉行政处罚倒逼。

昌平区促进垃圾分类的措施变化是我们可以关注的一个亮点，这将在第六点中分析。而除此以外，三阶段变化中与我们主题最为密切相关的是第二阶段与第三阶段的情况。

第二三阶段大体的处理流程相接近。首先在生活区、教学区放置分类垃圾桶收集垃圾，再由专人（第二阶段为昌欣物业工作人员，第三阶段为外请垃圾分拣清运单位）收集运至校内垃圾场，再由昌平区环卫的车辆统一运送至垃圾填埋场做填埋或焚烧处理。

图 3　我校垃圾分类处理流程

表 1　中财大昌欣物业所反映垃圾处理数据

项目	情况
垃圾量	平均 **133** 桶/天
垃圾袋消耗量	**400~500** 个/天
垃圾袋更换频率	至少 **3** 次/天
垃圾处理时间	当日完成

3. 中财大沙河校区疫情相关生活垃圾处理效果监督

在这一主题下我们重点关注昌平区政府的垃圾处理效果监督政策的变化及物业对疫情相关垃圾处理效果的监督手段。

昌平区政府前期仅下达垃圾分类处理要求，但关注到垃圾分拣效果堪忧，于是改为后端倒逼前端垃圾分类。其具体措施为，若垃圾运输企业运输混装垃圾，则对垃圾运输企业处以行政罚款 2—10 万元。在执行过程中，为保证效果，一般是按照罚款上限处罚。

这一政策变化后，昌欣物业外请一家企业完成垃圾分拣与清运工作。昌欣物业则在其中负责对垃圾分拣情况的定时督查与不定时抽查。在我们的访谈过程中，昌欣物业的负责人还向我们出示了检查垃圾分拣效果的照片。此外，昌欣物业仍对校内垃圾清运情况做数据记录，并向我们展示了记录相关情况的台账。

垃圾清运台账

时间段	垃圾量（桶/天）	垃圾量（桶/月）	记录人签字
2019 年 10 月	112	3472	
2019 年 11 月	112	3360	
2019 年 12 月	125	3875	
2020 年 1 月	95	2945	
2020 年 2 月	7	203	
2020 年 3 月	7	217	
2020 年 4 月	15	450	
2020 年 5 月	15	465	
2020 年 6 月	20	600	
2020 年 7 月	40	1240	
2020 年 8 月	150	4650	
2020 年 9 月	180	5400	
合计		26877	

图 4　负责人所展示垃圾清运台账

4. 中财大沙河校区疫情相关生活垃圾处理实地考察情况

在访谈后我们前往垃圾分拣场对垃圾的实际分拣情况进行考察，并重点关注了口罩等疫情相关生活垃圾的处理情况。

我们首先询问中明确了真实的权责情况。据垃圾分拣场工作人员所述，目前垃圾分拣的实际工作人员都是企业员工，物业会每周前来抽查。然后我们了解了口罩等疫情相关垃圾的处理情况。据工作人员所述，校医院的垃圾的确为单独处理，而日常所使用的口罩在疫情初期确实是单独集中处理，目前为和其他生活垃圾一起分类。而生活垃圾的确是在校内做完分拣再由环卫车辆统一运输至垃圾填埋场。

但值得注意的一点是，垃圾分拣工作人员上岗培训似乎有待加强。当我们询问分拣人员分拣依据时，垃圾分拣工作人员回答我们："可以卖钱的放一堆，其他放一堆。"

图 5　垃圾分拣场现场情况

5. 现状：优势与不足

针对昌欣物业负责的我校生活区及教学区产生的疫情相关垃圾的处理，我们总结归纳了其优势与不足。

优势：

(1) 校园内区域权责分明。昌欣物业负责生活区与教学区，校医院单独负责各种医疗活动及校医院范围内疫情相关垃圾处理。

（2）处理流程链条明确可追溯。从垃圾产生、清理、分拣到最终清运，每一环节责任划分明确，可落实到具体单位具体人员责任。

（3）处理过程数据留档可查询。负责人向我们展示了抽查垃圾分拣效果的照片以及垃圾处理数据台账。

（4）一般垃圾与医疗垃圾界定明确，分类处理。尤其能体现在物业负责人为我们详细分别日常使用口罩与直接接触隔离或确诊病例口罩一事，可见物业相关人员对于疫情相关垃圾具体分类与界定较为了解。

（5）垃圾处理合乎规范。物业负责人了解北京市及昌平区相关政策变化，并针对每一次政策变化都做出了及时的调整与改进。

不足：

（1）督查抽查规章制度不明确。物业负责人向我们提及了前往垃圾处理场督查垃圾分拣情况的现场照片，但是并无明确检查抽查制度；在与专门的垃圾分拣清运单位合作中，除每日提供塑料袋及监督垃圾是否按时清运以外，分拣效果更多地留待分拣单位自查自纠。

（2）垃圾分拣企业内部培训有漏洞。访谈一线垃圾分拣工人时，分拣工人表示“能卖钱的放一堆，不能卖钱的放一堆”，明显折射了上岗培训的不到位。一线工人虽在企业多劳多得原则下提高了工作效率，但是仅有效率而不明确工作重要意义、无责任心的工作恐怕不利于后端垃圾处理，长此以往必将积累问题。

6. 建议

基于上述不足，出于提高校园生态治理水平，完善校园生态文明建设，为首都生态文明建设出力的目的，我们提出以下建议：

（1）进一步完善垃圾处理链条上的环环制衡与监督举措。物业应当明确监督外请垃圾处理单位的规章制度，而垃圾处理单位也应当在多劳多得以外提出保证分拣工人工作质量的措施，完善上岗培训。

（2）仍应考虑前端推行垃圾分类的重要意义。在昌平区政府后端倒逼措施之下，物业直接外请相关单位直接在后端进行垃圾分拣。但在前端直接培训师生及校内其他工作人员垃圾分类对于首都生态文明建设是有长远好处的。因为在生态文明建设中，规章制度与严抓严打都是暂时且短效的建设措施，而培育有着生态理念与长远眼光的公民才是生态文明建设得以长久推进的基石。

（二）对于校医院处理医疗垃圾的实践结果

为了更深一步的探讨，我们前往校医院进行进一步的调查，为此我们对于垃圾处理的具体过程有了以下的理解：

1. 医疗垃圾处理的一般流程

在治疗过程结束后，医务人员会用专门的医疗垃圾桶和特制的医疗垃圾袋将产生的医疗垃圾收集起来。与普通的垃圾桶和垃圾袋不同，校医院所使用的医疗垃圾桶和医疗垃圾袋是从指定的生产厂家购进的，并且具有明确的标识，便于区分。通常情况下，医疗垃圾袋内的垃圾累积达到2/3时，医务人员会将其密封打包，交由医疗废物回收企业进行清运。为此，校医院通常需要自行联系指定的、具备相关资质的医疗废物回收企业。总的来看，校医院医疗垃圾处理所涉及的上下游企业均为相关部门指定且具备相关资质，保证了医疗垃圾收集和清运的安全性和规范性。

由于校医院的工作性质，其垃圾产生主要集中于体检或疫苗接种等时期，而日常医疗垃圾产量较低。出于对工作效率的考虑，校医院垃圾清运并非按照固定的频率进行，而是根据实际需求联系企业进行清运。因此，当医疗废物回收企业由于工作量较大而未能及时安排清运时，校医院就会存在医疗垃圾滞留的问题。

2. 疫苗接种产生垃圾的处理情况

我们以疫苗接种为例，进一步了解医疗垃圾处理的具体情况。在新冠疫苗接种时，使用过的棉签、针管以及医疗用具的包装盒、包装袋均按照上文所述的医疗垃圾处理标准和流程进行收集并及时清运，并对相关场所和医疗垃圾桶进行消毒。

3. 医疗垃圾回收频率及特殊处理

通过调查，我们发现，我校医疗垃圾的处理频率并不是随时间而固定的，而是由医疗垃圾的产生量决定。只要垃圾袋中的垃圾达到 2/3，便会联系相关人员进行一次垃圾的清运。但被采访人员也向我们表示，现在医疗垃圾的产生量并不多，因为每天产生的垃圾很少，所以基本上三天才需要清一次。于是我们进一步追问，当天不进行清理的话，是否会对垃圾进行相关的处理。被采访人员表示每天都会进行消毒，消毒人员也有一定的防护措施，如防护服和口罩等等。

以垃圾产生量为是否清运的标准在垃圾产生较多时是一个比较安全的做法，但在垃圾产生量并没有那么多的无疫情时期或许存在一些问题。因为垃圾产生较少，所以大约三天才会清理一次。即使每天都会进行消毒处理，垃圾储存三天的时间也会产生一些隐患，或许可以在垃圾产生量不多时，调整清运频率为按天清运。由于被采访人员向我们表明，负责我校医疗垃圾清运的人员也很繁忙，不能每天都来，因此我们认为可以考虑由校医院将每天的垃圾进行清运，堆放至一个规定的地方并进行消毒，而保证医院内的垃圾袋可以做到每天一换。

（三）对于学生问卷调查的分析

为广泛了解校园内疫情相关垃圾处理的实际情况以及学生的反馈和意见，我们设计了“疫情相关生活垃圾处理调查”问卷，于中财学生微信群等渠道线上发放，从校内各年级回收得到 120 份有效结果，并对其中的主要问题进行如下分析。

在基本认知层面，91.7%的被调查者一致认为有必要对疫情相关的生活垃圾进行分类处理，说明人们普遍认为疫情相关的垃圾并不完全安全，需要特别关注以及分类处理。

在实际操作层面，我们选取日常生活中用户群体大、使用频率高的医疗垃圾——废弃口罩作为问题出发点，按照防疫政策重要节点 2020 年 5 月 1 日前后，分别进行调研。如图 6 所示，在 2020 年 5 月 1 日之前，有 32. 5%的被调查者会对废弃口罩进行单独处理，而在 2020 年 5 月 1 日之后，这一比例下降至 21. 7%。由此可见，一方面，相比于疫情初期，在疫情得到控制后，人们减少了对废弃口罩的单独处理；另一方面，在整个疫情期间，人们对废弃口罩的单独分类处理均处于较低水平，与其认知层面的意愿存在较大差距。

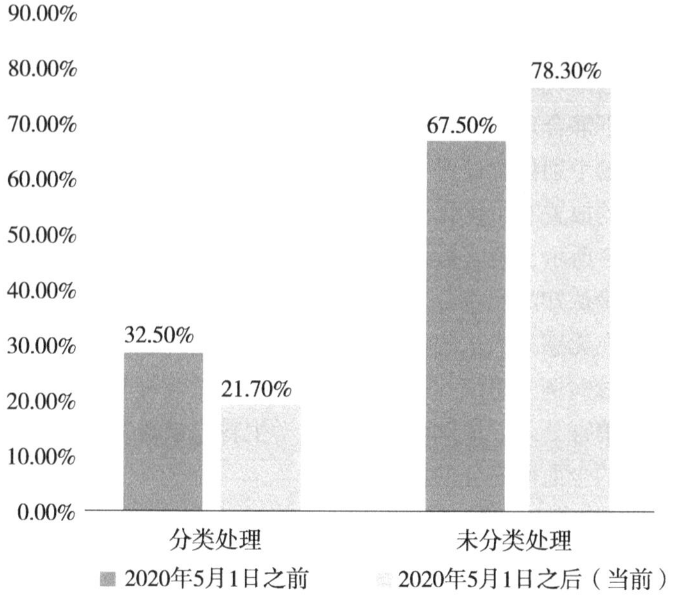

图 6　废弃口罩分类处理情况

由图 7 可以看出，在未对废弃口罩进行单独分类处理的被调查者中，存在一部分同学有分类处理意愿，但由于周围无医疗垃圾桶而未进行分类，这一比例在 2020 年 5 月 1 日前后分别为 46. 2%、44. 7%。

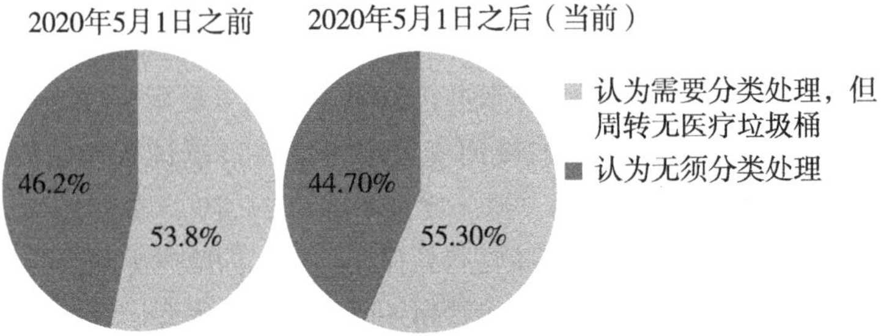

图 7　未分类处理原因分布情况

关于医疗垃圾桶放置情况，被调查者中仅有 45%明确知道校园内放置有医疗垃圾桶，在知情被调查者中，认为医疗垃圾桶放置数量及位置不够合理的比例高达 77. 8%。事实上，我校的确在教学区及办公区的个别位置设置了医疗垃圾桶，结合调查结果，学校的医疗垃圾桶的放置有待优化。

如图 8 所示，所有被调查者中对废弃口罩所属垃圾类别和处理标准有正确认知的比例分别为 35%和 35%。事实上，废弃口罩属于干垃圾，在无感染人员的情况下，按照一般性垃圾处理，一旦区域内出现确诊病例，防疫相关部门会设置医疗垃圾桶专门收集废弃口罩并进行消毒处理。由此可见，我校学生普遍缺乏对于垃圾分类和处理标准的全面而充分的认识。

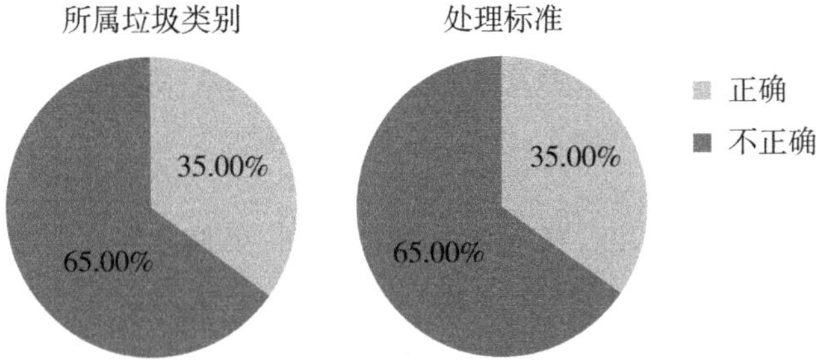

图 8　对废弃口罩所属垃圾类别及处理标准的认知情况

所属垃圾类型及应采用的处理标准会对实际的垃圾分类行为产生直接影响，而医疗垃圾桶等基础设施的建设情况也会产生间接影响。因此，对医疗垃圾认识不充分及基础设施建设薄弱可能是我校实际医疗垃圾处理水平相对较低的主要原因。

故我校应该加强对学生垃圾分类与处理标准方面的宣传与教育。

在已接种疫苗的被调查者中，有 89.52%的同学明确知道，在疫苗接种过程中，医务人员会对新产生的医疗垃圾包括针管、棉签等进行统一收集和处理，实际情况也是如此。问卷结果表明，对于疫苗接种工作中产生的医疗垃圾，我校的重视程度较高，实际落实情况较好。

在反馈意见层面，问卷分别对校内疫情相关生活垃圾处理存在的问题、可能原因和自身积极性影响因素三方面情况展开调查。

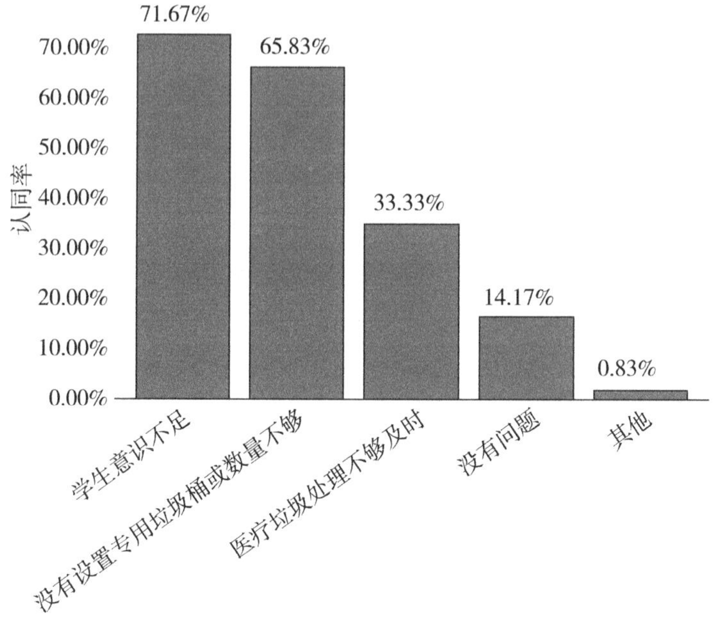

图 9　校内疫情相关生活垃圾处理存在问题的反馈情况

如图 9 所示，被调查者中认同率最高的问题是“学生意识不足”，占比 71.67%，其次是“没有设置专用垃圾桶或数量不够”，占比 65.83%，这两点与前文对相关情况的分析结果相符合。此外，有三分之一的被调查者认为医疗垃圾的处理不够及时，这一点有待进一步调查和考证。如图 10 所示，关于导致校园医疗垃圾处理存在问题的因素，被调查者对五种因素的认同率均较高，包括“学校宣传教育力度不足”“学校医疗垃圾分类设施投放不足”“学生医疗垃圾分类意识薄弱”“学生对医疗垃圾分类知识了解甚少”以及“学校相关政策不完善”，这些可以作为学校改进医疗垃圾处理问题时重点关注的方向。

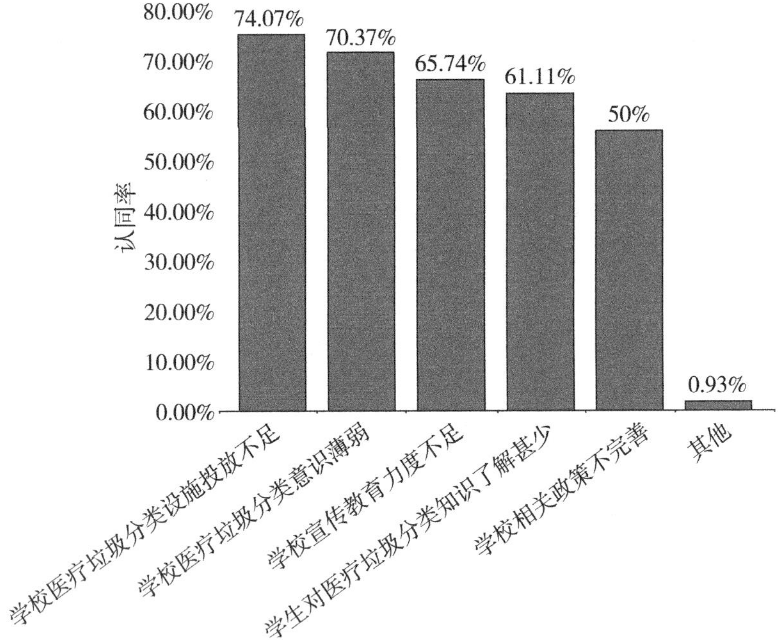

图 10　校园医疗垃圾处理问题相关因素的反馈情况

如图 11 所示，在医疗垃圾分类处理的问题上，被调查者自身积极性的主要影响因素中认同率最高的是“周围的同学没有针对疫情相关的生活垃圾进行单独处理”，这表明分类处理医疗垃圾这一日常行为存在一定的从众效应，相关政策应当关注如何通过有效引导使正确分类成为群体习惯，进而形成正反馈。另外，有相当一部分被调查者认为“学校的基础设施不完善”和“学校宣传教育不充分”两方面因素对自身积极性存在较大影响，分别占 70%和 55.83%。

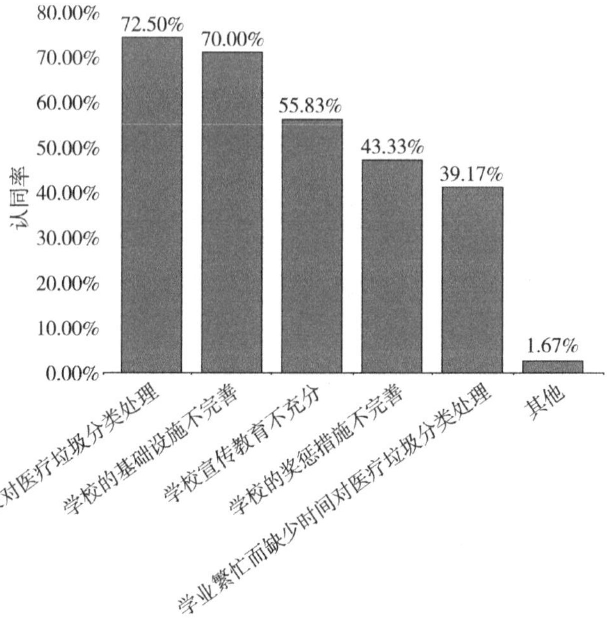

图 11　校园医疗垃圾处理自身积极性影响因素的反馈情况

综上，“疫情相关生活垃圾处理调查”问卷的结果较为真实全面地反映了相关政策在我校的落实程度，验证了我们实地走访获取的信息，同时，其中被调查者的反馈意见可以为我们研究改进措施提供一定的参考。

（四）对于昌平区医院垃圾处理的结果分析

在抵达昌平医院以后，考虑到现阶段防疫工作仍在常态化进行中，我们认为核酸检测处应该仍是医疗垃圾的一大重要产生地，故我们选择首先前往核酸检测的咽拭子采样处。当时值班室有一位护士正在进行咽拭子处理的后续工作，我们便前往进行询问，了解了垃圾会有固定人员收集。

而后我们进入医院的门诊部，恰逢有一位保洁阿姨从我们面前走过，我们与之交谈，而后发现了图 12 中的医疗垃圾桶，并且在后续的实践中发现在医院的各层都放置有类似的黄色医疗垃圾桶，并且都是处于上锁的状态。

图 12　昌平医院于各层楼设置的医疗垃圾专用垃圾桶

而后我们在遭到分诊台护士的拒绝披露相关信息后，实地走访该医院另外的几栋楼，发现该医院设有一个移动的方舱实验室（见图 13），走近后发现，这应该是在疫情的高暴发期用于核酸检测的场所，但在我们的调研过程中该方舱处于关闭状态。我们又细心地发现在该移动方舱的外壁上设有一个污物排放口（如图 14），后询问医院相关工作人员后了解到，当移动方舱用作车载实验室使用时，排水装置采用收集装置，定时通过污物出口取出。

图 13　昌平医院设置的移动方舱实验室

图 14　移动方舱实验室的污物出口

最后我们来到医院门口的站岗亭，与正在值班的保安叔叔交流后发现，昌平医院设有专门的垃圾暂存处。我们便按照他们的指引来到了该地点（见图 15）。在该垃圾暂存地设有不同种类的垃圾存放点，但是主要还是对生活垃圾的分类堆积。后面了解到关于医疗垃圾有专门的密闭的处置地点，我们未能参观到。

图 15　随保安来到昌平医院垃圾暂存处

（五）对于垃圾处理公司的结果分析

我们采取了电话访谈、网络搜集、线上调研的方式进行实践。针对润泰公司的疫情相关垃圾的处理，我们总结归纳了其优势与不足：

优势：

1. 运输流程完善，步骤严格

润泰公司对于垃圾的处理具有严格的运输流程链条以及消毒处理规范。运输过程完全密闭，避开人流较多的地方，并在过程中进行四次消毒处理，运输留档可查询。

2. 垃圾分类明确，合乎规范

在与润泰公司负责人进行交流的过程中，我们得知垃圾处理的范围广泛，不仅包括各个隔离点医疗垃圾、核酸检测废物、机场火车站等公共场所的医疗废物，还包括医院所产生的各种生活垃圾，对于不同的垃圾，公司按照严格的分类标准进行收集整理，避免疫情垃圾的污染，从处理垃圾处阻断疫情的传播。

3. 处理过程实时监控，定期抽查

医疗垃圾采取焚烧的方式进行处理，在处理过程中对于相关的环境进行实时的监控，及时控制焚烧产生的气体指标，废水指标，严格把控处理过程，更快更好地进行垃圾的处理，避免因垃圾处理产生污染而导致二次污染。

4. 垃圾处理较为彻底

润泰公司具有完整的垃圾处理流程链条。

图 16　润泰公司垃圾处理示意图

不足：

1. 缺乏明确的权责机制

运输过程和处理过程虽然具有严格完备的流程，但没有明确的权责机制，不能落实到具体个人，难以保证运输和处理的效率。

2. 缺少监督抽查规范机制

在运输过程和处理过程中，没有明确的监督机制，尤其是在垃圾处理的过程中，由于处理方法受限，只能采用焚烧方法，这会导致产生大量的废气、废水、这些物质还具有一定的毒性。

三、实践感悟与思考

通过学校与医院两个方面的实践，我们归纳总结，最终得出了以下结论：

表 2 医院与学校有关垃圾处理的对比

	高校（以我校为例）	医院（以昌平区医院为例）
垃圾分类概况	· 生活垃圾 生活区、教学区产生的垃圾视作生活垃圾（其中包括日常生活使用的口罩），设置分类垃圾桶 · 医疗垃圾 校医室产生的垃圾、疫苗接种垃圾以及疫情相关确诊人员产生的垃圾，设置专门垃圾桶	· 生活垃圾 包括病人或医生的生活垃圾，科室外的垃圾，药品等外包装材料等。设置可回收、有害、厨余、其他四类垃圾桶，由清洁工人收集垃圾后进行分类 · 医疗垃圾 普通医疗垃圾，由专门护士收集 · 疫情有关医疗垃圾 核酸检测相关垃圾，确诊或隔离人员产生的所有垃圾，设置黄色垃圾桶，上锁
医疗垃圾处理流程	· 生活垃圾 生活区、教学楼放置分类垃圾桶收集→专业人员（昌欣物业/专请分拣清运单位）收集运至校内垃圾场→昌平环卫车辆统一运送垃圾处理厂 · 医疗垃圾 专门的垃圾桶和特制垃圾袋收集→密封打包，每天消毒→联系垃圾处理企业处理	· 普通垃圾 清洁工人及时收集清扫→分类放置垃圾桶→暂时集中堆放在医院的垃圾贮存点→垃圾处理企业 · 医疗垃圾 各个科室病房及时收集（专门的护士）→存放到专门的医疗垃圾桶→对接垃圾处理企业 垃圾处理企业：（涉疫垃圾的处理） 运输车封闭运输→经过四次消毒，三次称重→到工厂卸货→焚烧炉高温焚烧→回收焚烧后的黑灰→处理产生的气体→对接其他企业处理焚烧残留物

续表

	高校（以我校为例）	医院（以昌平区医院为例）
垃圾处理的优势与劣势	· 优势 1. 重视医疗垃圾与其他垃圾的不同处理 2. 垃圾收集清运具有安全性与规范性 3. 垃圾处理频率根据实际情况而定，灵活高效	· 优势 1. 重视医疗垃圾与其他垃圾的不同处理 2. 垃圾收集清运具有安全性与规范性 3. 垃圾处理整体流程专业规范，每天有固定的频率以及相关的专业性要求 4. 垃圾桶分布合理规范
	· 劣势： 1. 在一些特殊时期（如疫苗接种）医疗垃圾爆发性增长，由于工作量较大存在医疗垃圾滞留 2. 清运频率根据实际情况而定，存在清运频率较低而产生安全隐患 3. 学校聘请清理垃圾的专人无法及时到达从而存在安全隐患 4. 学校垃圾桶的放置位置有待优化	· 劣势 由于医院人员构成复杂、人员流动性较大，故而存在一定的安全隐患
垃圾处理宣传以及群众意识	我校学生普遍具有基本的垃圾分类意识，但行动力不足，且我校学生缺乏对于垃圾分类和处理标准的全面而充分的认识，故我校应该加强对学生垃圾分类与处理标准方面的宣传与教育。	医院积极响应北京市关于垃圾分类以及疫情常态化防控的相关规定，重视医疗垃圾处理，强化医疗机构内部废弃物分类和管理、强化医疗废物收运和处置、具有良好的处置能力、推进医疗废物集中贮存点建设、厘清医疗废物收集豁免边界、坚持全流程全链条管理，积极宣传垃圾处理，提高群众垃圾分类意识，为北京市生态文明建设添砖加瓦。

随着我国城镇化建设的逐步推进，稳步上升的人口密度和精细化的生活习惯让垃圾的产生速度急剧上升。十九大报告中指出，要加强固体废弃物和垃圾处置。这是推进生态文明建设的一项重要内容。而加快建立分类投放、分类收集、分类运输、分类处理的垃圾处理系统，则是对垃圾处理的具体措施。在经历长达一年的新冠疫情之后，我们认识到医疗垃圾的恰当处理与大众呼吁的健康安全的生活环境息息相关。但置身于宏观大背景下，医疗垃圾的处理更是推进生态文明建设的重要一环。

而在此次社会实践中，我们通过实地访问校外的昌平医院和校内的校医院以及昌欣物业，了解到无论是校内的工作人员还是校外的医疗机构都在为疫情相关垃圾的投入大量的精力，但这项工作的推进应当还需要我们去积极地配合响应医疗垃圾单独处理的各项号召，甚至加入宣传防疫垃圾处理的队列中，让更多的人了解到这类垃圾的处理对我国生态文明建设有着深远的影响。

教师点评

2020 年以来，在我国和世界其他国家都暴发了大规模的新型冠状病毒疫情，这给人类提出了严峻的挑战，尤其是如何在经济社会发展中处理好人与自然的关系，这是生态文明建设中的重要问题。出现疫情后，医疗单位风险加大，其特殊的医疗垃圾处理问题更加突出，如何科学合理地处理好医用垃圾，避免其成为新的感染源，这是我们必须解决的问题。蒋晓宇等同学组成的大洼村小分队以医疗垃圾分类处理为社会实践题目，对我校、医院及垃圾处理公司等单位进行了认真考察，深入地了解了医疗垃圾收集、运输、处理的全部流程，分析了国家相关政策的落实情况以及医疗垃圾处理过程中的优点与不足，最后对首都医疗垃圾处理问题提出了可持续化的发展建议。我认为，这一实践小组选题非常有现实意义，实践过程认真，结论正确，因此予以推荐。